大 / 学 / 公 / 共 / 课 / 精 / 品 / 教 / 材

自然科学概论教程

ZIRANKEXUE
GAILUNJIAOCHENG

薛鸿民 任丽平 —— 主编

姚文苇 李光蕊 —— 副主编

北京师范大学出版集团
BEIJING NORMAL UNIVERSITY PUBLISHING GROUP
北京师范大学出版社

图书在版编目（CIP）数据

自然科学概论教程/薛鸿民，任丽平主编．—北京：北京师范大学出版社，2018.8（2023.2 重印）
ISBN 978-7-303-23428-8

Ⅰ.①自…　Ⅱ.①薛…　②任…　Ⅲ.①自然科学—高等学校—教材　Ⅳ.①N43

中国版本图书馆 CIP 数据核字（2018）第 020711 号

教材意见反馈　gaozhifk@bnupg.com　010-58805079
营销中心电话　010-58807651
北师大出版社高等教育分社微信公众号　新外大街拾玖号

出版发行：北京师范大学出版社　www.bnup.com
北京市西城区新街口外大街 12-3 号
邮政编码：100088
印　　刷：北京虎彩文化传播有限公司
经　　销：全国新华书店
开　　本：787 mm × 1092 mm　1/16
印　　张：17.75
字　　数：374 千字
版　　次：2018 年 8 月第 1 版
印　　次：2023 年 2 月第 3 次印刷
定　　价：39.80 元

策划编辑：周　粟　　责任编辑：王玲玲
美术编辑：李向昕　　装帧设计：李向昕
责任校对：李云虎　　责任印制：马　洁

本书编写人员

主　　编　薛鸿民　任丽平

副 主 编　姚文苇　李光蕊

参编人员　（以姓氏笔画为序）

任丽平　李　瑾　李光蕊　杨莉杰

赵　勃　姚文苇　程　欣　薛鸿民

目　　录

绪　论

邓小平同志曾提出“科学技术是第一生产力”。毋庸置疑，科学技术是在人类发展史中起着进步作用的革命力量，是社会进步的巨大杠杆。自然科学的起源大致有两种：理性的探索和技术的发展。自古以来，人类为了延续自身的生命，不断地观察大自然、顺应大自然，同时也对大自然现象产生了许许多多的疑问，如为何日夜交替，又为何四季轮回……在解释这些问题的过程中，人类的祖先曾创造出许多精彩的神话传说。然而，或许是好奇心的驱使，抑或是观察工具的不断改进，又或是更为迫切的生存压力，迫使人类不再只满足于美丽的神话传说，于是人类使用更为谨慎的逻辑对大自然的各种现象进行解释。在人类解释自然的过程中，感性思维通过理性探索上升为理性思维，人类对自然规律进行总结和概括，由此产生了一系列的科学知识，这是科学的起源之一：理性的探索。与此同时，原始社会也产生了一些最初的技术，如制造石器、制造陶器、纺织、建筑，等等，随着这些技术的产生和发展，人类也就积累了越来越多的经验形态的自然知识，这是科学的另一起源：技术的发展。总之，人类随着理性探索和生产技术的发展，逐步产生和积累了大量的自然科学知识。今天，我们环顾四周，自然科学几乎渗透到了社会生产生活的一切领域，新的科学技术正震撼着世界。因此，对于当代的大学生而言，了解自然科学的发展脉络与演化过程，掌握自然科学的发展规律，理解自然科学所蕴含的科学思想、科学精神及其社会功能，关注自然科学的最新成果，接受科学家锲而不舍的探究精神和人文精神的熏陶是非常有必要的。

一、自然科学的研究对象和特征

广义的科学是反映自然、社会和人类自身客观规律的知识体系，它主要包括自然科学、社会科学和人文科学三大部分（后两种一般统称为人文社会科学）。狭义的科学一般指自然科学，它是研究自然界各种物质和现象的科学，是人类在认识自然和改造自然的过程中所获得的，是关于自然界中不同领域的物质运动、变化和发展规律的理论和知识体系。它概括了人类对大自然的理性认识，是人类利用、改造和保护大自然的有力武器。它包括数学、物理学、化学、天文学、地学和生物学等基础性科学，以及材料科学、能源科学、空间科学和医学科学等应用性技术科学。一般而言，人类对自然的认识部分称为科学（科学知识）；人类对自然的利用和改造部分称为技术（技术知识），自然科学一般也被人们称为科学技术。

（一）自然科学的研究对象

一般而言，自然科学的研究对象是整个自然界。自然科学的各个门类，就是分别研究自然界中各种具体的物质运动形式及其发展规律的。例如，数学是研究现实世界的空间形式和数量关系的科学；物理学是研究物质运动规律和物质基本结构的科学；化学是研究物质性质、组成、结构与变化规律的科学；生物学是研究生物的结构、功能、发生和发展规律及生物与周围环境关系的科学；地理是研究地球表面的地理环境中各种自然现象和人文现象及它们之间相互关系的科学；天文学是研究宇宙空间天体、宇宙的结构和发展的科学。这些自然科学知识都反映了统一的自然界的某一个方面，它们相互联结和相互渗透，形成一个巨大的、枝繁叶茂的自然科学知识体系。自然科学知识可以通过揭示自然界发生的现象及其发生过程的实质，帮助人们把握这些现象和过程的规律性，以便人们解读它们，并预见新的现象和过程，为人们在社会实践中合理而有目的地利用自然界的规律开辟各种可能的途径。

（二）自然科学的特征

1. 自然科学知识的客观真理性

自然科学的研究对象是自然界的各种物质和现象，自然界是客观的，作为反映自然规律的自然科学也是客观的。自然现象是客观的，人们可以观测到的不以人的意志为转移的科学事实。当然，一个人的立场、观点和方法有时会影响他对自然界的认识，但是人类终究可以用适当的方法把客观事物与自己的主观认识相分离。正因为如此，科学的研究必须要遵守客观事实，要有事实依据，只有这样才能正确反映研究对象的规律性，才能在实践中得到证明。

2. 自然科学知识的无阶级性

自然科学知识的客观性决定了它的无阶级性。自然科学研究客观存在的自然现象和事物，它们的存在并不以人的主观意志为转移，不会因人而异也不以研究者的阶级属性而变化。比如说，地球是一个椭球体，地球围着太阳转。无论你是哪个阶级的人，这一客观事实都是不变的，它不会因你的阶级改变而发生改变。

3. 自然科学的发展具有历史继承性

自然科学的发展并不是一成不变的，而是在继承的基础上不断发展的。科学史上的牛顿力学、相对论、量子力学都是在前人的基础上不断发展而来的。牛顿曾说过："如果我之所以看得远，是因为我站在巨人的肩膀上。"自然科学的继承不是原封不动的承袭，而是要取其精华，弃其糟粕。自然科学的发展是人类通过对自然规律的不断认识和研究而实现的。在历史的各个进程中，人们对自然有了不同的认识，从而使自然科学有了不断地发展，一步步实现了飞跃。自然科学正是在这种继承和发展中不断完善的。

4. 自然科学知识的抽象性

人们透过事物的各种现象，运用理性思维，舍弃个别的、非本质的内容，抽象出共同的、本质的内容，这种过程与方法称为科学抽象。在自然科学的研究过程中人们广泛运用了科学抽象，其中用得最多的就是理想模型法和理想实验法。例如，物理学中的质点、刚体、理想气体、点电荷等都属于理想模型；伽利略设想光滑的小球从光滑斜面上滚下，再在光滑平面上运动的实验，就是一个理想实验，经过推理判断，这个实验否定了亚里士多德的“力是使物体运动的原因”的错误观点。自然科学的一些研究对象，要么因为时过境迁（如天体演化），要么因为尚未出现（如预期要建的工程）而无法进行现场考察，有的由于空间范围大（如地球上空的大气层运动）或延续时间长（如地壳运动）而难于直接观察或实验，所以在研究过程中借助模拟可以克服上述时空上的限制。还有一些研究对象，由于自身的限定，不宜进行直接的实验研究（如电力系统的短路、振荡等），否则不但浪费资源而且也容易造成危险，所以对这类问题也只能用模拟的办法，而模拟最关键的一步是建立模型。自然科学研究常常将抽象后的概念、模型、结构、过程加以数学描述，用数学语言将其定量化，为进一步的数学推导、计算和逻辑推理打下基础，进而导出新的科学概念及规律，这些科学研究的结果都具有一定的抽象性。

5. 自然科学理论的解释性和预见性

由于科学知识是对自然规律的反映，所以对应的科学理论具有解释性。例如，在海拔高度为 0 米的地方，在一个标准大气压下，水的沸点为 100℃，而珠穆朗玛峰的海拔高度约为 8848 米，大气压达不到标准大气压，水的沸点约为 72℃。这种现象可以利用水的沸点与气压有关的理论来解释。另外，自然科学理论是具有预见性的，可以根据已知的一些科学理论推测得出一些结论。例如，在牛顿之前，彗星被看作一种神秘的现象，但是英国的爱德蒙·哈雷根据牛顿的万有引力定律，对 1682 年出现的大彗星（后来命名为哈雷彗星）的轨道运动进行了计算，指出该彗星就是 1531 年、1607 年出现过的同一颗彗星，并预言它将于 1758 年再次出现。1743 年克雷洛计算了遥远的行星（木星和土星）对这颗彗星的摄动作用，指出该彗星将推迟于 1759 年 4 月经过近日点。这个预言后来得到了证实。

二、自然科学的发展时期

自然科学的发展大致分为三个主要时期：古代自然科学时期、近代自然科学时期和现代自然科学时期。

从远古到 16 世纪中叶是古代自然科学时期。这是自然科学的萌芽时期，这一时期主要是对自然现象的观察和记载。由于当时社会生产能力十分低下，人们缺乏全面考察、认识自然界的能力，又缺少探索自然规律的工具，因此不可能采用系统的实验方法对自然界进行研究。在这样的历史条件下产生的自然科学知识必然是零散的、笼统的，无法形成相对独立的自然科学体系，所以该时期其实是自然科学的孕育时期。在这一时期里，自然科学和哲学融合在一起，人们对自然现象的解释往往是哲理性的，所以也称为“经验科学”或“自然哲学”时期。古希腊和古代中国是当时的文化中心。公元前3世纪，古希腊的静力学发展已较完善。公元5世纪至11世纪，西方处于中世纪，以经院哲学为代表的宗教神学使科学发展停滞不前；中国则处于封建社会的繁荣时期，天文、历法、物理、数学等方面都取得了辉煌的成就，当时处于世界领先地位。

从16世纪中叶到19世纪是近代自然科学时期。在这个时期，西方经历了从封建社会到资本主义社会的过渡。社会生产关系的大变革，促进了社会生产力的发展，有力地推动了科学的进程，使科学开始挣脱封建枷锁。16世纪中叶，哥白尼的《天体运行论》和维萨留斯的《人体结构》拉开了近代自然科学的帷幕。伽利略首创科学实验方法，将实验和逻辑（数学）结合起来，有力地推动了人类科学活动的发展。社会生产关系大变革背景下发生的产业革命，不仅向自然科学提供了许多新的研究课题和可供观察的经验材料，同时为科学研究提供了越来越多且越来越精密的实验仪器，如温度计、显微镜、望远镜、分光仪等。这样，实验方法的普及和实验仪器装置的改进，促使自然科学从直观、笼统、纯思辨的传统研究方法中摆脱了出来，使得自然科学从自然哲学中独立出来，开始独立发展。到19世纪末，自然科学的各个领域都获得了迅速且重要的发展，各个领域之间的联系和转化规律被普遍发现，自然科学开始崛起。

从20世纪初到现在是现代自然科学时期。19世纪末，一系列新的实验事实的发现，使经典物理理论出现了不可克服的危机，引发了物理学革命并使得现代物理学诞生。物理学革命从原子“实体”破门而入，随之而来的是物质结构的秘密逐层被揭开，也给人类展示出了微观领域丰富多彩的自然图景，微观物理学的发展对整个自然科学产生了巨大的影响。20世纪上半叶的各门学科都向自己的小尺度领域进军，并把较深层次的考察同更大尺度层次的探索结合起来，在微观、宏观研究上均有了新的突破。现代自然科学向纵深领域的展开，一方面揭示了许多新的物质结构层次；另一方面对已经揭示的物质的各个层次的性质及规律的全面探讨出现了“全科学”趋势，从而使自然科学体系增添了越来越多的新成分。如果说19世纪之前人们对自然界的探索范围主要限于宏观世界，那么20世纪人们认识的范围大大超越了这个界限，把视野拓展到了更深入的微观世界和宇观世界。

三、科学、技术、社会的关系

科学和技术之间有着密切的联系，同时由于科学技术的不断发展使其对社会的作用和影响日益增强，社会反过来也对科学技术的发展有着一定的影响。

（一）科学与技术的关系

科学与技术是两个关系非常密切的学科，经常被人们联系在一起使用，简称为“科技”。在当今时代，科学和技术一体化的趋势越来越明显，但是应注意到，科学与技术是两种不同的概念，也是两个不同的学科。科学是人类在认识自然的过程中所建立起来的系统知识，属于认识范畴，它的主要任务是回答有关“是什么”和“为什么”的问题，目的是建立相应的知识体系。技术是人类改造自然的技能，是人类生存下去的法宝，属于实践范畴，它的主要任务是解决有关客观世界（研究对象）“做什么”和“怎么做”的问题，目的是建立相应的操作体系。

科学和技术之间有着不可分割的紧密联系，它们相互依存、相互渗透、相互转化。主要表现在以下几方面。第一，两者相互依赖，相互转化。一方面表现为科学向技术的转化。科学是技术发展的理论基础，科学规律、科学原理通过应用研究转化为技术原理，并为技术发明提供直接的理论要素和方法原则。科学实验研究中的实验装置和模型，也可以直接成为技术发明、技术创造的起点。另一方面表现为技术向科学的转化。技术是科学发展的手段。技术原理和生产技术经验、方法等也可以转化为科学知识、科学原理。第二，两者相互促进，互为动力。首先，技术对科学有着推动作用。社会生产技术对科学的需要推动着科学的发展，技术的新发展为科学前沿的突破提供了有力的武器。其次，科学对技术也有推动作用。科学在理论上的突破可以为技术发展提供前提和开辟新的广阔领域，即表现为科学对技术的定向作用和先导作用。科学研究对实验技术的需求推动了生产技术的发展。第三，两者相互交织，相互渗透。科学与技术的职能分工是相对的，两者在很多方面是相互交叉、相互融合的。技术的“硬件”和“软件”是科学原理的载体，而科学的观念、理论同时又构成了技术的理论要素和指导思想。科学需要技术来支援、应用和促进，技术需要科学来指导、论证和带动。二者是相互交织、相互渗透的。可见，科学与技术相互依存、相互促进、相互转化。科学与技术的内在统一和协调发展已成为当今“大科学”的重要特征。

（二）科技与社会的关系

科技与社会之间是互相影响、互相促进、互相制约、共同发展的。

1. 科技对社会的作用

科技的发展对社会的发展有着积极的促进作用。科技是社会发展进步的动力，科技的发展推动了社会的文明进步，改变了社会历史进程。回顾历史，可以发现科技发展的历史就是人类认识和改造自然的历史。从远古到16世纪，是古代科技的孕育、产生和发展时期。16—17世纪，在摆脱神学统治的斗争中，近代自然科学走上了独立发展的道路。1543年哥白尼发表《天体运行论》，宣告了科学革命的开始，1687年，牛顿发表《自然哲学的数学原理》，完成了经典力学理论的综合，将这场科学革命推向了高潮，确立了科学在社会中的地位。这场科学革命催生了18世纪以纺织机和蒸汽机的发明与改良为先导的技术革命，并引发了第一次工业革命。从此，社会由“手工工场”时代转向“机器大工业”时代。19世纪是科技全面发展的时期，电磁场理论直接促成了一批电器化、电讯化设备的产生，从而引发了以“电机的发明与电力的传输”为标志的第二次工业革命，使社会由“机器大工业”时代转向“电气化”时代。20世纪初，相对论、量子力学等现代科学理论相继出现，在此基础上迅速崛起了一批高技术，它们是伴随着20世纪中叶电子计算机的问世和原子能的利用而兴起的，最终形成了以电子信息技术为先导，以新材料技术为基础，以新能源技术为支柱，沿微观领域向生物技术拓展，沿宏观领域向海洋技术与空间技术扩展的一批高技术群落。20世纪下半叶，通信技术和电子计算机技术获得了飞速发展，这使得新的科技得以快速发展，而且向传统产业渗透，促使了传统产业的改革，实现了传统产业的现代化，产生了巨大的经济效益和社会效益。这正是第三次工业革命，它使社会由“电气化”时代转向“信息化、自动化和智能化”时代。这些历史事实充分说明了科技对社会的促进作用。当然，科技在促进生产力提高的同时，也在改变着人们的生活方式和价值观念。环顾四周，人类的衣、食、住、行等诸多方面都离不开科技，现代科技正在全方位地影响人类的社会生活和价值观念。

科技的发展给人类带来了福音，但同时也带来了一些消极的负面影响。正所谓“科技是把双刃剑”。进入21世纪后，世界发生了巨大的变化。在科技突飞猛进的同时，也人们遇见了许多新的问题。以生物技术为例，在人们开发利用生物技术时，可能会出现意想不到的安全问题。生物技术的误用及非道德应用也可能带来很大的安全隐患。例如，微生物实验室管理上的疏漏和意外事故有可能造成实验室工作人员的感染，也可能造成环境污染和大面积人群感染。目前随着生物技术的迅猛发展，生物安全问题已经成为影响全世界政治、经济、安全与和平的大命题。2001年美国“炭疽感染事件”后，生物安全问题备受世人关注。除此之外，我们的星球正面临着像放射性污染、温室效应、自然资源枯竭、大气污染等现实问题的困扰，而这些问题大多是因人们盲目、过度利用科技而产生的。面对这些问题，人类需要客观地评价科学和技术的发展，学会理智地利用科技为我们服务。

2. 社会对科技的作用

社会对科技的作用主要表现为社会对科技发展的促进与制约作用。一方面，社会对科技的发展起着促进的作用，表现为社会的进步改变着人们的思维方式和观念，特别是人们对待科学的态度，同时也影响着人们进行科学研究的方式和手段。从原始社会盲目地崇拜神灵，到近代社会人们对科学的探索，正是社会进步打开了科技的大门，引导更多的人关注科技。从古代落后的天文台，到今天先进的天文望远镜，正是社会进步促进了科研方式和手段的进步。另一方面，社会对科技的发展也有一定的制约作用。首先，社会生产对科技有制约作用。社会生产是科技产生和发展的前提和动力，社会生产是在一定经济制度下进行的，因此科技的发展必然要受到社会经济制度的制约。社会经济制度和结构是否合理，直接影响到科技能否顺畅地发展。其次，社会思想文化对科技的发展也有着制约作用。

其中，哲学思想对科技的影响力尤为突出。先进的、开明的哲学思想能够指导和推进科技的发展，而保守的、落后的哲学思想则常常起阻碍作用。此外，传统文化思想对科技发展的影响也是很大的。

总之，科技的出现离不开人类社会，它既是人类社会特有的产物，也是改变人类社会的内在力量，科技与人类社会的发展是密切相关的。习近平总书记在全国科技创新大会、两院院士大会、中国科协第九次全国代表大会上的讲话中强调："科学研究既要追求知识和真理，也要服务于经济社会发展和广大人民群众。广大科技工作者要把论文写在祖国的大地上，把科技成果应用在实现现代化的伟大事业中。"党的二十大报告指出："教育、科技、人才是全面建设社会主义现代化国家的基础性、战略性支撑。必须坚持科技是第一生产力、人才是第一资源、创新是第一动力，深入实施科教兴国战略、人才强国战略、创新驱动发展战略，开辟发展新领域新赛道，不断塑造发展新动能新优势。"科技立则民族立，科技强则国家强。科技创新，就像撬动地球的杠杆，总能创造令人意想不到的奇迹。

思考题

1. 自然科学具有什么特征？
2. 简述科学、技术、社会的关系。

第一篇　古代自然科学

从远古时期到16世纪中叶是古代自然科学时期，这是自然科学的萌芽时期。但在这一阶段，无论是古希腊还是古代中国都谈不上有自然科学，这主要因为当时人们还不可能自觉地、系统地运用实验方法，也不可能通过严密的逻辑推理和数学形式进行科学概括，使之成为完整的知识体系。若以历史和发展的眼光来看，尽管在古代人类积累的科学知识尚停留在对自然现象的观察、描述和零星实验的阶段，但它仍是自然科学形成和发展的先导，古代逐渐形成的对自然界的认识成为近代自然科学和现代自然科学发展的本源。就世界范围而论，古代自然科学知识的积累和发展主要集中在古希腊、古代中国等国家和地区。

第一章　古代科学知识的萌芽

在人类数千年的文明史中，科学和技术占有非常重要的位置。但在远古时期，几乎没有什么像样的技术，也没有形成独立的自然科学学科。正如恩格斯所说："随着手的发展、随着劳动而开始的人对自然的统治。在每一个新的进展中扩大了人的眼界。他们在自然对象中不断地发现新的、以往所不知道的属性。"从这个意义上说，科学技术萌芽于最初的劳动中，由于劳动，才逐渐形成了最初的技术和自然科学的萌芽。

一、古代技术发端的三大标志

最能反映原始人类认识自然和改造自然状况的技术创造活动主要有：工具的发明和改进、火的利用与人工取火、原始农业与畜牧业的产生与发展、制陶技术与原始手工业的出现等。与之对应的出现了古代的各种技术，其中有三项可以作为古代技术发端的标志。

第一个古代技术发端的标志是打制石器，它标志着人类掌握了第一种最基本的材料加工技术。工具的使用标志着人类创造自身的开始，也是原始技术的萌芽。早期猿人只会使用天然的树枝、石块等。大约在300万年以前，猿人逐渐感到天然的石块已不能满足自己的需要，于是迫于生存压力他们学会了制造工具，学会了利用自然物进行物质资料的生产，于是产生了原始的技术。在旧石器时代早期即直立人阶段，开始有了人类制造工具的痕迹。在此之前的南方古猿已开始使用天然木头和石块作为工具，但直到直立人阶段才有人工打制的石器出现。当时他们已懂得对不同的石料采用不同的加工方法，主要有锤击法、砸击法、碰砧法等直接打制法。工具也有了简单分工，主要有砍砸器、刮削器和尖状器等几大类，同时标准化工具已开始出现。在旧石器时代中期也即早期智人阶段，石器工具开始专门化；到旧石器时代晚期，人们逐渐发现在石器上绑上木头或者野兽的骨、角之类的作为把柄，使用起来更加灵活方便，于是发明了用两种或两种以上的材料构成的复合工具，如石斧＝斧子＋斧柄。这样，生产工具和生产技术都得到很大的发展，用动物骨头和角做原料制造的工具开始大量出现。随着生产实践的发展，加工石器的技术不断提高，人们又发明了石器的磨制技术，并用这种研磨的方法磨制成了比较光滑、规整的石器，人类从此进入了"新石器时代"。这一时期有代表性的磨光石器有石刀、石锛和石锄等，其制作水平显然远高于旧石器时期的石器（图 1-1-1）。有了这些工具，人类就可以进一步改造世界，并为人类由长期的采集、渔猎生活过渡到原始农业生产创造了条件，从而促进了原始社会生产力不断向前发展。人类从学会打制石器到学会磨制石器，既是一个生产经验的积累过程，也是对自然界认识的深化过程，这对早期科学技术的形成具有重要意义。

图 1-1-1　新石器时代的石器

第二个古代技术发端的标志是人工取火，这也是人类发展史上一件划时代的大事，是人类对自然界的第一个伟大胜利，表明原始人类对某些自然现象有了一定的认识，并开始学会利用自然规律为自己服务，标志着人类在征服自然的道路上迈出了极为重要而又相当成功的一步。恩格斯曾给予高度的评价："就世界性的解放作用而言，摩擦生火还是超过了蒸汽机，因为摩擦生火第一次使人支配了一种自然力，从而最终把人同动物界分开。"所以说，火的使用和人工取火在人类进化史上具有划时代的意义。有了火，人类可以用火防止野兽的侵袭，也能用火围攻猎取野兽。有了火，人类渐渐学会用火烧制陶器、冶炼金属，并在利用火的过程中积累了越来越多的化学知识，等等。总之，没有火就不可能有文明世界的出现。

第三个古代技术发端的标志是创造文字。原始社会没有文字，古代人有结绳记事的习惯，但每个绳结代表的具体事件只有记录者自己才清楚。这可以说是文字的萌芽。后来随着生产的发展，人们之间的交往越来越多，生活中需要记录的事情越来越多，于是人们创造了图画文字。据考证，人类有文字记载的历史至少有五千年。从世界文字发展史来看，世界文字大致经历了图形文字、象形文字、表意文字、拼音文字等这样一个历史发展过程。中国古代氏族或部落间立誓约时有刻木为楔的习惯，就是为了避免因相互承诺的数目不同而引起争端。但是，这些刻痕的含义也只有当事人才清楚，显然，图画所具有的直观而确定的优点恰好是记号所缺乏的。后来，人类通过对图画的简化和对记号的改造，逐渐创造出文字（图 1-1-2，图 1-1-3）。文字不仅可以用来记录事件、契约，还能用来表达人的思想感情。但是，古埃及、古巴比伦和中国的象形文字，同样的内容却用了完全不同的符号。每一种文字又都有各自的发展规律，促成了不同的文化类型。文字的产生，使得人类的经验、知识的传授和继承摆脱了口授身传的局限；使得跨越时间和空间来传递信息成为可能；使得人类有了文字记载的文明历史，这样人类对历史的认识更加确切和完整。文字的发明既是人类文明发源的条件，也是文明时代开端的重要标志之一。

a	m	se
e	n	k
i	ne	q
o	r	t
y	l	te
w	ḫ	to
b	h	d
p	š, s	ward divider

图 1-1-2　古埃及象形文字

图 1-1-3　古巴比伦楔形文字

除了上述三个标志性技术外，人类在古代还创造了其他技术，如原始的植物栽培技术、动物驯养技术、制陶技术、冶金技术、纺织技术、建筑技术和运输技术等。随着这些技术的产生和发展，人类积累了越来越多的经验形态的自然知识。这些在生产实践中产生并以经验形态存在于技术之中的自然知识，就构成了自然科学萌芽的最初形式。

在这许多技术成就中，之所以把打制石器、人工取火和创造文字作为古代技术发端的主要标志，是因为打制石器代表着材料技术，标志着人类已学会使用石头作为材料，把它加工成自己需要的器具；人工取火代表着能源技术，标志着人类掌握了取得热能的能量转化方式，并为后来的制陶技术、冶金技术打下了坚实的基础；文字的创造和使用代表着信息技术，标志着人类除了有声语言之外，又创造出一种新的、十分重要的信息存储和传递方法。这三大技术纵贯整个人类古代历史，经历了漫长的发展历程。在近代技术产生之后，材料技术、能源技术和信息技术的依次发展，也绵延至今长达数百年。而且，古代技术出现的次序，恰好就是近代历次技术革命的顺序。古代技术发端的历史，好像为近代技术的发展预示了一个原型。

在原始社会里，由于认识的局限性，科学只能以萌芽状态存在于生产技术之中。如前所述种种生产技术无一不是科学知识萌芽的土壤。原始人在最初的劳动中既积累着生产实践经验，同时也对自然现象有了概括性的解释和想象，这样就产生了原始的观念。这些观念反映了早期人类对自然的认识水平，其中大部分是对自然的片面的、零星的、粗糙的认识，甚至还混杂有许多谬论，但其中也含有一些带有科学成分的认识。因此，作为胚胎形态的早期科学既存在于原始技术之中，也孕育于原始观念之中。

二、原始宗教对科学的影响

在征服自然的漫长岁月中，由于生产力低下，人类征服自然界的能力非常薄弱，在自然灾害面前常常无能为力，于是，人们不得不服屈服于大自然，采取对大自然顶礼膜拜的办法希冀得到自然神的保佑，他们把很多自然现象看成有灵魂的超自然的异己力量，并加以人格化，形成万物有灵的思想，这样就产生了原始宗教。原始宗教的崇拜对象五花八门，但大体上可以分成两大类：一类是对与人类生存休戚相关的自然物、自然力的直接崇拜，或对人格化的神的崇拜；另一类是对臆想出来的、离开肉体的精灵或灵魂的崇拜。就具体的崇拜形式而言，原始宗教主要表现为自然崇拜、灵魂和祖先崇拜、图腾崇拜等。

对自然的崇拜是最早出现的一种原始宗教形态，其实质是畏惧大自然对人类生活所产生的巨大作用和影响。原始人认为有多少种自然现象，就有多少种要崇拜的神灵。他们将天体（日月星辰）、气象（风、雨、雷）、土地、山、河、水、火、动植物等众多自然对象加以神化，如太阳神、月亮神、星座神、风神、雨神、雷神、土神、山神、河神、水神、火神等，为了博得神灵的欢心，原始的宗教采用祭奠和巫术等仪式，巫师要念咒语，祭奠要有各种牺牲等。这其中对日月、土地、动植物等的崇拜是最普遍的，在今美洲、澳洲、非洲的原始部落中都大量存在。

图腾崇拜是自然崇拜与祖先崇拜相结合的一种原始宗教形态，它的直接崇拜对象是自然界中的事物，其中动物占绝大多数。原始人认为自己的祖先曾与某种动物（或其他自然对象）之间有着血亲关系或特殊关系，因而将其神化，并将此标记下来作为氏族的象征，这种标记就叫作“图腾”，人们相信能得到它所具有的超自然力量的庇护，由此形成了图腾崇拜。“图腾”（totem）来自印第安语，意即“属彼亲族”。由于人类还没有脱离动物崇拜，因此原始人类总是将征服自然过程中的英雄人物描绘为人和动物的综合体，于是出现半人半兽神，如埃及神话中的墓地之神阿纽比斯是胡狼头人身，尼罗河神赫比是虎面人身，中国的女娲伏羲是人面蛇身。

灵魂崇拜专指对死者的灵魂加以神化和崇拜。原始人认为人体内有一种可以同肉体分离的独特的东西——灵魂，原始先民普遍相信，人死后其灵魂依然存在，并会继续保护和监督活着的人们。于是，他们一方面祈求死者灵魂的帮助，另一方面又畏惧亡灵的报复，由此形成了一套灵魂崇拜的仪式和禁忌，主要表现为对死者的各种葬礼和葬法。诸如停尸、祭供、祷告、送葬、戴孝、土葬、水葬、火葬、风葬等，有些不仅在现存原始部落中依然流行，有些甚至已经演化成我们今天的丧葬习俗。

原始宗教观念中显然包含着大量幼稚可笑和谬误的内容，但它毕竟是人类对难以理解的自然界的一种认识，在一定程度上也反映了自然界事物的某些属性，是人类科学思维的萌芽，也是理论科学的萌芽。所以，从某种意义上说，理论科学是从原始的宗教、神话中萌发出来的。

三、古代科学知识的萌芽

在古代萌芽的科学知识中，最早出现的科学是天文学知识。可以说，几乎所有古老文明都有令人惊叹的天文知识。在远古时期，天象观测与某种宗教上的需要密切相关。人们敬畏天，试图通过天象观测了解天神的旨意，了解命运的归宿，驱灾避难。天文学一开始是占星术，而且在很长一段时间内是占星术的一部分。无论是以耕种为生的农耕部落还是以畜牧为主的游牧部落，为了获得生存所需要的物质资料，都需要了解自然界的循环节律，都需要确定季节。旧石器时期的先民，已对太阳的东升西落、月亮的阴晴圆缺、夜空的斗转星移等运行规律有了初步的认识。新石器时期，随着原始畜牧业、原始农业的出现，人们对一年四季的变化与农作物的生长规律有了初步的了解。经验告诉他们，只要遵循季节的变化规律，适时播种各种农作物，就可以获得更多的收成。古代的天文历法知识就是在生产实践的迫切需要中产生出来的。在新石器时代中期，先祖们已开始注意观测天象，并用以定方位、定时间、定季节了。人们不仅利用日出日落来确定东西方向，而且还利用日影最短的位置来确定南北方向。考古发现，在西安半坡仰韶文化遗址中房屋的坐落和墓穴都有一定方向，或朝南方，或朝西北。人们在观察天象的过程中，逐渐形成了“日”“月”“年”的概念。古书《尚书・尧典》里说，尧帝曾经组织了一批天文官到东南西北四个地方去观测天象，以编制历法预报季节。古埃及的观天工作最初是由僧侣们担任，他们注意观测太阳、月亮和星星的运动，并在很早就知道了预报日食和月食的方法。古埃及人用石碗滴漏计算时间，石碗底部有个小口，水滴以固定的速率从碗中漏出。石碗标有各种记号用以标示各种不同季节的时刻。古埃及的农业生产依赖于尼罗河的每年泛滥，而尼罗河的泛滥又和星体运动有关，特别是每隔 1460 年便会出现日出、天狼升空与尼罗河泛滥同时发生的现象。所以，古埃及僧侣们很早便开始制作天体图了。古埃及人曾把行星看成漫游体，并且把有命名的称为星和星座（它很少能与现代的等同起来）。从前王朝时代起，太阳被描绘为圣甲虫，在埃及宗教中占有显著的地位。而且，不同时间的太阳还有不同的名称。总之，正是古人对天象的持续观测与思考，才产生了最初的天文学知识。

恩格斯指出：“天文学只有借助于数学才能发展，因此也开始了数学的研究。”原始人类对物体数量多少的认识，萌生了数学知识的幼芽。人们认识“数”是从“有”开始的，起初略知一二，以后经过不断积累，知道的数目才逐渐增多。在没有数字之前，计数是与具体事物相联系的，如屈指计算，手指和手指的形状就代表数目或数字；用一堆小石子计算，石子就代表数本身。英文“计算”一词来自拉丁文 calculus，而后者的意思就是小石子。在我国也有“结绳记事”和“契木为文”的传说。中国仰韶文化时期出土的陶器上面就刻有各种不同的符号（图 1-1-4）。虽然尚不清楚这些符号所代表的意思，但多数研究者认为，显然这些符号已具有“标记”或“标号”的性质，是中国古代文字和数字的起源，因此，这些刻画符号又被称为

“陶文”，也是世界上出现最早的文字之一。人们对“形”的认识也很早，当原始人制造出不同形状的工具时，就说明他们对各种图形已有了一定的认识，而且为了制作不同形状的物体，他们还创造了画圆、方和直线的作图与测量工具，如规、矩、准、绳等。几何学来源于丈量土地，英文“geometry”一词的原义就是测地术。西安半坡出土的陶器有用1～8个圆点组成的等边三角形和将1个正方形分为100个小正方形的图案，半坡遗址的房屋基址都是圆形和方形。

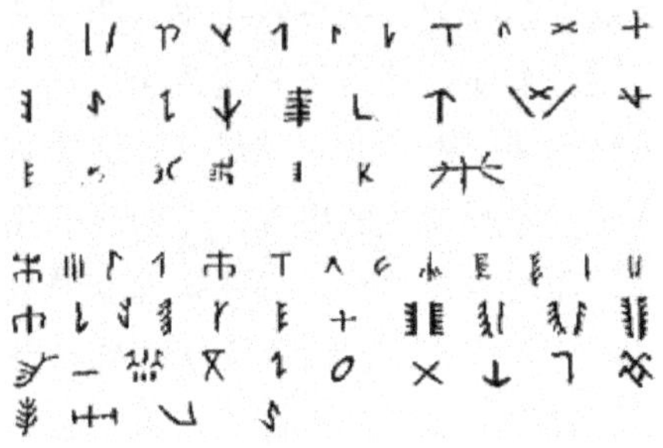

图 1-1-4　仰韶文化时期陶器上的符号

自人类诞生以来，疾病一直与人相伴，特别是在远古时期，艰苦的生活环境、疾病的折磨，使人很难享尽天年。一些出土的人类化石中保留了其生前患有的某些疾病的信息，如骨折、骨瘤、龋齿等。旧石器时代人们尚无医药的知识，仅靠身体的抵抗能力同疾病抗争，大约在新石器时代，人们逐渐认识了一些病症和治疗疾病的药物，发明了某些预防和治疗疾病的方法，形成了原始的医学。但早期的医学往往与巫术结合在一起，最早的医师也即巫师（祭司）。公元前3000年左右，人们已经依据经验对某些疾病的起因做出了比较合理的解释，并发展了一些行之有效的治疗手段。到了古埃及和古巴比伦时期，随着医疗技术的进步，医学开始脱离巫术。

其他的自然科学知识也是存在于技术之中的。在石器的制造和利用过程中，人们产生了力学知识。在搬运石头的过程中，为了省力，人们会改变劳动姿势和使用工具的方法，这些可以说是原始的力学实验，人们在这个过程中积累了关于杠杆（撬动或抬举重物的木棒）的力学知识。使用火是人类控制自然能源的开始，而使燃料所具有的化学能以燃烧形式释放出来则包含大量的化学知识。烧制陶器以及原始社会晚期出现的铜的冶炼，是古代人类利用火实现物质变化的重大成就。陶器的烧制与应用，促进了酿酒、染色技术的相继发展，从而促使了化学、生物知识相继萌生。原始农业和畜牧业的发展，促使植物栽培、动物驯养等农学知识产生。

思考题

1. 简述古代技术的发端及其历史意义。
2. 简述古代科学与原始宗教的关系。

第二章　古巴比伦、古埃及、古印度的科学概况

原始人从狩猎和采集经济过渡到农业经济是人类文明的一个重大进步，各个古老民族分别独自发展着自己的科学文化与技术，又都经历了大致相同的认识发展过程。这些古老民族大都居住在水源充沛、土壤肥沃的地区，如位于尼罗河流域的古埃及，由于河水定期泛滥，需要反复测量土地，就诞生了最初的几何学；生活在幼发拉底与底格里斯流域的古巴比伦人，已经知道了后来被称为毕达哥拉斯定理或勾股定理的内容；古印度人则生活在印度河与恒河流域，他们在数学与天文学方面也有不少成就；生活在黄河和长江流域的中国人则创造了算学、天文学、四大发明等灿烂文化。这些地区是世界古代文明发祥地，进而也孕育了古代科技文明。

本章主要介绍古巴比伦、古埃及、古印度等文明古国的科学概况。古代中国的科学情况将在下一章介绍。

第一节　古巴比伦的科学概况

两河流域指底格里斯和幼发拉底两河流域平原，通常称作美索不达米亚（希腊语，意为“河间地区”）平原，这是古代人类文明的重要发源地之一，创造了举世闻名的两河流域文明。约从公元前 3500 年苏美尔王国的文明起，约到公元前 538 年为止。其中古巴比伦文明因其成就斐然而成为两河流域文明的典范。生活在两河流域的人们在生产劳动和生活中逐渐形成了对自然的认识，主要体现在天象观察、时间划分、计算、防病治病和对动植物的认识等方面。

一、天文学知识

天文学是最古老的学科，它主要研究广阔空间中天体的位置、分布、运动、形态、结构和演化规律。古代人为了生产、生活以及占星的需要，开始有目的地对星体（日、月等）的运动及其相对位置进行观测记录，以探寻其变化规律。古代两河流域的天文历法知识直接影响了欧洲的天文学。因为底格里斯河和幼发拉底河的河水涨落没有规律，它使人们害怕，而天上的星星运行却有规律，所以古巴比伦人相信占星术，他们认为天上的星辰便是神的化身，认为它们可以决定并

预示着人事进程和人间祸福，因而他们更加注重天象的观测，通过对星空持续不断的系统观察，他们积累了丰富的天文知识，也留下了不少天文学记录。

早在公元前2000年，古巴比伦人就已经注意到行星和恒星的区别，认识到行星运动的周期性，如他们注意到了金星运动的周期性，即在8年中有5次回到同样的位置。他们对恒星也进行了细致的观测，绘制成了星图，并且按照方位分为星座并命名，这些星座的名称一直沿用至今。另外，公元前7世纪左右古巴比伦人形成了7天为一星期的制度，他们认为每天各有一位星神“值勤”，故用天上最亮的七曜，日、月、火星、水星、木星、金星和土星分别代表每一天。他们还将一天分为以2小时为单位的12时，每小时分为60分，每分分成60秒。

天文学上黄道是指太阳每年在恒星之间的视轨迹，即地球轨道面与天球的相交线。古巴比伦人早已知道了黄道，并将黄道带划分为同月份相应的12个星座，形成了所谓黄道十二宫。他们将对天象的观察和对周围自然事物的观察相联系，因此，他们经常将天象、星座和各种常见兽类、事物相联系，并用这些兽类和事物的名称来命名星座，用一个符号来表示星座（图1-2-1），这套符号一直沿用至今。

图1-2-1　十二星座的符号

二、数学知识

数学的产生源于生产、交换和天文计算的需要。从考古发掘的泥板书中知道，大约在公元前1800年，古巴比伦人就发明了60进制的计数系统，有了位制的概念，但没有零的记号，因此计数系统不完善。

关于数学运算，古巴比伦人会做加减乘除四则运算，其中除法是通过将除数化为倒数来完成的。出土的泥板书中，有不少乘法表、倒数表、平方表、平方根表、立方表和立方根表等。在代数方面，古巴比伦人不但能解一元一次方程、多元一次方程，也能解一些一元二次方程，甚至一些较为特殊的三次方程。例如，泥板书中记载过一个基本的代数问题，即求一个数，使它与其倒数之和等于一个已知数，用现代公式表示即：$x+\frac{1}{x}=b$，此式可化成一元二次方程 $x^2-bx+1=0$，他们的解法是先求出 $\left(\frac{b}{2}\right)$，再求出 $\left(\frac{b}{2}\right)^2$，再求 $\sqrt{\left(\frac{b}{2}\right)^2-1}$，然后得到解答为：$\frac{b}{2}+\sqrt{\left(\frac{b}{2}\right)^2-1}$ 和 $\frac{b}{2}-\sqrt{\left(\frac{b}{2}\right)^2-1}$。这表明他们已经知道了一元二次方程的解法，不过没有负数的概念。公元前 1600 年的一块泥板上，还记载了许多毕达哥拉斯三元数（勾股数组），取值方法是令 $a=u^2-v^2$，$b=2uv$，$c=u^2+v^2$，其中 u，v 是任取正整数，这样可得出 $a^2+b^2=c^2$。

古巴比伦人在几何学方面的研究略逊于代数，古巴比伦人将许多几何问题都化为代数问题来处理。在求圆面积时，他们给出了 π 的近似值为 3。此外，他们还知道半圆的圆周角是直角，知道正方形的对角线为边长的 $\sqrt{2}$ 倍，他们能计算正圆柱体和一些简单立体的体积。

三、医学与生物学知识

医学知识的发展过程是缓慢的，早期有巫术迷信的纠缠。从所留存下来的医学文献看，随着医疗技术的发展，它和巫术迷信的关系越来越远，科学成分越来越多。和古埃及相比，古巴比伦的医学成就相对较少，留存下来的关于医学的泥板书有 800 余块，从这些泥板书中可以看到，那时的医生们用药物、按摩等许多方法治病，所用的植物药物已有一百五十多种，一些动物的油脂也被制成药膏用于治疗。他们的记载中有咳嗽、胃病、黄疸、中风等许多疾病的名称。古巴比伦国王汉穆拉比（约前 1792—前 1750）颁布的法律汇编《汉穆拉比法典》是迄今发现的最早的、保存完整的一部法典，是古巴比伦留给世界人民的重要财产。其中，有许多条文与医疗有关，如规定了施行手术成功后的付费标准，外科手术失败的惩罚标准等。学术界认为这是世界上最早的医疗立法，同时也表明当时医生已是相对独立的职业，而且不全是巫医。最具影响力的古巴比伦医学文献是由博尔西帕城的医生埃萨基·金·阿帕利所写的《诊断手册》。

生物学知识也逐步积累。古巴比伦人采用的祭牲占卜术使他们获得了关于人和动物身体功能的一些知识。在两河流域的泥板书上，我们可以看到约 100 多种动物和约 250 种植物的名称，也许当时的人们还不具备关于植物性别的真正知识，但在实践中他们已经知道当椰枣树开花时进行人工授粉可以增加椰枣的产量。

第二节　古埃及的科学概况

尼罗河流域的古埃及是世界上历史最悠久的文明古国之一，举世闻名的金字塔向世人展现了它曾经的辉煌，昭示了古埃及人的才智和能力。尼罗河优越的农业生产条件为人们提供了极大的便利，古埃及人在生产实践中逐渐形成了对自然的认识，积累了越来越多的自然科学知识，并在历法制定、几何计算、解剖和医学方面富有特色。

一、天文学知识

在古埃及的农业生产中，人们认识到确定季节是非常重要的，因为无论是播种还是丰收，都得掌握尼罗河泛滥的准确日期，而尼罗河的泛滥又和星体运动有关，于是，天文学就诞生了。

尼罗河每年的泛滥是有规律的，古埃及人曾以洪水到来的日子为一岁之首。一年分三季，即泛滥季、播种季、收割季。一季 4 个月，一月 30 天，年终 5 天为节日，每年共 365 天。但是，这样规定毕竟是比较粗糙的，因为每年尼罗河泛滥的日子不会精确到一天不差。古埃及人创造了人类历史上最早的太阳历。大约在公元前 4000 年，古埃及人就已经把一年确定为 365 天。后来到古王国时代（公元前 27 至前 22 世纪），埃及人观察到当天狼星与太阳同时升起时（天文学上称之为偕日升），尼罗河就开始泛滥。所以，古埃及人将天狼星与太阳同时出现在地平线上的这一天定为一年的第一天，这样历法的准确度就提高了。古埃及人经过长期观测还发现，如果以天狼星偕日升那天作为某一年的开始，那么 120 年之后，偕日升的那一天与 120 前偕日升那一天刚好相差一个月，而到了第 1461 年，偕日升那天又成了一年之始。他们把这个周期称为“天狗周”（因为他们把天狼星叫作天狗）。在那样古老的时代，古埃及人凭着长期细致的观察，能够确定这样长的周期，真是一个奇迹。

古埃及人精确的历法与他们的天文观测密切相关，从出土的棺材盖上所画的星图可以知道，他们不仅认识北极星，还认识天鹅、牧夫、仙后、猎户、天蝎、白羊和昂星。他们已经会把行星和恒星区别开来，他们对恒星进行了认真的观测，并绘制成了星图，其中对黄道附近恒星的划分和命名，一直沿用到现在。

二、数学知识

古埃及人的数学知识相当丰富。从现今遗留下来的“莫斯科纸草书”“莱因德纸草书”和“兰德纸草书”等文献中可以了解到，古埃及人的数学知识主要包括算术、代数和几何三个方面。

古埃及人很早便开始使用数字，从最简单的 1 到 10、百、千、万都有一定的写法。在算术方面，古埃及人计数采用十进制。例如，他们写 111，不是将 1 重复三次，而是每一位上都有一个特殊的符号。这样的数制相当麻烦，所以不可能有简便的四则运算法。古埃及人的算术主要是加减法，乘除法会化成加减法做。由此可知，古埃及人使用的是简单的算术，而非比较高深的数学。古埃及人算术最具特色的是分数算法。古埃及人很早就有计算分数的方法，分数的运算也是通过加减法进行的。在进行分数运算时，他们把所有的分数都拆成“单位分数”，再取和求出。古埃及的纸草书上记录着许多这样的分数运算的例子，专门从事计算工作的古埃及书吏在运算结束后都会加上一句“正是如此”，就相当于我们现在的“证毕”。整体来说，古埃及这种“单位分数”的表示形式是复杂的，运算起来烦琐而冗长，因此限制了古埃及数学的进一步发展。

由于尼罗河每年泛滥后需要重新界定土地边界，因而古埃及的数学成就突出表现在几何学方面。古埃及人知道圆面积的计算方法，即直径减去它的九分之一后再平方，这相当于用 3.1605 作为圆周率，不过他们并没有圆周率的概念，计算圆面积使用的是经验公式。他们计算赋税、丈量土地、测量距离、计算时间，但他们并没有使用更高深的、抽象的数学理论，而只是运用简单的算术，以具体图形为参考提供实际的解决方法。尽管他们的计算方法非常原始，数字写法也很烦琐，但他们能够计算出长方形、三角形、梯形和圆的面积，计算出各种立体几何图形的体积。屹立在尼罗河畔的胡夫金字塔，不仅外观宏大，而且角度、面积、土石压力事先都经过了周密的计算，所以说假如古埃及人没有相当的数学知识，这些巨大的工程是难以设想的。总体而言，古埃及人的几何学只限于纯粹的实用方面，还没有上升到公式水平，缺乏抽象性，与后来抽象水平较高的希腊几何学无法同日而语，但古埃及人的几何学知识后来成了古希腊人的数学入门课程。

三、医学知识

同古巴比伦人相比，古埃及人在天文学和数学上的成就不算突出，但他们在医学方面有着显著的成就。古埃及人相信人的尸体是灵魂的安息处，所以有制作木乃伊的传统。可以肯定，在制作木乃伊的过程中，古埃及人获得了一些解剖学的知识，促进了外科的发展，对防腐药物等也有所研究。在公元前 2500 年左右的雕塑中，可以找到外科医生施行外科手术的证据。古埃及人的医药知识对后来西方的医学也有颇大的影响。

从古埃及的文献看，传世的比较完整的医学纸草书有六七部，比较著名的主要有两个。其一，是完成于约公元前 1600 年的《埃德温·史密斯纸草文稿》，是最早的外科文献。其中，关于外伤从头部一直讲到肩、胸膛和脊柱等。其二，是完成于第十八王朝（约前 1550—前 1291）的《埃伯斯纸草书》。其中，记述了约 147 种病例，包括内科、眼科、妇科等许多方面，也有一些外科的内容，还记有解剖学、生理学和病理学等方面的一些知识，记载了 700 多种药物和 800 多种处方，这部著作看起来就像是一部医学教科书，虽然其中还掺有一些巫术迷信的内容，但医学已基本上从巫术中分离出来了。

第三节 古印度的科学概况

古印度大致包括今天的印度、巴基斯坦、孟加拉国、尼泊尔、锡金、斯里兰卡等国，古时曾称为“身毒”“天竺”，唐玄奘取经归来以后始称为印度。古印度文化发展的过程是一个多民族融合的过程，有达罗毗荼人、雅利安人、希腊人、波斯人、突厥人和阿拉伯人等在这里生活过，他们共同创造了有特色的古印度文明。古印度的天文学、数学知识富有特色，记数法等知识通过阿拉伯人传入了欧洲，为近代科学奠定了基础。医学中的许多内容来自经验总结，至今仍在民间发挥作用。

一、天文历法知识

古印度人很早就开始了天文历法的研究。早在吠陀时代，古印度人就把一年定为12个月，360日，此外还有置闰方法。为了观察日月的运动，他们把黄道附近的恒星划分为27宿。“宿”在梵文里是“月站”的意思，即月亮停留之意，这是为了区分月亮在天空中所处的位置。古印度人虽然在天文历法方面做了许多工作，但还是比较粗浅的，他们不太重视实际的天文观测，这种情况直到希腊高度发达的天文学传入后才得以改变。

公元1世纪后，古印度陆续出现了一些天文历法的著作，其中最著名的一部为《太阳悉檀多》，它在公元前6世纪已具雏形，此后几百年中历经几代学者的修改，成为古印度天文学著作的范本。其中，讲述了时间、日食和月食的测量，行星的运动和测量仪器等许多问题，并包含了大量数学知识。约公元505年，天文学家彘日汇总了古印度五种最重要的天文历法著作，编成了《五大历数全书汇编》。在我国唐代时，一位移居我国的古印度天文学家的后裔瞿昙悉达所著的《开元占经》一书里介绍了古印度的“扫执历”，规定一恒星年为365.2726日（今测值为365.25637日），一朔望月为29.530583日（今测值为29.530589日），并采用19年7闰的置闰方法，是典型的阴阳合历，这表明古印度的天文历法已经达到了相当高的水平。

二、数学知识

古印度在世界数学史上有重要地位。自哈拉巴文化时期起，古印度人就采用十进位制，但是早期还没有位值法。大约到了7世纪以后，古印度才有了位值法记数，不过开始时还没有“0”的符号，只用空一格来表示。随着数字记号的简化及“0”符号的出现，慢慢形成了印度数码。这时，古印度的十进制位值法记数就完备了。后来这种记数法为中亚地区许多民族采用，又经过阿拉伯人传到了欧洲，逐渐演变为现今世界上通用的“阿拉伯记数法”。所以说，阿拉伯数字并不是阿拉伯人创造的，他们只是起了传播作用。而真正对阿拉伯数字有贡献的，是古印度人。

现存古印度最早的数学著作是《准绳经》，这是一部讲述祭坛修筑的书，大约成书于公元前5至前4世纪，其中涉及一些几何学方面的知识。这部书表明，他们那时已经知道了勾股定理，并会使用圆周率。古印度人在天文计算的时候已经会运用三角形了，笈多王朝时代极负盛名的天文学家阿耶波多是一位奇才，他在约公元499年完成的《圣使集》中，提出了推算日月食的方法，也讨论了有关数学的内容，包括算术运算、乘方、开方以及一些代数学、几何学和三角学的规则。他还研究了两个无理数相加的问题，并得到了正确的公式，在三角学方面他又引进了正矢函数，他算出的 π 为3.1416。7—13世纪是古印度数学成就最辉煌的时期，其间的著名人物有梵藏（约589—?）、大雄（9世纪）、室利驮罗（999—?）和作明（1114—?）等。梵藏约于628年写成了《梵明满悉檀多》，对许多数学问题进行了深入的探讨，梵藏是古印度最早引进负数概念的人，他还提出了负数的运算方法。作明在《历数全书头珠》的《嬉有章》和《因数算法章》中对0进行了进一步的研究，正确地指出以0除一个数为无限大。他还进一步研究了二次方程求解的问题，知道一个数的平方根有两个数，一正一负，这些都反映了古印度人在数学方面的成就。

三、医学知识

古代印度作为文明古国，它的医学起源是很早的，其医学理论和医学实践相当发达，这或许与印度宗教思想中的大慈大悲、普度众生的仁爱思想一致。大约出现在公元前1世纪的《阿育吠陀》（直译为“长寿的知识”），是古印度最早的一部医学著作。此外，《阿育吠陀》也是享誉世界的医学著作。这部著作中记述了有关健康与疾病的三体液学说。三体液指气、胆及痰，又称三大。古印度人认为三者必须均衡才能保持人体的健康，一旦紊乱，人就会患各种疾病。后来，又加入了7种成分，即血、肉、骨、精、脂、骨髓和乳糜（消化的食物），古印度人认为这7种成分均来源于食物。还有人加入了排泄物：尿、粪、汗、黏液、发爪和皮屑。这样就形成了一个较为完整的理论体系：一切疾病皆来源于体液、身体成分和排泄物的紊乱。大约在公元前1500年，阿育吠陀医学分化为两个学派：内科学派和外科学派，从而使其成为一门更加系统化的科学。这两大学派编写了阿育吠陀医学的两本主要著作——《阇罗迦集》与《妙闻集》。《阇罗迦集》是由阇罗迦所著，并经阿提耶补充修改，至今仍然是应用最广泛的阿育吠陀内科医学著作。妙闻编写的《妙闻集》收集了修复外科的各种知识，包括换肢手术、整形外科手术、剖腹手术甚至脑外科手术。同时，他还以发明了鼻整形术而闻名于世。大约在公元500年，第三部重要的阿育吠陀医学著作《八支心要集》问世。它综合了阿育吠陀医学两大学派的观点。随后又有一些重要的药物专著作为对阿育吠陀医学经典的补充逐一问世，收集并记载了各种新药物，并在用法上进行了扩展，同时摒弃了陈旧的药物和物质辨别方法。《妙闻集》和《阇罗迦集》大约在公元9世纪被译成波斯文和阿拉伯文。9世纪时古阿拉伯人曾请古印度医生来主持医院工作和担任教学，中国西藏地区也有受到古印度医学影响的痕迹。

思考题

1. 简述古巴比伦的科学成就。
2. 简述古埃及人在自然科学方面取得了哪些对后世有影响的成就。
3. 简述古印度人对世界科学史的贡献及影响。

第三章　古代中国的科学概况

中国是世界四大文明古国之一，其文明一直延续至今没有中断，这是世界历史上的奇迹，绝无仅有。中国有史料记载的历史已有三千多年，对整个人类文明有着重要贡献。

古代中国科学的发展可分为五个时期。

（1）远古到西周（？—前771）为自然科学的萌芽时期。自夏、商、西周奴隶社会起，随着手工技术的发展，自然科学知识开始积累。中国目前可考的科学始于商代，甲骨文记载了中国最早的科学知识。

（2）春秋战国时期（前770—前221）为自然科学的形成时期。春秋战国时期，随着社会的大动荡、大变革，中国出现了“士”这个社会阶层，思想空前活跃，科技迅猛发展，中国古代自然科学开始形成。

（3）秦汉到五代（前221—960）为自然科学的发展时期。从战国末年到汉代，中国的天文学、数学、医学和农学都形成了自己的知识体系，出现了一批经典著作，为中国以后的科学发展奠定了基础。不少领域达到了当时世界最先进水平，并在以后1000多年的时间里继续领先，形成一个发展的高峰。

（4）宋元时期（960—1368）为自然科学的高峰时期。魏晋南北朝之后，中国的科技逐渐走到了世界的前列，到宋元时代自然科学达到鼎盛。

（5）明清时期（1368—1911）为自然科学的相对衰落时期。明朝末年以后我国的自然科学开始衰落，科技的发展与西方相比显得落后，这一时期也是西方科技知识开始向中国输入的阶段。

可见，当欧洲处于黑暗的中世纪时，中国科技正处于发展时期和高峰时期。中国独特的科技体系有农、医、天、算四大学科以及陶瓷、丝织和建筑三大技术，至于闻名遐迩的四大发明，则对世界近代科学的诞生起到了重大的推动作用，是古代中国人对近代世界的科学技术贡献。

关于中国古代科技史的文献浩如烟海，我们只能简要论述其部分内容。本章主要围绕古代中国的自然观、物理学知识、数学知识、医药学知识、农学知识这些方面进行介绍。

第一节　古代中国的自然观

中国古代有盘古开天地、女娲补天等神话传说。中国古人以其独特的东方思维方式，构造了一套庞大的自然观体系，其中融会了中国古代哲学与自然科学的思想。万物本源与物质结构是自然科学研究的一个根本问题，对此，古代中国人提出了诸多的概念与种种学说。例如，道、太极、无极、元气、阴阳、五行等概念与最有代表性的阴阳说、五行说、元气说等。

一、阴阳说、八卦、太极和道

阴阳说是殷周时期发展起来的一种朴素的辩证思想。它是中国古代哲学、自然科学乃至文学、艺术中重要的哲学思想，是中国思想和文化的核心。阴阳本指物体对于日光的向背，向日为阳，背日为阴。它抽取阴阳这两个基本概念来解释天文气象、四季变化、万物盛衰等自然现象。后又被用来解释社会现象，把自然界与社会上的一切对立现象，如天地、男女、上下、君臣等抽象为阴阳。阳代表积极、进取、刚强、日、男等阳性和具有此特性的事物。阴代表消极、退让、柔弱、月、女等阴性和具有此特性的事物。

《周易》起源于殷周之际，它是我国集哲学、自然科学、社会科学、艺术等领域于一身的最重要的经典著作之一。它的整体框架以一阴一阳为基础，变化万千，阴阳使其体系圆通且具理性。它由《易经》《易传》组成。《易经》由 64 卦的卦辞和 384 爻的爻辞组成。《易传》是对这些卦辞和爻辞的解释和论述。在《易传·系辞上》写道："易有太极，是生两仪，两仪生四象，四象生八卦。"意思是："太极"即宇宙本体，是世界万物的本源，由太极产生出"两仪"即阴（--）阳（—），由阴阳的作用演化出时间，然后形成作为原始之物的八卦，由八卦再演化出万事万物。这是一种朴素的、唯物的世界生成说。"四象"即太阴、少阳、少阴、太阳，阴阳与四象相合便生成八卦，即天、地、雷、风、水、火、山、泽。

古人用太极图、八卦图形象地阐明了上述思想（图 1-3-1）。在"伏羲先天八卦太极图"中，太极有阴有阳，表示阴中有阳、阳中有阴，对立的阴阳两极又统一于宇宙之中。

图 1-3-1　伏羲之先天八卦太极图

丹麦著名物理学家尼尔斯·玻尔曾提出量子力学中著名的互补原理，1937 年他访问中国时看到中国古老的太极图，了解到阴阳概念后深受震惊，他充分认识到古代东方智慧与现代西方科学之间有着深刻的协调性，便一直保持着对中国文化的兴趣。当他被封为爵士需要设计族徽时，他选择了中国的太极图作为他盾形纹章的主要图案，并刻上了“对立即互补”的铭文。

德国数学家莱布尼茨1679年完成《论二进制》原稿，1701年，他将二进制表寄给在中国的法国传教士白晋，白晋立即看出二进位制与八卦有关，遂回信并附寄伏羲六十四卦图。莱布尼茨收到信和图后写了回信，后来又将论文送出发表，论文题目是“二进位制计算的阐述”，副题是“关于只用0与1，兼论其用处及伏羲氏所用数字的意义”。莱布尼茨对中国三千年前的古老文化钦佩不已，据说他曾经要求加入中国国籍，并在德国法兰克福建立了一所中国学院。

对八卦符号，若以--表示0，—表示1，则坤☷为000，乾卦☰为111，分别相当于二进制的0和1，这种只用0与1表示所有数字乃至信息的方法正是现代计算机的理论基础。

除了“太极”之外，老子和庄子提出的“道”也指宇宙万物的本源。老子认为天地万物由“道”生成，提出了“道生一，一生二，二生三，三生万物。万物负阴而抱阳，冲气以为和”的生成模式。“天下万物生于有，有生于无。”老子的这些哲学猜测与现代宇宙学关于宇宙存在起始点、有生于无的研究结果极为相似。老子的“道”还含有规律、秩序、道路的意思。

二、五行说

五行说在历史上比“太极”和“道”等提出的还早。“行”有道路、运行之意，由于不同属性、不同规律的五行的不断运行，才构成了世界万物。在《尚书·洪范》中记载：“……五行：一曰水，二曰火，三曰木，四曰金，五曰土。”春秋战国时期，五行说与阴阳说结合形成阴阳五行说，五行的概念开始外延，形成了五行相生相克、生克制化的理论（图1-3-2），建立了以五行为基准的庞大的对应体系。

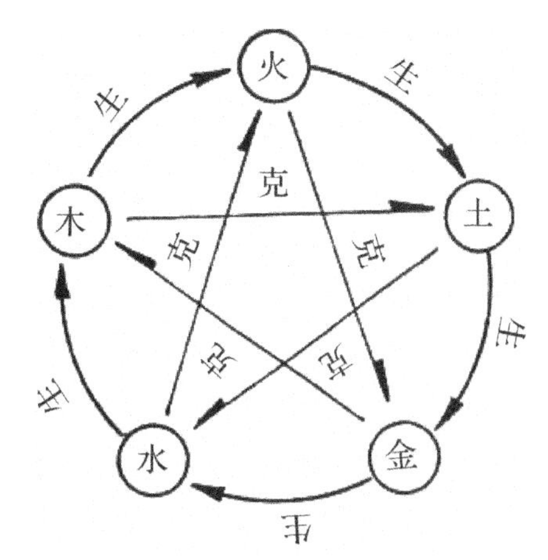

图1-3-2 五行相生相克理论示意图

宋代以后，科学家们把五行作为由太极到万物的中间环节，五行被纳于宇宙生成体系之中。宇宙由无极（太极）而生，由太极生出阴阳，由阴阳生出五行，由五行的相互作用，生出男女与世间万物。但此时的五行，已被纳入道家理论体系中，不再是最基本的物质了。

三、原子说

中国古代对于原子论有着精彩的思辨。《墨经》中把不能再分割的物质微粒称作"端"，亦即原子之意。战国时期，惠施把至小而不能分割的物质微粒称为"小一"。总之，"端""小一""无内"等词，都含有与原子相似的意思。战国时期的公孙龙，提到了物质无限可分的思想："一尺之棰，日取其半，万世不竭。"虽然，这里并没有提出，也不可能提出用什么方法分割的问题。但在那个时代，我国古代学者就能用思辨的方法来这样提出问题，是难能可贵的。

四、元气说

在中国古代，解释世界万物的主流思想中占主导地位、影响最深、价值最大的学说是元气说。元气说的内容在汉代逐渐成熟，在唐宋时期得到相当大的发展，明末清初达到高峰。元气说的内容十分丰富，其主要思想包括：气是充满整个宇宙客观存在的物质，是万物本原；气有聚集和离散状态，太虚即气，气无生无灭；气分阴阳，永远处于运动变化之中，等等。

元气说把物质性的气作为有形宇宙的终极本源，把天地万物联结成一个有机整体。它反映了物质世界的统一性与矛盾性；它反映了物质连续性与不连续性的辩证统一，否定了绝对真空的存在；它把矛盾看成运动变化和发展的原因，并且提出了物质不灭的思想 。但是元气说是一种思辨理论，"气"无法观测，缺乏实证，没有实验、数学等科学方法的配合，长期停留在推测、玄想阶段。这样，这个巨大的理论框架反而束缚了人们的思想。

五、宇宙观

中国是天文观测记录持续最长的国家，也是保存天文记录资料最丰富的国家。中国古代的天文学研究，既为制定历法提供了基础，又发展了具有独特哲理的宇宙观，包括无限宇宙的概念、天地的结构模型、宇宙的生成演化和天人关系。

关于宇宙结构方面，提出了"盖天说""浑天说"和"宣夜说"。

"盖天说"起源最早。来源于古老的天圆地方说，它认为天地是穹形，其间相距八万里，北极是天穹的中央。盖天模型把天地的结构设想为，一把附着有众天体的左旋大伞笼罩着一个倒扣的静止的大盘子，约在西汉末年成书的《周髀算经》给出了一个典型的论述。

"浑天说"的代表人物是东汉张衡，《浑天仪注》中以"浑天如鸡子，地如卵中黄"做比喻。浑天模型把天看作一个附着有众天体的球壳绕极轴左旋，关于静止在天球中央的地之形状则有地平和地圆两种观点。关于天体的运动，这两种模型一致认为恒星随天一起左旋，而对于日、月以及金、木、水、火、土五星，则有左旋和右旋之争。该说中认为大地是球形的、运动的，地球是宇宙的中心。它用一个天壳和附天而行的日月五星来解释天文现象，与西方的托勒密体系相近，且更有合理性，更接近现代球面天文学。

"宣夜说"是我国古代相当先进的宇宙结构说，但现存资料最少。宣夜模型抛弃了伞笠或球壳的固体天假设，将宇宙模型描述为“广阔无垠且充满着气，日月星辰运行其中”。它以无限性的宇宙取代了有限的天球。

明代哲学家黄道周为说明岁差还提出过一种地动宇宙模型，在恒星天球内地球和日月等五星绕共同的宇宙中心运转，地球的公转周期为23376年。

关于宇宙演化的理论，除了“太极”“道”的思想外，还有宇宙进化论，这也是中国古代宇宙观的特点。约成书于西汉时期的《易纬·乾凿度》把宇宙早期的演化史分为四个阶段：未见气的太易、气之始的太初、形之始的太始和质之始的太素。最具代表性的宇宙演化观点是南宋朱熹提出的“元气旋涡”假说，“这一气运行，磨来磨去，磨得急了，便拶出许多渣滓；里面无处出，形成个地在中央；气之轻者便为天，为日月，为星辰，只在外常周环运转，地便在中央不动，不是在下”（《类经图翼·运气》）。如果把“地在中央”改为“太阳在中央”的话，它就与其后笛卡儿的“以太旋涡假说”及康德的“星云假说”类似。

第二节　古代中国的物理学知识

中国古代没有建立在科学实验和数学方法基础上的物理学，没有形成独立的物理学学科。但是，人们在实践中也积累了大量物理学方面的知识。

一、中国古代的力学知识

中国古代对力的认识仅仅停留在主观方面，但古人在生产、生活实践中却广泛地运用了力学原理。中国古代既有精密的“度量衡”，又有精致小巧的器皿，更有大型复杂的机械。尤其在建筑营造方面，有千年不倒的桥梁、古塔，有集科学和艺术于一体的宏伟建筑群。可见，虽没有力学理论的指导，但是力学知识的应用却达到了很高的水平。

（一）物理计量

中国古代把长度、容积和质量的测定工具概括为“度量衡”。在古代人们对基本物理量的测量很早就有研究，并制造了一些基本的测量工具与仪器。

1. 时间的计量

中国古代常用的时间计量法有：干支纪法、十二时辰计时法、百刻时制等。

早在上古时代我们的祖先就创立了干支纪日法，这在古代历法中占有重要位置，是我国历法中的一项独特创造，迄今约有二千七百多年的历史，是世界上最长的连续纪日法。“天干”指甲、乙、丙、丁、戊、己、庚、辛、壬、癸；“地支”指子、丑、寅、卯、辰、巳、午、未、申、酉、戌、亥。天干和地支相互搭配成“六十干支”也叫“六十甲子”。六十干支不仅用来纪日，在古代历法中还用来纪年、纪月、纪时。用六十甲子的纪法周而复始、不断循环，称为干支纪法。

对一日之内时间的精确划分，古人采用十二时辰计时法。一日分为十二时辰，一时辰相当于现代的 2 小时。十二时辰与当今世界通用的 24 小时纪日法的对应关系可以以十二地支为名进行对应，如对应 23～1 时为子时，1～3 时为丑时，其余依次类推。

百刻时制又称漏壶计时制，即采用日晷或漏壶将一昼夜分为十时，一时分为十刻，一昼夜共一百刻。这是我国独创的一种记时制，与十二时辰计时法并行使用。“刻”是漏壶的基本计时单位，一般用竹或木制的箭在相当于一昼夜沉浮的长度上刻画出一百个等分，每一等分定为“一刻”。隋唐以后百刻制与十二时辰制配合使用，在这种时制中，一刻约相当于今天的 14.4 分钟。

中国古代采用圭表、日晷、漏刻等工具（图 1-3-3、图 1-3-4、图 1-3-5）来测量时间。

图 1-3-3 圭表

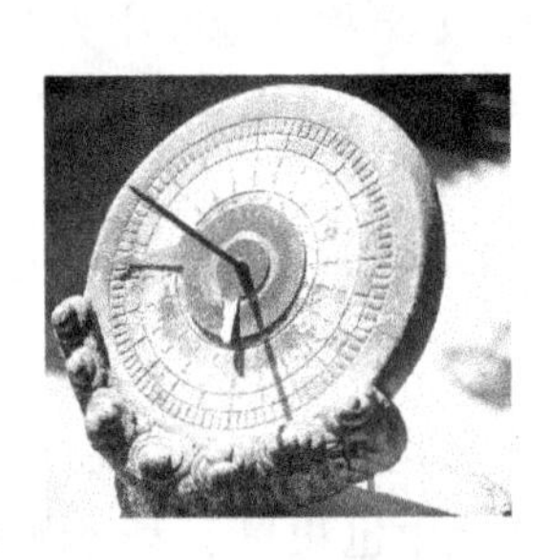

图 1-3-4 日晷

图 1-3-5 漏刻

2. 度量衡

对于度量衡的古代基准，历史上有两种说法。其一，认为采用人体或某些自然物为基准，它起源于人类的物物交换行为。《孔子家语》上载：“夫布指知寸，布手知尺”容量方面，一手所盛为“溢”，二手合盛为“掬”，“掬四谓之豆”。除人体外，还用丝、毛之类作为更精确的计量基准。其二，是乐律累黍说，即以声之音、定律之长，来定度量衡，它的关键在于用一种特定的黍米作为中介物，认为通过这种黍米的排列，可以得到长度标准；通过其在黄钟律管中的累积，可以得到容量标准；通过判定其一定数目的质量，可以得到质量标准。对此，《汉书·律历志》中有详细记载。其中对于长度、容量、质量的各种单位及换算都有规定，长度的单位是引、丈、尺、寸、分，采用十进制；容量单位是斛、斗、升、合、龠，基本也是采用十进制；质量单位是石、钧、斤、两、铢，非十进制。

公元前 221 年秦始皇统一中国后，在商鞅变法的基础上统一了度量衡，制作了一大批度量衡标准器，对后世产生了深刻的影响。

中国古代度量衡的标准器多用性能良好的青铜材料制造，目前发现的较早的长度量具是商代牙尺，等分十寸，每寸刻十分。此外，还有战国铜尺，长度约 23.09 厘米。新莽时期制作的铜卡尺（图 1-3-6），由固定尺和活动尺等部件构成。固定尺上端有鱼形柄，中间开一导槽，槽内置一能旋转调节的导销，循着导槽左右移动。在活动尺和活动卡爪间接有一环形拉手，便于系绳或抓握。两个爪相并时，固定尺与活动尺等长。使用时，将左手握住鱼形柄，右手牵动环形拉手，左右拉动，以测工件。用此量具既可测器物的直径，又可测其深度以及长、宽、厚，均较直尺方便和精确。惜因年代久远，其固定尺和活动尺上的计量刻度和纪年铭文，已锈蚀得难以辨认。我国古代著名的记里鼓车（图 1-3-7）适用于更远距离的长度测量，是一种机械记道车。当车前进时，利用车轮的转动，可自动地把车行驶的里数记录下来。中国古代测量长度的量具有很多，在此不一一列举。

图 1-3-6　新莽时期的铜卡尺

图 1-3-7　记里鼓车

对于容量量具，在秦始皇统一度量衡后，采用商鞅方升为标准量具之一，其制作精度约在 1% 之内。新莽时期的标准量器分斛、斗、升、合、龠五个容量单位。

古人将各种测重仪器都叫作衡，包括等臂天平、不等臂天平、杆秤等。1954 年湖南长沙左家公山战国楚墓曾出土我国最早的等臂天平和砝码，天平为木杆，杆端有两盘，还有以两为单位的九个砝码，在半两范围内比较准确。

（二）对各种力的认识

《墨经》是我国战国时期墨家著作的总集，是墨翟和他的弟子们写的。墨翟是鲁国人（约前 468—前 376），他是一个制造机械的手工业者，精通木工。墨子一派人中多数是直接参加劳动的，他们接近自然，热心于对自然科学的研究，又有比较正确的认识论和方法论，他们把自己的科学知识、言论、主张、活动等集中起来，汇编成《墨经》，其中有《经上》《经下》《经上说》《经下说》四篇，《经说》是对《经》的解释或补充。在《墨经》中，逻辑学方面的内容所占的比例最大，自然科学次之，其中几何学的有 10 余条，专论物理方面的约有 20 条，主要包括力学和几何光学方面的内容。此外，还有伦理、心理、政法、经济、建筑等方面的条文。关于力学方面的论述也可作为古代力学的代表作。其中对力的定义、杠杆、滑轮、轮轴、斜面及物体沉浮、平衡和重心都有论述，而且这些论述大都来自实践。

什么是力？《墨经》中说："力，形之所以奋也。"意思即力是改变物体运动状态的原因。《墨经》中对机械运动有专门的记载，并对“运动”和“静止”有如下定义：“动，或（域）徙也。”“止，以久也。”就是说，运动是指物体空间区域或位置的变动，静止是指物体在空间同一位置停有一段时间。对于平动，定义为“但（俱）止动”，即物体上各部分做同样运动；而转动则为“偏祭（际）徙”，即指边沿部分的移动。除此之外，墨家已认识到运动与时间、空间的相关性。

春秋时期的孔子已对“内力”的作用特点有了初步的认识。《荀子·子道》中说：“子路问于孔子曰：……孔子曰：‘由志之，吾语汝，虽有国士之力，不能自举其身；非无力也，势不可也。’”孔子的“力不自举”思想，对后人产生了很大的影响。东汉王充认识到了外力和内力之分，并将这种区分与物体运动状态改变的原因联系起来。在其论著《论衡》中，他说明了外力能使物体运动状态发生改变，而内力无作用效果。西方明确提出此问题的人是牛顿，虽物理内涵一致，但两者在时间上相差一千多年。

《墨经》中对不等臂天平进行了研究，见解十分精辟。《经下》记载：“衡而必正，说在得。”此条《经说》：“衡，加重于其一旁，必捶，权重相若也。相衡，则本短标长。两加焉，重相若，则标必下，标得权也。”这是墨家精心设计的力的平衡实验，涉及四个术语：标（力臂）、本（重力臂）、权（秤砣）、重（重物）。先是一个等臂天平，权、重相等，天平平衡。然后在天平一端加重物，则重物端下垂；为了恢复平衡，就要移动天平支点，则本短标长；此时再在天平两端加等量重物，则力臂长的一端必下垂，即标必下。平衡是与臂长及质量两个因素相关，故曰“说在得”，“得”指“标得权也”。实际上就是力矩，这里讲的力矩平衡问题，即“标×权＝本×重”。可见，墨家早于阿基米德约两百多年便将杠杆原理的各种情形都讨论到了，遗憾的是没有定量分析与数学表达式。

除了天平等衡器的杠杆平衡之外，我们从一些出土文物中也可以看出古人对重心与平衡的认识。公元前2世纪成书的《淮南子》中对重心与平衡的关系就有“上轻下重，其覆必易”的记载。陕西西安半坡村仰韶文化时期（约前5000—前3000）的尖底陶罐（图1-3-8）和西周的“欹器”都可以反映这个道理。尖底陶罐（提水壶）底尖、腹大、口小，高约40厘米，最大直径处周长约为70厘米，系绳的耳环在壶腹稍靠下的部位（稍低于罐的重心）。罐空时，由于整个提水壶的重心略高于支点（耳环），所以当用绳子拴在耳环上将空水壶悬挂起来时，壶身略有倾斜。在向水壶注水过程中，当壶中水达到一定量（约占壶内体积的60%～70%）时，提水壶的重心下降至支点之下，就不再倾斜而正立了。当继续注水，使得提水壶的重心升高到支点之上时，壶将自动倾倒。

图1-3-8 仰韶时期的陶罐

关于“欹器”的最早记载，可见于战国时《荀子》一书《宥坐》篇。这里“宥”字相当于“右”字，“宥坐”也即“右坐”或“右座”。所谓“欹器”是统治者用来做“座右铭”的。《宥坐》篇中记载：“孔子观于鲁桓公之庙，有欹器焉。孔子问于守庙者曰：此为何器？守庙者曰：此盖为宥坐之器。孔子曰：吾闻宥坐之器者，虚则欹，中则正，满则覆。孔子顾弟子曰：注水焉。弟子挹水而注之，中而正，满而覆，虚而欹。孔子喟然而叹曰：吁！恶有满而不覆者哉！”西周以后历代创制了各种形态的欹器，都符合因重心变化而引起器物本身或倾或直的设计原理。从春秋战国直到汉朝末年，这种欹器一直作为宫廷中的奇物长期传袭，可惜到了三国时期，由于战乱而失传。

《考工记》是一部著名的古代专著，其中记载了许多实用的力学与声学知识，是我国古代第一部工程技术知识的汇集，该书内容广泛，实用性强，记述范围几乎包括了当时手工业的所有主要工种，它的力学知识体现在工艺制造之中，其中有车轮的滚动摩擦问题、斜面运动、惯性现象等。其中，对惯性有很形象地描述：“马力既竭，辀犹能一取焉。”这显然比同时代的亚里士多德“运动要靠力维持”的结论要高明得多。

在张衡所处的东汉时代，地震比较频繁。据《后汉书・五行志》记载，公元92年到公元125年的三十多年间，共发生了二十六次大的地震。地震区有时大到几十个郡，地裂山崩、江河泛滥、房屋倒塌，造成了巨大的损失。张衡对地震有不少亲身体验。为了掌握全国地震动态，他经过长年研究，终于在公元132年发明了候风地动仪，也是世界上第一架地震仪。公元134年十一月壬寅，地动仪的一个龙机突然发动，吐出了铜球，掉进了下面蟾蜍的嘴里。当时在京城（洛阳）的人们却丝毫没有感觉到地震的迹象，于是有人开始议论纷纷，责怪地动仪不灵验。没过几天，陇西（今甘肃省天水地区）有人飞马来报，证实那里前几天确实发生了地震，从此人们便对张衡的高超技术极为信服。陇西距洛阳有一千多里，地动仪标示无误，说明它的测震灵敏度是比较高的。

据《后汉书・张衡传》记载，候风地动仪“以精铜铸成，员径八尺”“形似酒樽”，上有隆起的圆盖，仪器的外表刻有篆文以及山、龟、鸟、兽等图形。仪器的内部中央有一根铜质“都柱”，柱旁有八条通道，称为“八道”，还有巧妙的机关。樽体外部周围有八个龙头，按东、南、西、北、东南、东北、西南、西北八个方向排列。龙头和内部通道中的发动机关相连，每个龙头嘴里都衔有一个铜球。对着龙头，八个蟾蜍蹲在地上，个个昂头张嘴，准备承接铜球。当某个地方发生地震时，樽体随之运动，触动机关，使发生地震方向的龙头吐出铜球，落到铜蟾蜍的嘴里，并发生很大的声响。于是人们就可以知道地震发生的方向。1951年，我国学者王振铎先生依据历史文献，制造出了候风地动仪的复原物（图1-3-9）。其中的关键部件是“都柱”，主要利用惯性使都柱触发机关而动作。我国古代利用惯性原理的机具很多，但对惯性原理却没有进一步的论述。

图 1-3-9 候风地动仪的复原物

《墨经》中写道："刑（形）之大，其沉浅也，说在衡。"就是说，形体大的物体，在水中沉下的部分浅，是物体重力与水的浮力相互平衡的缘故。这些说明墨家对浮力同重力的平衡关系不仅有定性的认识，而且有定量的概念。这从一个侧面可以看出，我国人民早在春秋战国时代就已经认识到了浮力原理，并开始在生产中加以应用。船是古人对浮力的最早应用，距今 7000 年前的河姆渡文化遗址中出土了六、七支木浆。《易经》中也有"刳木为舟，剡木为楫"之说；三国曹冲称象的故事和宋朝僧人怀丙用浮船打捞河底万斤铁牛的故事都展现了古人对浮力的巧妙利用。

二、中国古代的热学知识

古人对热的认识始于太阳和火。太阳是取之不尽、用之不竭的热能源，至今仍是人们研究的重要课题。古人掌握的取火方法主要有三种：利用摩擦、打击等手段发热取火，如钻木取火、火镰火石取火；利用铜制的凹面镜取火，如阳遂取火；利用硫黄摩擦取火，如名为"引光奴"或"火寸"的宋代火柴。古人在生活和生产实践中，就观察到了物体因热冷不同而性质发生变化的一些热现象，并逐步积累了热学知识。

温度是物体冷热程度的数值表示。冷热的概念自古已有，古人以人的感觉把温度分为冰、寒、凉、温、热、烫等几个等级，而且掌握了冰点与人或动物的体温两个较恒定的温度标准，由此可以对温度进行经验性的测量。在西周初期，人们开始掌握降温术和高温术。据《周礼》记载，当时已设专人司贮冰事，冬季凿冰加以贮藏，到春季、夏季用以冷藏食物和保存尸体，说明当时人们已在利用天然冰来降温。我国冶炼业的发展较早，高温技术也很早就被人们掌握了。江苏省曾出土春秋晚期的一块铁，经科学分析，它是一块生铁，生铁的冶炼温度比熟铁高，温度需达千摄氏度。生铁的出土，说明在那时高温技术已达到一定水平。在烧制陶器和冶炼金属的过程中，古代工匠们通过观察炉火的颜色，来定性地判别其温度的高低。据《考工记》记载："凡铸金之状，金（铜）与锡。黑浊之气竭，黄白次之；黄白之气竭，青白次之；青白之气竭，青气次之；然后可铸也。"这种依据熔炼金属时炉火呈现的不同颜色（光谱）来判断温度高低的方法是符合科学道理的。当“炉火纯青”时炉中的温度已达1200℃左右，是青铜器浇铸的最佳温度。

水的物态变化，在我国古代，人们也早有认识。例如，古人认为雨和雪是由于“积水上腾”而造成的。东汉时期的王充在《论衡》中对此有明确的表述：“云雾，雨之微也，夏则为露，冬则为霜，温则为雨，寒则为雪。雨露冰凝者，皆由地发，不从天降也。”说明雨、露、雪、霜等形式不同，其实质一样，都是水冷凝而成，因为温度不同，才形成四种不同的形态。它们都是由地面的水蒸发而产生的。汉代以后的古籍中，对雨、露、雪、霜成因的讨论更多，说明当时人们对物态变化的知识有了新的认识。汉代董仲舒从“气”的观念出发，解释了雨、露、雪、霜的成因：水受日光照射，蒸发成水汽，再在不同条件下形成雨、露、雪等。从现在看来，这些分析也基本上是正确的。北魏时期的《齐民要术》中有“放火作煴”的记录，即在田野上烧柴草，使烟火弥漫从而防止霜冻的方法，历来为农村所沿用。

热胀冷缩是重要的热现象之一，在我国古代对它已有所研究和利用。汉代《淮南万毕术》记述了这样一个现象：把盛水铜瓮加热，直到水沸腾时密闭其口，急沉入井中，铜瓮发出雷鸣般响声。这种现象可能是发热物体在急速冷却时发生了内破裂，破裂声由井内传出，这是一个典型的热胀冷缩现象。元代陶宗仪曾亲自做热胀冷缩实验，他把带孔的物体加热以后，使另一个物体进入孔洞，从而这两个物体如“辘轳旋转，无分毫缝罅”。他明确指出，这是前一物体“煮之胖胀”的缘故。据《华阳国志》记载，李冰父子在修建都江堰时，就用到了“火烧水淋法”：用火烧巨石，然后浇水其上，就容易凿开山石。这种利用岩石热胀冷缩不均从而易于崩裂的方法，在我国历代水利工程中不断为人们所采用。

我国古人，在生产和生活实践中，创制了利用热的各种器具。例如，宋代曾发明一种“省油灯”，在“灯盏一端作小窍，注清冷水于其中”，据说这种灯能“省油几半”。现在分析，文中所说加入冷水，目的是降低温度，避免油被灯火加热后急速蒸发，其中包含了对油的汽化和温度的关系的认识。据《淮南子》记载：“取鸡子，去其汁，然（燃）艾火纳空卵中，疾风因举之飞。”这是关于“热气球”的最早设想，也是空气受热上升的具体应用。五代时期，据说还利用这一原理制成信号灯，所谓“孔明灯”也是应用了这一原理。关于走马灯我国古代有较多记载，有的古籍把它称作“马骑灯”“影灯”。宋代《武林旧事》在记述各种元宵彩灯时写道：“若沙戏影灯、马骑人物、旋转如飞……”这表明当时人们已利用冷热空气的对流制造出了各种各样的走马灯。

我国古代，很早就有了对热动力的认识和利用，唐代出现了烟火玩物，“烟火起轮，走绒流星”。宋代制成了使用火药的火箭、火球、火蒺藜。明代制成了“火龙出水”的火箭，这些都利用了火药燃烧时向后喷射产生反作用力使火箭前进的原理，属热动力的应用，它是近代火箭的始祖，是被世界所公认的。

三、中国古代的电磁学知识

（一）对电现象的认识

我国古代对电的认识，是从雷电及摩擦起电现象开始的。早在3000多年前的殷商时期，甲骨文中就有了“雷”及“电”的形声字。西周初期，在青铜器上就已经出现加雨字偏旁的“電”字。

王充在《论衡·雷虚篇》中写道：“云雨至则雷电击。”明确地提出云与雷电之间的关系。在其后的古代典籍中，关于雷电及其灾害的记述十分丰富，其中明代张居正（1525—1582）关于球形闪电的记载最为精彩，他在细致入微的观察的基础上，详细地记述了闪电火球的大小、形状、颜色、出现的时间等，留下了可靠而宝贵的文字资料。在细致观察的同时，人们也在探讨雷电的成因。《淮南子·墜形训》认为，“阴阳相薄为雷，激扬为电”，即雷电是阴阳两气对立的产物。王充也持类似看法。明代刘基（1311—1375）说得更为明确：“雷者，天气之郁而激发也。阳气困于阴，必迫，迫极而迸，迸而声为雷，光为电。”可见，当时已有人认识到雷电是同一自然现象的不同表现。

尖端放电也是一种常见的电现象。古代兵器多为长矛、剑、戟，而矛、戟锋刃尖利，常常可导致尖端放电发生，因而古人对这一现象多有记述。例如，《汉书·西域传》中就有“元始中（公元3年）……矛端生火”，晋代《搜神记》中也有相同记述：“戟锋皆有火光，遥望如悬烛。”避雷针是尖端放电的具体应用，我国古代也采用了各种措施防雷。古塔的尖顶多涂金属膜或鎏金，高大建筑物的瓦饰制成动物形状且冲天装设，都起到了避雷作用。武当山主峰峰顶矗立着一座金殿，至今已有600多年历史，虽高耸于峰巅却从未受过雷击。金殿是一座全铜建筑，顶部设计十分精巧。除脊饰之外，曲率均不太大，这样的脊饰就起到了避雷针的作用。每当雷雨时节，云层与金殿之间存在巨大电势差，通过脊饰放电产生电弧，电弧使空气急剧膨胀，电弧变形如硕大火球，此时雷声惊天动地，闪电激绕如金蛇狂舞，硕大火球在金殿顶部激跃翻滚，蔚为壮观。雷雨过后，金殿经过水与火的洗炼，变得更为金光灿灿。如此巧妙的避雷措施，令人叹为观止。

我国古人还通过仔细观察，准确记述了雷电对不同物质的作用。《南齐书》中有对雷击的详细记述：“雷震会稽山阴恒山保林寺，刹上四破，电火烧塔下佛面，而窗户不异也。”即强大的放电，电流通过佛面的金属膜，金属被融化。而窗户为木制，仍保持原样。沈括在《梦溪笔谈》中对类似现象叙述的更为详尽：“内侍李舜举家，曾为暴雷所震。其堂之西室，雷火自窗间出，赫然出檐。人以为堂屋已焚，皆出避之。及雷止，共舍宛然。墙壁窗纸皆黔。有一木格，其中杂贮诸器，其漆器银扣者，银悉熔流在地，漆器曾不焦灼。有一宝刀，极坚钢（刚），就刀室中熔为汁，而室亦俨然。人必谓火当先焚草木，然后流金石。今乃金石皆铄，而草木无一毁者，非人情所测也。”其实，只因漆器、刀室是绝缘体，宝刀、银扣是导体，才有这一现象发生。

在我国，关于摩擦起电现象的记述也颇多，早期常用材料多为琥珀及玳瑁。早在西汉，《春秋纬》中就载有“瑇瑁（玳瑁）吸衣若（细小物体）”。《论衡》中也有“顿牟掇芥”，这里的顿牟也是指玳瑁。琥珀价格昂贵，常有人鱼目混珠。南朝陶弘景则知道“惟以手心摩热拾芥为真”，以此作为识别真假琥珀的标准。南北朝时的雷敩在《炮炙论》中记有“琥珀如血色，以布拭热，吸得芥子者真也”。他一改别人以手摩擦的方式，改为用布摩擦，静电吸引力大大增加。西晋张华（232—300）记述了用梳子梳头与解脱丝绸毛料衣服时丝绸摩擦起电引起的放电及发声现象：“今人梳头，脱著衣时，有随梳、解结有光者，亦有咤声。”唐代段成式描述了黑暗中摩擦黑猫皮起电的现象：“猫黑者，暗中逆循其毛，即若火星。”关于摩擦起电的记载还很多。

近代电学正是在人们对雷电及摩擦起电的大量记载和认识的基础上发展起来的，我国古代学者对电的研究，大大地丰富了人们对电的认识。

（二）对磁现象的认识

我国是认识磁现象最早的国家之一，《管子》中就有“上有慈石者，其下有铜金”的记载，这是关于磁的最早记载。类似的记载，在其后的《吕氏春秋》中也可以找到：“慈石召铁，或引之也。”东汉高诱在《吕氏春秋注》中谈道：“石，铁之母也。以有慈石，故能引其子。石之不慈者，亦不能引也。”在东汉以前的古籍中，一直将磁写作慈。相映成趣的是磁石在许多国家的语言中都含有慈爱之意。

我国古代典籍中也记载了一些磁石吸铁和同性相斥的应用事例。例如，《史记·封禅书》说汉武帝命方士栾大用磁石做成的棋子“自相触击”；而《淮南万毕术》还有“取鸡血与针磨捣之，以和磁石，用涂棋头，曝干之，置局上则相拒不休”的详细记载。南北朝的《水经注》和《三辅黄图》中都记载着秦始皇用磁石建造阿房宫北阙门的故事，“有隐甲怀刃入门”者就会被查出来。《晋书·马隆传》中有这样的故事：相传3世纪时智勇双全的马隆在一次战役中，命士兵将大批磁石堆垒在一条狭窄的小路上。身穿铁甲的敌军个个都被磁石吸住，而马隆的兵将身穿犀甲，行动如常。敌军以为马隆的兵是神兵，故而大败。

古代，还常常将磁石用于医疗。《史记》中有用“五石散”内服治病的记载，磁石就是五石之一。晋代有用磁石吸出体内铁针的病案。到了宋代，相传有人把磁石放在耳内，口含铁块，因而治愈耳聋。磁石只能吸铁，而不能吸金、银、铜等其他金属，也早为我国古人所知晓。《淮南子》中有“慈石能吸铁，及其于铜则不通矣”“慈石之能连铁也，而求其引瓦，则难矣”。

在我国，人们很早就发现了磁石的指向性，并制出了指向仪器司南。《鬼谷子》中有“郑子取玉，必载司南，为其不惑也”的记载。《韩非子》中有“故先王立司南，以端朝夕”的记载。东汉王充在《论衡》中记有“司南之杓，投之于地，其柢指南”。北宋时曾公亮与丁度编撰的《武经总要》中记载了指南鱼的使用及其制作方法，并且极为清晰地论述了热退磁现象的应用。当烧至通赤时，温度超过居里点，磁畴瓦解，这时成为顺磁体。再用水冷却，磁畴又重新恢复。这时鱼尾正对子位（北方），在地磁场作用下，磁畴排列具有方向性，因而被磁化。还应注意到，“钤鱼首出火”时“没尾数分”，鱼呈倾斜状，此举使鱼体更接近地磁场方向，磁化效果会更好。从司南到指南鱼，无疑是一个重大进步，但在使用上仍多有不便。

我国古籍中，关于指南针的最早记载始见于沈括的《梦溪笔谈》。该书介绍了指南针的四种用法：水法，用指南针穿过灯芯草，使其浮于水面；指法，将指南针搁在指甲上；碗法，将指南针放在碗沿；丝悬法，将独股蚕丝用蜡粘于针腰处，在无风处悬挂。磁针的制作，采用了人工磁化方法。正是由于指南针的出现，沈括最先发现了磁偏现象，“常微偏东，不全南也”。

南宋时，陈元靓在《事林广记》中记述了将指南龟支在钉尖上的方法。由水浮改为支撑，对于指南仪器来说，这是结构上的一次较大改进，为将指南针用于航海提供了方便。指南针用于航海的记录，最早见于宋代朱彧的《萍洲可谈》：“舟师识地理，夜则观星，昼则观日，阴晦观指南针。”以后，关于指南针的记载极多。到了明代，就有郑和下西洋，远洋航行到非洲东海岸的壮举。西方关于指南针航海的记载，出现在1207年英国纳肯的《论器具》中。

其他与磁有关的自然现象还有极光。极光源于宇宙中的高能荷电粒子，它们在地磁场作用下折向南北极地区，与高空中的气体分子、原子碰撞，使分子、原子激发而发光。我国研究人员在历代古籍中发现，自前2000年到1751年，有关极光的记载有474次。在1—10世纪中的180余次记载中，有确切日期的多达140次。在西方最早记载极光的人，当推亚里士多德，他称极光为“天上的裂缝”。“极光”这一名称，始于法国哲学家伽桑迪。

太阳黑子，也是一种磁现象。在欧洲人还一直认为太阳是完美无缺的天体时，我国古人早已发现了太阳黑子。根据我国研究人员搜集与整理的资料，自公元前165—1643年，史书中观测太阳黑子的记录为127次。这些为后人研究太阳活动提供了极为珍贵的资料。

遗憾的是，古人对于磁的认识尽管极为丰富，但对磁现象的本质的解释，往往是含糊的，缺乏深入细致的研究。甚至连被称作“中国科学史上的坐标”的沈括，也认为磁现象“莫可原其理”“未深考耳”，致使在我国历史上，一直未能产生可与英国吉尔伯特《论磁》比美的著作。

四、中国古代的光学知识

古人对光的认识和对热的认识一样，是从太阳和火那里获得的。光源可以分为天然光源和人造光源，太阳是最重要的天然光源。在冷光源方面，不论是荧光还是磷光，我国古人早有认识。磷火俗称“鬼火”，古代的一些学者如汉代王充、晋代张华、宋代沈括等人对其在空气中的自燃现象都有正确的认识。古代冷光源的应用，首先是照明，如古代就有穷苦学生“萤囊”读书的故事，沈括称这种“聚萤囊”灯笼“有火之用，无火之热”。明清时期，这种冷光源被浸入水下“以作诱捕鱼类之用”。更有趣的是，古代曾利用含磷光和荧光物质的颜料作画，使画具有奇艺效果。宋代僧文莹在《湘山野录》中记录过这样一幅画，画的是一头牛，白昼牛在栏外吃草，黑夜牛又躺卧在栏内。太宗与大臣们都不能解释，只有和尚赞宁知道作画的技艺。实际上是用含有荧光物质的颜料画白昼之牛，用含有磷光物质的颜料画夜卧之牛，则二牛分别昼见夜显。此画融化学、光学、艺术于一体，巧思绝世。

中国古代认为气是宇宙万物本原，光为火，火为五行之一，五行是气的产物，因此，人们认为光的本质是气。由此古人提出了光行极限说，认为光的传播有一定的范围，由于中国古人没有超距作用的观念，因而他们先验地认为光的传播有一定的速度，需要一定的时间。对于光的传播方式，除了在观察与实验基础上形成的光行直线的认识之外，古人还有光行曲线的思想。晋朝杜予对日环食的解释、后秦姜岌对月食的解释及南宋朱熹对月中阴影成因的解释中都含有光行曲线的思想，当然这都是一些思辨猜测。

《墨经》中有关光学的文字记载有八条，论小孔成像一条，论投影四条，论镜像三条。它阐述了影，小孔成像，平面镜、凹面镜、凸面镜成像的现象，还说明了焦距和物体成像的关系，其光学成就在当时是世界首屈一指的。这一部分光学内容被称为“墨经光学”。这些比古希腊欧几里德的光学记载早百余年。

沈括在《梦溪笔谈》中也记述了光的直线传播和小孔成像的实验。他首先直接观察，物体在空中飞动，地面上的影子也跟着移动，移动的方向与飞的方向一致。然后在纸窗上开一小孔，使窗外飞的影子呈现在窗内的纸屏上。沈括用光的直进原理解释了所观察到的结果：“东则影西，西则影东”。

宋末元初的赵友钦在他的《革象新书·小罅光景》中记载了他精心设计的当时世界上最大规模的光学实验，研究了小孔成像、大孔成影及照度等问题。他在一栋楼房中进行了实验，如图 1-3-10 所示，楼下左右两间房内各挖深八尺与四尺的阱，左阱内放四尺高的桌子，两阱内各放数根蜡烛作光源，盖阱口的圆板数块，板中间

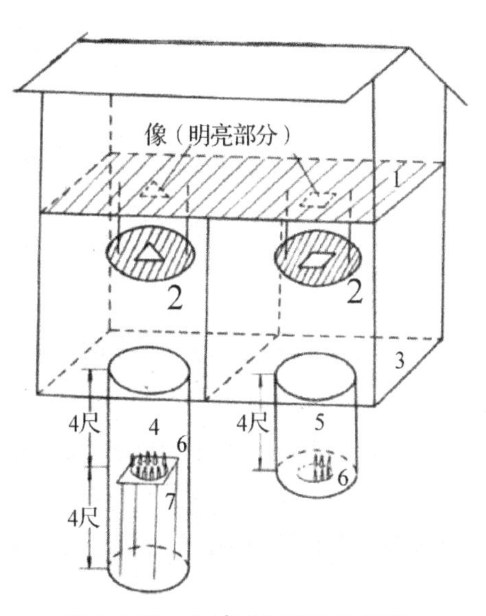

图 1-3-10　小罅光景实验示意图

开有大小、形状各不相同的洞孔，在两房间的楼板下各设一块可改变高度的平板做屏幕。实验中，他固定几个条件，每次只改变其中一个条件来观察成像情况。分五步进行：①改变孔的大小，比较成像情况；②保持光源、小孔、像屏三者距离不变，改变光源的形状，做“小景随日月亏食”的模拟实验；③改变物距；④改变像距；⑤改变孔的大小和形状，做大孔成影的实验。他在最后写道：“是故小景随光之形，大景随空之象，断乎无可疑者。”此外，他还研究了“月体半明”的问题。他将一个黑漆球挂在屋檐下，比作月球，反射太阳光。黑漆球总是半个球亮半个球暗。人从不同的位置去看黑漆球，看到黑漆球反光部分的形状不一样。他通过这个模拟实验，形象地解释了月的盈亏现象。他对视角问题也有自己的看法。他说：“远视物则微，近视物则大，近视物则虽小犹大，远视物则虽广犹窄。”赵友钦既重视实验，又重视理论探索。在安排实验步骤时，每个步骤都确定一个因素作为研究对象，而控制其他的因素不变，这种思想方法也是十分科学的。如果把赵友钦称之为十三世纪末的光学实验物理学家，他是当之无愧的。

由于我国古代的玻璃制造业不发达，应用不普遍，所以古代关于透镜成像的记载较少，但对凸透镜聚焦倒有较多的文字记载，且更多地体现在对这些知识的应用上。古人曾设计了诸如“鲫鱼杯”“蝴蝶杯”等稀奇之物。以蝴蝶杯为例，只要斟酒入杯，杯中就有蝴蝶翩翩起舞，酒干，蝴蝶则随之隐去。这些酒杯的奇特实际上源于复合透镜的成像原理（图 1-3-11）。杯脚的细游丝上安上绘制的蝴蝶等物并嵌入杯底，其上放一小块凸透镜，物在凸透镜焦点之外。杯空时，蝴蝶像成在人眼一侧，是实像，人眼视之模糊。盛水后，水与杯底接触处为凹面，即成一凹透镜，与凸透镜形成一复合透镜，焦距增大，物落在焦点之内，人眼就能看到物在杯底放大的虚像。杯在手中稍有晃动，蝴蝶就会舞动不止。中国古代虽然没有定量地总结出光学定律，但是正如爱因斯坦所讲的：“令人惊奇的倒是，这些发现（在中国）全都被展示出来了。”

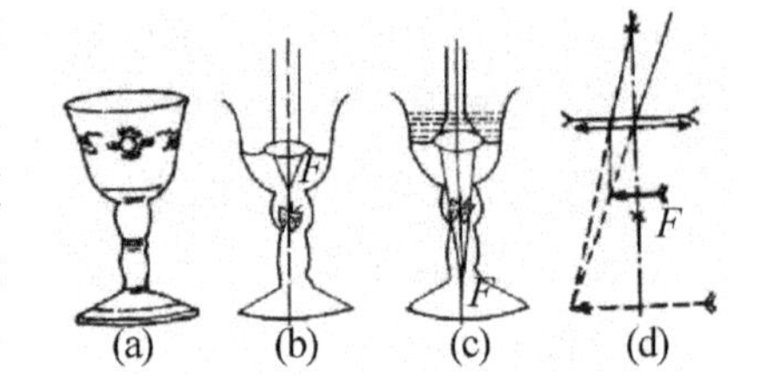

图 1-3-11　蝴蝶杯的成像原理图

五、中国古代的声学知识

在中国古代科学史上，声学知识是物理学中最为发达，内容最完备的内容。其研究内容主要包括以下几方面。

（一）有关声音的产生和传播的研究

东汉王充在《论衡》中记载了声音的产生机理及其传播与媒质的关系。认为人要发声是由于“气括口喉之中，动摇其舌，张歙其口”，然后推广到“箫笙之管，犹人之口喉也，手弄其孔，犹人之动舌也”。对于声音的传播要有气，他提出声波犹如水波的见解：“今人操行变气远近，宜与鱼等；气应而变，宜与水均。”

西方明确“空气是声音传播的一种媒质”，是17世纪波义耳提出相关内容之后的事了。明代宋应星在《论气·气声篇》中讨论了声的产生，认为是由于有形之物冲击空气使其振动而发声的，他分析后认为声音的大小、强弱取决于形、气间冲击的强度，并把这叫作“势”，说“气得势而声生焉”。他还讨论了声在空气中的传播，将声音在空气中传播的情形比喻成以石击水形成的水波扩散。

据北魏郦道元《水经注·江水》记载，陈遵在造江陵金堤时，曾利用鼓声推算高地的高度，可能是利用鼓声的传播速度推算的。这一记载很有意义。

（二）共鸣现象的研究

关于共鸣现象的趣闻有很多，如庄子调瑟时发现了共振现象，相关的文献记载相当丰富。公元前三四世纪成书的《庄子·徐无鬼》中，有关于弦线共鸣的记载：“为之调瑟，废（置）于一堂，废于一室，鼓宫宫动鼓角角动，音律同矣，夫改调一弦，于五音无当也，鼓之，二十五弦皆动。”《吕氏春秋》也有“声比则应，故鼓宫则宫应，鼓角而角应”弦共振的记载，这里的“宫、角”是指中国古代的音阶。《梦溪笔谈》是北宋科学家沈括的著作，其中也记载了共鸣这种声学现象，并用实验揭示了共鸣的机理：“欲知应声者，先调其弦令声和，乃剪纸人加弦上，鼓其应弦，则纸人跃，它弦不动。”是说剪些小纸人放在琴弦上，拨动一根琴弦，可以看到与它频率相应的另一琴弦上的纸人跳动不止，而其他弦上的纸人则纹丝不动，沈括的实验要比意大利达·芬奇的同类实验早几个世纪。

（三）古乐器制造技术

古代文献《考工记》中详细地记述了钟的制造方法和对其进行的音响分析。用编钟奏乐是我国古代的重要发明，1978年，湖北省随县一座战国时代的曾侯乙墓中出土了几组编钟，多达65件，总质量2500千克，可用来演奏现代乐曲，同时出土的还有其他乐器如琴、瑟、编磬等。《考工记》用254个字指出了钟体各部位的名称和尺寸比例，记述了钟壁厚度、钟口形状对发音的影响，说明了钟的大小、长短及其音响效果，还确定了为调音而锉钟壁的比例等，语言简练、层次分明、逻辑严谨。《考工记》是人类历史上最早论述制钟技术的专著，比欧洲同样内容的论著约早1500年。

春秋时代已开始用三分损益法来确定管、弦的长度与音调高低的关系，但计算出的十二律中相邻两律间的频率之比不完全相等，故称为十二不平均律，这在乐器的变调和演奏和声时十分不便。明朝朱载堉在前人探索的基础上发明了十二平均律，用等比级数的方法平均分配倍频程的距离，取公比为$\sqrt[12]{2}$使得十二律中相邻两律间的频率比完全相等。这一发明比欧洲音乐理论家梅尔发表的十二平均律要早约52年，至今仍有很高的科学性和实用性。朱载堉把声学研究与数学紧密结合起来，注重定量计算，这是对中国传统物理学方法的重大突破。

（四）具有回声效应的奇妙建筑

中国古人对于声学的反射不但有所认识，而且建造了许多良好的回声建筑。

例如，建于明朝的天坛，其中回音壁、三音石、圜丘具有奇特的声学效果；还有山西蒲州的普救寺塔、四川潼南大佛寺的石琴等都有着神奇的回声效应。

下面简单介绍天坛这几处建筑的回声效应及其机理。回音壁即环护皇穹宇的圆形围墙，高约 3.72 米，直径约 61.5 米，墙壁光滑构成了良好的声波反射体。如果两人分别站在东西配殿后，贴墙而立，若一人紧贴围墙处小声说话，在对面处的人可以听得十分清楚，这是因为声音并不是沿直线传到对面的，而是绕围墙传播的。只要人说话时靠墙向北，声波就会沿着围墙连续反射（图 1-3-12）。

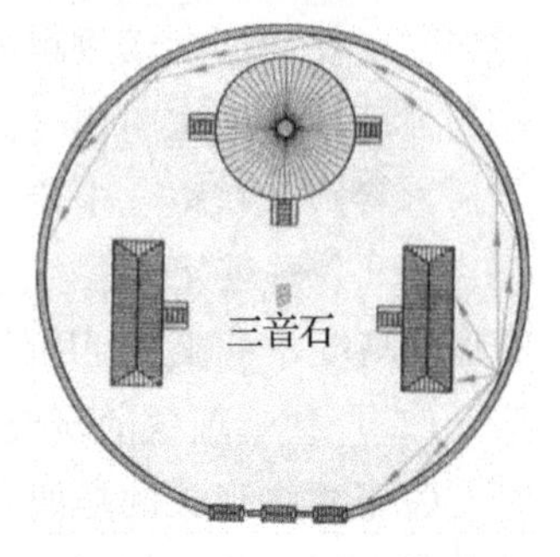

图 1-3-12　回音壁原理图

三音石是皇穹宇南面路上的第三块石板，正好位于围墙的圆心。传说在这里拍一掌可听到三响，所以叫它“三音石”。事实上，不止能听到三响，甚至可以听到五六响。在三音石周围也有同样的效应，只是模糊些。之所以能听到好几响，是因为声波每被围墙反射一次经等距返回中心，人便能听到一次掌声，多次往返听到的会不止三次，只不过三次以后的声音过于微弱罢了，直到声能被墙壁和空气完全吸收为止。

圜丘是天坛南面用青石筑成的三层圆形高台，是皇帝祭天之处，圆形光滑地面的四周环以青石栏杆，中心略高，形成稍有斜度的台面，人立于台中心说话时，会听起来比平时声大，并感到声音是从四面八方传来的，这是由于声波被青石栏杆反射到稍有倾斜的台面，再从台面反射到人耳的缘故。

总之，中国古代物理学在内容上，虽然主要是对自然现象的观察与描述，但古人观察得特别仔细，描述得也非常细致。而且可以在“不原其理”的情况下，以巧思对物理现象加以应用。他们对自然现象有极富哲学的抽象能力，能做出大跨度的联想与概括，这种古老的思维方式对于今天的人们来说仍然有一定的价值。

第三节　古代中国的数学知识

中国古代数学有据可查的资料始于商代，比古代埃及和两河流域要晚。从殷商甲骨文中反映的数学水平可看出，那时中国数学处于萌芽阶段。真正意义上的中国古代数学体系约形成于西汉至南北朝的三四百年期间。在汉代以后，中国数学逐渐走到世界前列，取得了许多令世人瞩目的辉煌成就。

早在殷商时期我国就已使用十进位制。商代甲骨文中不仅有从一至十的数学符号，而且还有百、千、万三个数字名，形成了较为系统的十进位制。现已发现商代最大的数字为三万。位值法在春秋战国时期就有了，不过那时没有“0”的符号，用留空一位表示，大约在 8 世纪写作“0”，还曾写作“□”。商周之前，人们只能做一些简单的自然数运算，春秋战国时期就有了分数的概念和乘法九九表。

春秋战国时代是我国数学迅速发展的时代，在这个时代乘法运算和分数运算都出现了。最早的数学著作，可能也是在战国末年出现的。我国古代数学的最大特点是它是建立在筹算基础之上的，算筹是古代的计算工具，不需要纸和笔就可以进行计算。筹算在春秋时期已很普遍，珠算制度是到宋元时代从筹算制度上演变出来的。筹算制度方便快捷，但它不保留运算过程，不利于进行数学研究。它对中国数学的发展有过促进作用，但后来也妨碍了中国数学向更高层次的发展。

一、古代数学著作

《九章算术》是中国第一部重要的数学专著，标志着以筹算为基础的中国古代数学体系的正式形成，它是对自春秋以来各个历史时期数学发展的总结，大约成书于西汉时期。全书采用问题集的形式编写，共收集了246个数学问题及其解法，涉及算术、初等代数、初等几何等多方面的内容。在代数方面，《九章算术》讲述了开平方、开立方、一元二次方程的数值解法、联立一次方程解法等许多问题，在世界数学史上具有重要地位。从重实用、以实际问题为纲编撰数学著作的角度来说，古代中国与古埃及、两河流域和古代印度是相同的，都没有出现像欧几里得的《几何原本》那样的重理论、重演绎推理的数学著作。

《周髀算经》编纂于西汉末年，它不仅是我国现存最早的一部天文学著作，同时也是我国古代的一部重要数学著作，其中，包括很多数学成就。①提出并证明了勾股定理："若求邪至日者，以日下为勾，勾高为股，勾股各自乘，并开方而除之，得邪至日。"这是中国最早关于勾股定理的书面记载。②使用了等差数列和一次内插法的代数运算方法。③利用圆周率 $\pi=3$ 和圆的直径计算圆的周长。④有相当繁复的分数运算和开方运算等。

先秦、两汉时期，我国采用的圆周率都是 $\pi=3$。刘徽在其著作《九章算术注》中，不仅对《九章算术》的方法、公式和定理进行了一般的解释和推导，而且系统地阐述了中国传统数学的理论体系与数学原理，并且也多有创造。刘徽发明的"割圆术"为圆周率的计算奠定了基础，他从圆内接正六边形开始算起，每次使边数加倍，一直算到正一百九十二边形的面积，最后算出圆周率的近似值为"3927/1250（3.1416）"。他设计的"牟合方盖"的几何模型为后人寻求球体积公式打下了重要基础。在研究多面体体积过程中，刘徽运用极限方法证明了"阳马术"。南北朝的祖冲之将圆周率精确到小数点后第六位，得到 $3.1415926<\pi<3.1415927$，并求得 π 的约率为22/7，密率为355/113，其中密率是分子分母在1000以内的最佳值。欧洲直到16世纪德国人鄂图和荷兰人安托尼兹才得出同样的结果。祖冲之的儿子祖暅在前人刘徽《九章算术注》的基础上总结出了祖暅原理："幂势既同，则积不容异。"即等高的两立体，若任意等高处横截面积相等则两立体体积相等。借此他推导出球体体积公式。祖暅原理的提出比西方早1000多年。

唐代太史令李淳风等人选取了当时流传的10部数学名著，即《周髀算经》

《九章算术》《海岛算经》《五曹算经》《孙子算经》《夏侯阳算经》《张丘建算经》《五经算术》《缉古算经》《缀术》，对其进行了编纂注释，作为算学教科书和科考用书。后来人们就把这10部著作统称为“算经十书”。

从11世纪到14世纪的宋元时期，是以筹算为主要内容的中国古代数学的鼎盛时期，这一时期涌现了许多杰出的数学家和数学著作。在世界范围内，宋元时期的数学也几乎是与古阿拉伯数学一道居于领先地位的。北宋时期的贾宪在《黄帝九章算经细草》中提出了开任意高次幂的“增乘开方法”，同样的方法至1819年才由英国人霍纳发现；贾宪的二项式定理系数表与17世纪欧洲出现的“帕斯卡三角”是类似的。

二、宋元数学四大家

秦九韶、李冶、杨辉、朱世杰被称为宋元数学四大家。秦九韶是南宋时期杰出的数学家，他是高次方程解法的集大成者。1247年他在《数书九章》中将“增乘开方法”加以推广，论述了高次方程的数值解法，并且列举了20多个取材于实践的高次方程的解法（最高为十次方程）。16世纪意大利人菲尔洛才提出三次方程的解法。另外，秦九韶还对一次同余式理论进行过研究。

宋元时期的李冶，于1248年著《测圆海镜》，1259年著《益古演段》。《测圆海镜》首次系统论述了中国古代的代数学——“天元术”，即用“天元”代表某一未知量（相当于现代代数中设为x的未知量），列出含有未知量的高次方程并求解，这是我国数学史上首次引入符号，并用符号运算求解高次方程，这在数学史上具有里程碑意义。

南宋杰出的数学家杨辉，一生留下了大量的著述，他非常重视数学教育的普及和发展，在《算法通变本末》中，他为初学者制订的“习算纲目”是中国数学教育史上的重要文献。1261年，杨辉在《详解九章算法》中用“垛积术”求出了几类高阶等差级数之和。该书中还画了一张表示二项式展开后的系数构成的三角图形，称作“开方做法本源”，现在简称“杨辉三角”。1274年他在《乘除通变本末》中还叙述了“九归捷法”，介绍了筹算乘除的各种运算法。

1303年，元代朱世杰著《四元玉鉴》，他把“天元术”推广为“四元术”（四元高次联立方程），他最大的贡献是提出了四元消元法，其方法是选择一元为未知数，其他元组成的多项式作为这未知数的系数，列成若干个一元高次方程式，然后应用互乘相消法逐步消去这一未知数。重复这一步骤便可消去其他未知数，最后用增乘开方法求解。这是线性方法组解法的重大发展，比西方同类方法早400多年。欧洲到1775年法国人别朱才提出同样的解法。朱世杰还对各有限项级数求和问题进行了研究，在此基础上得出了高次差的内插公式，欧洲到17世纪英国人格里高利和牛顿才提出内插法的一般公式。已知黄道与赤道的夹角和太阳从冬至点向春分点运行的黄经余弧，求赤经余弧和赤纬度数，是一个解球面直角三角形的问题，传统历法都是用内插法进行计算。

宋元数学在很多领域都达到了中国古代数学，甚至是当时世界数学的巅峰，其中主要的内容有：①高次方程数值解法，天元术与四元术，即高次方程的立法与解法，并用符号运算来解决建立高次方程的问题；大衍求一术，即一次同余式组的解法，现在称为中国剩余定理；招差术和垛积术，即高次内插法和高阶等差级数求和法。②勾股形解法新的发展、解球面直角三角形的研究、纵横图（幻方）的研究、小数（十进分数）具体的应用、珠算，等等。

第四节　古代中国的医药学知识

中国传统医药学是中国古代科学的一个重要组成部分。它不仅有系统的理论基础和具体的诊治方法，而且还有为数众多的药物、药方，可以取得良好的疗效，这些形成了具有鲜明中国特色的医药学体系。因此，中国传统医药学是至今未被近现代科学融汇，并且仍在应用和发展的学科。

正如其他传统学科一样，中国古代医药学的重要成就与一批著名医学家和医书典籍紧密相关。中国古代医药学著作与其他各门学科的著作相比是最多的。据不完全统计，现存医药学著作将近 8000 种，其中许多在今天仍有实际价值。

春秋战国时期出现、西汉时期编定的《黄帝内经》是我国现存较早的重要医学文献，书中不仅论述了人体解剖、生理、病理、病因诊断等基础理论，而且还论述了针灸、经络、卫生保健等内容，奠定了中国医学理论体系的基础。《神农本草经》约成书于东汉时期，是我国最早的药物学著作，选载了 365 种药物，其中植物药 252 种，动物药 67 种，矿物药 46 种。分上、中、下三品，上品为营养滋补药物，中品为抑制疾病药物，下品为作用较强的药物。其中很多药物经临床实践验证有很好的疗效。

战国时期的名医扁鹊明确提出“望色、闻声、问病、切脉”诊断疾病的“四诊法”，奠定了中医临床诊断的基础。他医术高超，精通于内、外、妇、儿等科，应用砭刺、针灸、按摩、热熨等法治疗疾病，被尊为医祖。据《汉书·艺文志》载，扁鹊有著作《内经》和《外经》，但均已遗逸。相传扁鹊看病行医有“六不治”原则：一是依仗权势，骄横跋扈者不治；二是贪图钱财，不顾性命者不治；三是暴饮暴食，饮食无常者不治；四是病深不早求医者不治；五是身体虚弱不能服药者不治；六是相信巫术不相信医道者不治。

张仲景是东汉末年著名医学家，被后人尊称为医圣，东汉南阳郡（今河南南阳）人。他广泛收集医方，写出了传世巨著《伤寒杂病论》。书中确立的辨证论治原则，是中医临床的基本原则，是中医的灵魂所在。在方剂学方面，《伤寒杂病论》也做出了巨大贡献，创造了很多剂型，记载了大量有效的方剂。其确立的六经辨证的治疗原则，受到历代医学家的推崇。这是中国第一部从理论到实践，确立辨证论治法则的医学专著，是中国医学史上影响最大的著作之一，也是后来研习中医者必备的经典著作。

华佗，东汉末年著名医学家，汉末沛国谯（今属安徽亳县）人。华佗一生行医各地，声誉颇著，在医学上有多方面的成就。他精通内、外、妇、儿各科，尤擅外科，曾用“麻沸散”施剖腹术，这也是世界医学史上最早的全身麻醉案例。阿拉伯人的吸入麻醉法也源于华佗的酒服麻沸散。华佗很重视疾病的预防，强调体育锻炼以增强体质，他模仿虎、鹿、熊、猿、鸟的动作和姿态，创造了一种“五禽之戏”，用以锻炼身体。他医术全面，尤其擅长于外科，精于手术，被后人称为外科圣手、外科鼻祖。

南宋的提刑官宋慈，根据前人的司法检验常识，以及自己毕生的法检经验，于1247年写成《洗冤集录》一书。这是我国历史上第一部系统的法医学著作，也是世界上比较早的法医专著。该书不仅在我国沿用已久，成为后世各种法医著作的主要参考书，并且被译成荷兰文、法文、德文、日文、英文、俄文等各种文本广泛外传。《洗冤集录》内容非常丰富，记述了人体解剖、检验尸体、勘查现场、鉴定死伤原因、自杀或谋杀的各种现象、各种毒物和急救、解毒方法等十分广泛的内容。当中区别溺死、自缢与假自缢、自刑与杀伤、火死与假火死的方法，至今还在应用。它记载的洗尸法、人工呼吸法，迎日隔伞验伤，以及银针验毒、明矾蛋白解砒霜中毒等都很合乎科学道理。

李时珍是我国明代著名医药学家。他参考历代相关的数百种医药书籍，结合自身的行医经验，历时27年，编写成《本草纲目》一书。该书中收录药物1892种，附图1109幅，附方11096个。创立了接近现代科学分类的本草学纲目体系，纠正了前代本草学中的讹误。该书是药物学的集大成之作，也是一部百科全书式的博物学巨著，曾被译成日文、英文、德文、法文、俄文、拉丁文等在世界各国流传。其植物分类法是当时世界上最科学、最详尽的分类法。这是中国药物学和生物学对世界的贡献。

中国医学自成体系，与西医相得益彰。在中医疗法中，针灸疗法独具特色，秦汉以后，传到了亚欧各地。至今，针灸治疗术不仅仍为欧、亚许多国家采用，深受各国人民欢迎，而且其治疗原理在现代科学中还是人们探讨的课题之一。

第五节　古代中国的农学知识

现代农学将农业定义为，直接利用地力，从事作物栽培和家畜饲养而获得有机物质的生产事业。从这个意义上来说，中国古代农业利用少量耕地，进行了以作物栽培为主的衣食原料生产，从而养活了大量的人口，并孕育了灿烂的中国文明。中国自古以农为本，是世界公认的农业的起源中心之一，曾经创造了灿烂的古代农业文明和辉煌的农业科学技术成就，并总结了一整套适合中国特点的精耕细作技术体系，使中国传统农业在一个相当长的历史时期内居于世界领先地位。

中国古代农学发展的特点是：历代农学家和官府编纂农书，推广和普及农业生产技术；从选种、整地、播种、中耕除草、灌溉施肥、防治病虫害到收获，逐步建立了一套完善的精耕细作技术体系。

传说中，中国农业的始祖是神农氏。神农以前，人们仍然是以采集和渔猎为生，但到了神农时，随着人口的增加、野生动植物资源的减少，依靠采集和渔猎已不能满足人们对于食物的需求。于是，神农便制造耒耜（农具），教民播种五谷，从此有了农业。后稷也是一位中国农业的先驱。后稷，名弃，他的母亲名叫姜嫄。弃自小志向远大，喜欢玩一些种植麻、豆之类的游戏，长大成人后，对农耕很有兴趣。他特别善于考察土壤，并根据不同的土壤种植不同的作物，老百姓纷纷向他学习。尧帝得知他的事之后，任命他为农师，主管农业。

《吕氏春秋》是战国末年吕不韦召集门客编撰的，其中《上农》《任地》《辨土》《审时》四篇是现存最早的农业政策和生产技术文献，对土地的利用、土壤耕作技术、作物栽培等有较详细的论述。《审时》中记载，“夫稼，为之者人也，生之者地也，养之者天也”，意即农业包括稼、人、地、天四个方面因素。稼，即农业生物，农业生物包括动物、植物等许多种类，稼则专指其中的栽培植物。这也反映了传统中国农业的特色，即以种植业为主。中国是世界上少数的几个农业起源中心之一。到目前为止，考古学家们已先后在浙江余姚河姆渡，河北武安磁山，湖南澧县彭头山、城头山，湖南道县玉蟾寺，江西万年仙人洞，河南舞阳等地发现了众多的农业文化遗址，其中有的已接近万年。从出土遗物来看，当时北方主要种植的粮食作物是粟、稷、黍、菽（大豆）、麦、麻等，南方主要种植的是水稻。中国分别是粟、菽、稻、桑、茶等许多作物的起源地之一。现今世界上许多种语言中都还保留了“菽”和“茶”的读音，即表明中国是大豆和茶的故乡。“夫稼，为之者人也”，人，即庄稼汉。人之为人，在于能够制造和使用工具。中国农民以自己的勤劳智慧，发明了众多较为先进的农业工具，积累了先进的农业生产技术和丰富的经验，并通过一些有识之士的记录和总结形成了农书。“夫稼，……生之者地也”，地，指的是土地，种庄稼离不开土地。土地是农业生产的基本生产资料。“养之者天也”，天，指的是与农业生产有关的各种自然条件，如光、热、气、水等，这些因素主宰着农业生物的生长发育。同时，古人认为病虫害的发生也与天气有关。旱、涝、虫灾，古人皆称之为天灾。天除了指影响农业生物生长的外界因素之外，有时也指农业生物自身的天性。“种瓜得瓜，种豆得豆”，但天性可以通过人的努力加以改变。在老天爷面前，中国传统农学表现出了两个特点：一是天人合一，二是人定胜天。

赵过是汉代一位伟大的农学家，他是主管农业的官员。他改进了先前的甽亩法，使之变为逐年轮换的代田法，并有组织、有步骤地由近及远加以推广，最终使远到边城的地方都搞起了代田法。在推广代田法的同时，赵过又大力推广牛耕，并发明功效高的播种机——耧车，以适应代田整地、中耕和播种的需要。遗憾的是有关赵过的农业生产技术资料并没有完整地保留下来。汉代有一本农书，名叫《赵氏五篇》，不知作者是谁，有人认为，很可能就是赵过，不过这本书也早已失传了。

西汉末年农学家氾胜之在总结农业生产经验的基础上，写成了农书十八篇，这就是《氾胜之书》。书中提出了“凡耕之本，在于趣时，和土，务粪泽，早锄早获”的耕作栽培总原则，并将这一原则运用于土壤耕作、种子处理，以及粟、黍、麦、稻等十多种农作物的具体栽培技术之中。书中内容基本上都是第一次见于文献记载，其中包含了许多重要的农业科技成就，如穗选、种子保藏、溲种、区田(种)、瓠芦靠接、稻田水温调节，等等。其中区田法对后世的影响最大。

北魏时期农学家贾思勰是最能代表中国古代农学成就的人，因为他所作的农书《齐民要术》是世界上现存最早、最完整的农业科学著作。该书可能成书于公元533至544年。书中内容“起自耕农，终于醯醢”，囊括了当时人们生产和生活的各方面。全书共九十二篇，分十卷。前五卷讲述植物栽培，第六卷讲述动物养殖，第七卷至第九卷则论述了农产品加工和储藏等事项，第十卷介绍非中原地区出产的植物。

唐朝的陆羽著有世界上第一部茶叶专著《茶经》。全书共三卷十篇，详细讲述了茶的起源，茶叶的生产方法和茶具，茶的生长与特征，采茶所用的工具，采茶的季节、时刻，茶的加工及用器，饮茶品尝之方，历史上嗜茶的典故，茶的产地，等等。从此之后，天下人就更加懂得饮茶的方法了。开茶馆的人，都愿意把陆羽像制成陶器模型，并奉他为“茶神”。

《四时纂要》的作者是韩鄂，作者生平不详，一般认为他是唐末五代时期的人。成书年代约为9世纪末至10世纪初。内容主要摘引前人的著述，其中尤以《齐民要术》最多，同时也加上了一些自己的心得。和《齐民要术》相比，本书最大的不同是书中采用了“月令”的形式，按月依次编排了天文、占候、禳镇、食忌、祭祀、种植、修造、牧养、杂事、愆、忒（天气异常引起的灾祸）等资料。其中有关农业的内容占全书的一半以上，是本书的主体。另外，一些农业技术的记载也较之前有显著的发展。书中还首次记载了茶树、棉花、食用菌和薯蓣等作物的栽培技术和人工养蜂。这是继《齐民要术》之后，又一本重要的农书。

《陈旉农书》的作者是北宋末年农学家陈旉，全书分上、中、下三卷。上卷不设卷名，为全书重点，阐述了农业生产经营原理和生产技术，主要包括财力、地势、耕耨、天时、六种、居处、粪田、薅耘、节用、稽功、器用、念虑十二篇，篇中皆突出一个“宜”字，外加“祈报篇”和“善其根苗篇”两篇，讲述有关祈神报恩和水稻育秧的事宜。中卷题为“牛说”，讲耕牛的饲养、使用和疾病防治。下卷讲蚕桑。此书是现存最早的谈论南方农业的书，反映了蚕桑在中国农业结构中的重要地位。公元前11世纪，养蚕技术先传入朝鲜，随后复又传到了日本。秦汉以后，中国的养蚕技术通过举世闻名的丝绸之路传入中亚、南亚及西亚地区，6世纪中叶，君士坦丁堡国王通过印度僧侣从中国私运蚕种，为西方蚕业之始。

《农桑辑要》是元代专管农桑、水利的中央机构“大司农”主持编写的。具体的编写人包括孟祺、张文谦、畅师文、苗好谦等人，这些人都是当时农业方面的专家。该书是中国现存最早的官修农书。全书分作七卷，从全书的整个布局来看，基本上继承了《齐民要术》的内容，但也有所发展。书中将蚕桑放在与农业同等重要的地位，栽桑、养蚕各一卷，所占篇幅近全书的三分之一。书中还新添了苎麻、木棉、西瓜、胡萝卜、茼蒿、人苋、莙荙、甘蔗、养蜂等内容。特别是两段阐述风土论的“论九谷风土及种莳时月”和“论苎麻、木棉”，更是农学思想史上的经典。

王祯所著的《农书》成书于1300年前后。这是第一本兼论南北农业技术的农书，书中对南北两地农业所采用的技术和工具等进行了对比，以期起到取长补短、相互交流、共同促进的作用。本书由三部分组成，即农桑通诀、百谷谱和农器图谱。“农器图谱”这部分共有十二卷之多，篇幅上占全书的五分之四。书中将农器分作二十门，每门下面又分作若干项，每一项都附有图，一共有三百多幅图，并加以文字说明，记述其结构、来源和用法等，大多数图文后面还附有韵文和诗歌，以便对该种农器加以总结。这不仅是以前历代无法比拟的，而且后世农学书所记载的农具也大部分以它为范本。

《农桑衣食撮要》的作者是元代的鲁明善。《农桑衣食撮要》又称为《农桑撮要》，它是继唐末《四时纂要》后保存至今比较完备的一部月令体农书。从《农桑衣食撮要》的书名和内容来说，它与元朝司农司撰写的《农桑辑要》有相同之处。两者皆为百科性、综合性农书，“凡天时地利之宜，种植敛藏之法，纤悉无遗，具在是书”，而且内容涉及农业生产和农村生活的各方面。

明代的徐光启，著有《农政全书》《甘薯疏》《农遗杂疏》和《农书草稿》（又名《北耕录》）、《泰西水法》（与熊三拔共译）等书。其中《农政全书》堪称代表，其他农书有的已失传。《农政全书》是中国古代篇幅最大的一部农书，有农业技术百科全书之称，主要包含农政思想和农业技术两大方面，包括农本、田制、农事、水利、农田、树艺、种植等内容，系统地总结了中国传统农业的成就。

中国古代农具也是相当先进的。在牛耕推广之后，铁犁迅速完善起来，西汉的铁犁就有了犁壁。唐代时期的耕犁的结构和性能与现代畜耕耕犁无多大差别。中国古代各种灌溉机具甚多，东汉时期发明的龙骨水车就是古代一种先进的灌溉机械，一直使用了近两千年，多种多样的以水为动力的灌溉机械在古代相继出现。大约在宋元时期，中国古代农具已基本定型，其中许多一直使用到现在。中国的原始农具，如翻土用的直插式的耒耜，收获用的掐割谷穗的石刀，也表现出了不同于其他地区的特色。

在畜养业方面，中国早期饲养的家畜是狗、猪、鸡和水牛，后种类有所增加，即所谓的“六畜”（马、牛、羊、猪、狗、鸡），不同于西亚很早就以饲养绵羊和山羊为主，更不同于中南美洲仅知道饲养羊驼。中国是世界上最大的作物和畜禽起源中心之一，大多数地区的原始农业是从采集渔猎经济中直接发展出来的，种植业处于核心地位，家畜饲养业作为副业存在，随着种植业的发展而发展，同时又以采集狩猎为生活资料的补充来源，形成农牧采猎并存的结构。这种结构导致了比较稳定的定居生活的出现，与定居农业相适应，猪一直是主要家畜，因此较早出现圈养与放牧相结合的饲养方式。

思考题

1. 简述中国古代有哪些科技成就。

2. 中国古代数学有何特点？中国古代数学领域的代表人物有哪些，请简述其主要成就。

3. 中国古代医学的突出特点是什么？请简单列举并阐述医学代表人物及其重要著作。

4. 简述中国古代科学的特点。

5. 简述中国古代的物理学方面的成就。

6. 请列举中国古代在光学方面有重大贡献的两位科学家及其两本著作，并简述其贡献。

第四章　古希腊、古罗马、古阿拉伯的科学概况

古希腊的历史并不如四大文明古国悠久，但是他们却创造了光彩夺目的科学文化成就，在欧洲乃至世界的文明发展史上留下了光辉的足迹，以至于现在研究西方历史的人“言必称希腊”。近代科学也正是在古希腊科学的基础上发展起来的。正如英国著名的科学史专家丹皮尔所言，古代世界的各条知识支流都在古希腊汇合起来，并且在那里由欧洲首先摆脱蒙昧状态的种族所产生的惊人的天才加以过滤和澄清，然后导入更加有成果的新的路径中。

相对而言，如果说古希腊人对自然哲学做出了巨大贡献的话，古罗马人则在技术上取得了重要的成果，他们都为人类文明的发展做出了巨大的贡献。罗马人虽然擅长治理国家，在军事、行政和历法方面有优异的能力，但在学术方面却创造力不足。当然，他们也编纂了许多著作，说明他们对自然界也有很大的好奇心。他们的艺术、科学，甚至医学，都是从希腊人那里借来的……罗马人似乎只是为了完成医学、农业、建筑或工程方面的实际工作才对科学有所关心的。

随着希腊罗马文明的毁灭，柏拉图学园被封闭、亚历山大里图书馆被烧，欧洲社会逐渐进入了黑暗的中世纪，欧洲科学部分进入了黑暗年代。在相当于欧洲中世纪的时代（特别是9—11世纪），阿拉伯文明一度取得了很高成就，在世界文化史上占有极其重要的地位。

第一节　古希腊的科学概况

古希腊包括以爱琴海为中心的周围地区，其中有今天的希腊本土和爱琴海东岸（今土耳其西海岸）的爱奥尼亚地区，以及意大利南部（包括西西里岛）的一些地区。早在公元前2000年前后，希腊克里特岛就出现了奴隶城邦国家。公元前8世纪到公元前4世纪是古希腊的城邦奴隶制时期，在几万平方千米的土地上遍布二百多个城邦。自公元前5世纪起，雅典在各城邦中取得盟主地位，建立了奴隶主民主政治，这是古希腊社会经济和文化的大繁荣时期，史称“雅典时期”。此时出现了大批专门从事学术研究的学者，其中很多人都曾游学埃及和两河流域，学习了当地先进的科学文化知识。从公元前4世纪末开始，进入了“亚历山大时代”或“希腊化时代”。公元前4世纪末，北方的马其顿人战败希腊后又与希腊人一起

发起东侵，建立了地跨欧、亚、非三大洲的大帝国。此时，文化中心由雅典转移到地属埃及的亚历山大城，希腊文化再度繁荣，科学又有了新的发展。公元前30年，罗马人征服了希腊本土和希腊人活动的地区，古希腊的历史至此结束。

一、古希腊的自然哲学

从公元前7世纪到公元前3世纪的500年，东西方几乎同时诞生了一批伟大的思想家、哲学家、科学家。他们的思想和杰出贡献至今还影响着我们的生活。在东方，释迦牟尼在印度讲佛，孔子在中国周游春秋列国宣传儒学，道家始祖老子著成《道德经》。在西方，与中国的诸子百家相辉映，古希腊出现了泰勒斯、苏格拉底等一大批伟大的哲学家。现代东西方文明的古老源头几乎同时达到了学术高峰。在这种文化背景下，从文明古国传承过来的自然科学也开始取得空前的成就和繁荣，这就是古希腊的科学，它既是古代的哲学，又是自然科学的一种形态。与中国古代以实用经验知识为主的科学不同，古希腊人更注重思想体系的建立。古希腊的自然哲学家们（也是自然科学家们），不是利用神话，而是通过直觉和哲学的思辨，对自然现象做出了种种猜测和解释，对后来科学发展产生了重要的影响。自然哲学在古希腊时代空前繁荣，特别在希腊化时代，还出现了以定理、定律形式表述出来的自然知识，被称之为理论自然知识。

对于万物本源的探索，古希腊主要有朴素元素论。其中米利都学派主张世界万物都是由一种原始的物质变化而来。该学派的创始人是泰勒斯（约前624—约前547），他认为“水生万物，万物复归于水”，即世界的本原是水，万物起源于水并复归于水，将自然界万物的本原问题归为元素论，并试图借助经验观察和理性思考来解释世界。他提出的“万物源于水”，是古希腊第一个提出“什么是万物本原”的“哲学史上第一人”。他的学生阿那克西曼德（约前610—约前546）提出一种“无限者”（或“无定”“不固定者”）作为万物本原，因其无规定性及内部蕴藏某种性质而可以形成火、水、土、气四种元素及各种物质。但他也无法说明它到底是什么东西。他的学生阿那克西米尼（约前585—约前525）认为万物的本原是气，气无固定形态，气的稀散与凝聚又可形成不同的物质实体。稍后的赫拉克利特（约前540—约前480与前470之间）说世界万物的本原是“火”，因为火的性质最活泼并且变化无定。

除了上述单一本原说外，有的学者认为万物的本原是多种元素。如恩培多克勒提出了“四根说”，即土、水、气、火四种元素。它们依次为固体、液体、气体和比气体还稀薄的物体，这四种本原以“爱”和“恨”相吸引或排斥而结合成万物，万物是这四种元素不同比例的混合，万物的变化就是这四种元素的分离与重新组合。

古希腊的元素论，到了亚里士多德才算有定论。古希腊的自然哲学集大成者是亚里士多德（前384—前322），他于公元前335年在雅典建立了吕克昂学园，形成了以他为首的逍遥学派。亚里士多德给自己的哲学所规定的任务是研究“原因”，要明白“每一事物的‘为什么’”。“四因说”即“原料因”“形成因”“动力因”和“目的因”，即所有事物都有四方面的原因。他认为地上万物由轻重不同的土、水、气、火四种元素组成，天体由神圣纯洁的“以太”组成。他提出元素由热、冷、干、湿四种基质结合而成。土由干与冷结合而成，水由湿与冷结合而成，气由湿和热结合而成，火由干和热结合而成。四种元素不同的结合构成世界万物。元素可变，也可相互转化。

以毕达哥拉斯（约前580到前570之间—约前500）为创始人的毕达哥拉斯学派，反对物质元素是万物本原的观点，认为数是独立于物之外的实质，数是万物的本原，“万物皆数”“数支配着世界”“万物的本原是1”。他们认为1是同一，是普遍的，由1产生2，产生出各种数；2是意见，是1的对立物；3是实在与圆满，所有的一切都由3决定；4是正义；10是灵魂与理性。10＝1＋2＋3＋4，包括了数的全部本性。由数可产生点、线、面、体，进而产生火、气、土等元素，进而产生万物。他们认为圆形和球形是最完美的几何图形。“数”不但是万物的本源，而且描写着万物存在的状态和性质，自然界中的一切都服从“数的和谐”，表现为数学上的简单性、对称性与和谐性，并由此形成了理性的数学传统，进而建立了“宇宙和谐”的观念，这也成为历代科学家的指导思想与科学方法。从科学美学上讲，该学派最早把数学与哲学、科学与美学相结合，成为科学美学的鼻祖。

古代原子论的发展经历了三个阶段。第一阶段是希腊古典时期，米利都学派的留基伯（约前500—前440）和他的学生德谟克利特（约前460—前370）首创原子论思想，对世界做了一种唯物论的、机械论的解释；第二阶段是希腊化时期，一百年后，雅典的伊壁鸠鲁（约前341—前270）进一步发展了原子论思想，将之运用到人生哲学之中，提出了著名的享乐主义哲学；第三阶段是罗马时期，主要由古罗马诗人卢克莱修在其著作《物性论》中，以诗的形式把原子论推向了最高峰。留基伯认为宇宙万物都是由原子组成的，原子就是最小的、不可分割的物质粒子，他们既不能创生，也不能消灭；原子以外就是虚空了，而原子在无限的虚空中永远运动。德谟克利特发展了留基伯的思想，并创建了原子论。他认为世间万物都是由不可分割的物质即原子组成，宇宙间的原子数是无穷无尽的，它们的大小、形状、质量等都各自不同，并且不能毁灭，也不能创造出来。德谟克利特的原子论是近代自然科学的思想渊源与起点。伊壁鸠鲁完善了德谟克利特的原子论，指出原子之间不但有形状大小的区别，还有质量的差别；原子不是“各种各样的大小”，而是有“某些不同的大小”；原子运动除了必然性之外还存在偶然性。

二、古希腊的天文学知识

古希腊天文学是近代天文学的直接渊源。古希腊在天文学上成绩巨大，与其他文明古国相比，它的理论性最强，体系也最为完整、科学，方法上也达到了古代的高峰。古希腊天文学大致上分成四个主要的时期，前后形成四个学派，爱奥尼亚学派、柏拉图学派、亚历山大学派、托勒密地心说学派。

公元前7世纪起，泰勒斯创立的爱奥尼亚学派提出以“思辨”方法来探究和理解宇宙的形状、功能和基本组成。泰勒斯认为大地像一个圆盘或圆筒浮在水上。他的学生阿那克西曼德则把宇宙描绘成一个大圆球（天球），地处在圆球中央，形状也是圆盘或圆筒形，地静止不动。他提出月亮的光是对太阳光的反射，太阳则是一团纯粹的火。泰勒斯曾预测过日食，计算出一年有365天，发现了小熊星座，并根据天文学和气象学知识预言了一年的农业收成。公元前4世纪，毕达哥拉斯学派从球形是最完美几何体的观点出发，认为大地是球形的，提出了太阳、月亮和行星作均匀圆运动的思想。他还认为10是最完美的数，所以天上运动的发光体必然有10个。认为宇宙是一个包括各种天体的大圆球，中心有一个火球，圆形的太阳和大地绕中心火球运动，这种关于天体整体运行的推测为太阳中心说奠定了基础。柏拉图学派的创始人是柏拉图（前427—前347），他是古希腊的著名学者。他也非常崇尚数，继承和发展了毕达哥拉斯学派对科学美的追求。他认为永恒的神圣的天体必须沿着完美的圆形轨道做均匀有序的运动，或者是沿着复合的圆周运动。他们提出了天文学中的柏拉图问题：有没有任何一种假说能把行星运动在外表上的无秩序转化为有秩序、美和单纯的呢？首先回答柏拉图问题的是他的学生欧多克索和亚里士多德。欧多克索提出了同心球层模型：太阳、月亮和行星都在一些以地球为中心的同心球壳中运行。为了使天体的合成运动符合实际观测数据，他设计了26个同心球。亚里士多德进一步改善了此模型，把同心球加到了56个之多，且假定，在最大的天球外边，有一位神圣的“第一推动者”。公元前3世纪，出现了应用天文观测和测量方法的亚历山大学派。后来，天文学家托勒密集古希腊天文学之大成，提出了地心说。

在希腊化时期出现了四位著名的天文学家，他们的研究成果影响深远。

第一位是阿里斯塔克（约前310—约前230），他在两千多年前就提出太阳中心说，认为太阳和恒星是不动的，地球和行星以太阳为中心，沿圆周轨道运动。地球每天绕自己的轴自转一周，每年沿圆周轨道绕日一周。因此，他被誉为“希腊化时代的哥白尼”。他在《论日月大小和距离》一文中，应用几何学方法，首次测量和计算了太阳、月亮、地球的直径比例和相对距离，已经认识到太阳比地球大很多，并正确提出地球的面积小于太阳。遗憾的是他的思想因不能被当时的人们所理解而被埋没了。

第二位是埃拉托色尼（约前275—约前194），他是历史上第一个用正确的数学方法准确测出地球周长和直径的人。埃拉托色尼通过观察太阳高度的变化测量出黄道的倾角，测出的地球的周长只比今测赤道周长少385.13千米。埃拉托色尼坚持地球是球形的看法，对地球的形状和大小做了定量的描述。根据太阳在同一子午线上两个地点的阴影长度不同，先算出这两个地点的距离和纬度，再算出地球圆周长是38700千米，地球和太阳的距离是14800万千米。这两个数字与现代科学计算的40000千米和14970万千米是惊人的接近。他还从大西洋和印度洋潮汐相同的现象出发，推测出两洋是相通的，启发了后人绕过非洲去远航。

第三位是希帕克斯（约前190—约前125），他在罗得斯岛从事天文观测，为天体测量学奠定了基础，被称为“西方天文学之父”。希帕克斯编制了一份记载850多颗（一说是1025颗）星宿的方位和亮度的星座图表，吸收前人成果并与他所编制的图表进行了比较，首次发现了“岁差”（回归年短于恒星年的现象），并认识到这种现象是黄道和赤道的交点缓慢移动的结果。他的研究成果后来被天文学家托勒密所吸取。希帕克斯曾利用几何学推理解释太阳的表象运动，从而确立了地球中心说，对后世颇有影响。他还发明了三角法应用于球面天文学，利用经纬度确定地球上的位置。

第四位是天文学家托勒密（约90—168），他集古希腊天文学之大成，系统总结了希腊天文学的成果，写成13卷巨著《天文学大成》，提出了一个完整的“地心体系”理论。这本书直到开普勒时代，都是天文学家的必读书籍，被阿拉伯人推为“伟大之至”。《天文学大成》第1卷和第2卷给出了地心系的基本构造，绘制了地心说结构示意图（图1-4-1），并用一系列观测事实论证这个模型，诸如地球是球体，处在宇宙的中心，诸天体绕它旋转，依离地球的距离从小到大排列是月亮、水星、金星、太阳、火星、木星和土星，等等。还讨论了描述这个体系所需的数学工具，如球面几何和球面三角。第3卷讨论太阳的运动以及与之相关的周年长度的计算，第4卷讨论月球的运动，第5卷计算月地距离和日地距离。他运用希帕克斯的视差法进行计算，结果是月地距离是地球半径的59倍，日地距离是地球半径的1210倍。第6卷讨论日食和月食的计算方法，第7卷和第8卷讨论恒星和岁差现象，给出了比希帕克斯星图更详细的星图，而且将星按亮度分为六等。从第9卷开始到第13卷，分别讨论了五大行星的运动。他创立的地球中心说主张地球处于宇宙中心，且静止不动，日、月、行星和恒星均环绕地球运行。这个并不能反映宇宙实际结构的数学图景，却较为完满地解释了当时观测到的行星运动情况，在航海上取得了实用价值，代表了希腊天文学和宇宙学思想的顶峰。在以后近两千年内，托勒密学说被奉为天文学的圣经，在欧洲天文史上产生了重大的影响。

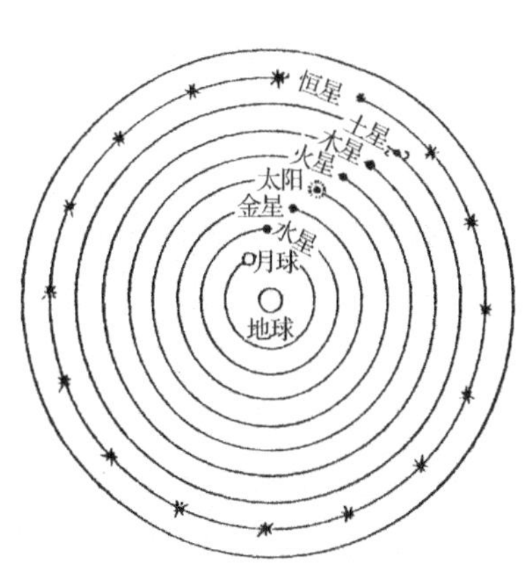

图1-4-1　托勒密的地心说结构示意图

三、古希腊的数学知识

古希腊数学的特点是抽象化，强调理性，其数学成就和特点对近代世界数学的发展起到了重大奠基作用。希腊化时代，古希腊数学进入了总结整理和继续发展的鼎盛时期。古希腊的数学成就主要体现在对一些几何学命题的研究与几何学的应用研究上。这一时期，在数学方面做出杰出贡献的代表人物有泰勒斯、毕达哥拉斯、欧几里得、阿波罗尼乌斯、阿基米德、丢番图等。

泰勒斯在数学方面的划时代贡献是引入了命题证明的思想，它标志着人们对客观事物的认识从经验上升到理论，这在数学史上是一次不寻常的飞跃。他把一些测量技术所依据的几何原理抽象出来，归纳成几何学命题，如“直径平分圆周”“等腰三角形的两个底角相等”“两直线相交，其对顶角相等”“对半圆的圆周角是直角”“相似三角形对应边成比例”等，并将几何学知识应用到实践当中去。据说，泰勒斯在埃及曾利用相似三角形对应边成比例的定理测量金字塔的高度，当自己的影子长度与他的身高完全相等时，他立刻在大金字塔的投影上做一记号，然后丈量金字塔底到投影尖顶的距离，从而获得金字塔的塔影长度，并由此推出金字塔的高度。泰勒斯在数学中引入逻辑证明，其重要意义在于：保证了命题的正确性；揭示了各定理之间的内在联系，使数学构成了一个严密的体系，为进一步发展打下基础；使数学命题具有充分的说服力，令人深信不疑。从此数学从具体的、实验的阶段过渡到抽象的、理论的阶段，逐渐形成一门独立的、演绎的科学。

勾股定理早已为巴比伦人和中国人所知，但是最早的证明应该归功于毕达哥拉斯。他用演绎法证明了直角三角形斜边平方等于两直角边平方之和，因此西方称此定理为毕达哥拉斯定理。毕达哥拉斯对数论做了许多研究，将自然数区分为奇数、偶数、素数、完全数、平方数、三角数和五角数等。在几何学方面，毕达哥拉斯学派证明了“三角形内角之和等于两个直角”的论断，研究了黄金分割，发现了正五角形和相似多边形的做法，还证明了正多面体只有五种——正四面体、正六面体、正八面体、正十二面体和正二十面体。

亚历山大城的欧几里得（约前 330—前 275）是古希腊最负盛名的数学家，他的《几何原本》集希腊数学之大成，构造了世界数学史上第一个宏伟的演绎系统，形成了一个完整的几何学体系，是用公理方法建立演绎数学体系的最早典范。欧几里得通过早期对柏拉图数学思想，尤其是对几何学理论系统而周详的研究，察觉到了几何学理论的发展趋势，他将缺乏系统性的片段、零碎的知识，缺乏联系性的公理、证明，缺乏逻辑性的公式和定理进行了严格的逻辑论证和说明。《几何原本》全书共 13 卷，共包含有 23 个定义、5 个公设、5 个公理、286 个命题。其中，不仅讨论了直边形和圆，而且讲解了比例、数论和立体几何，几乎包括了今日初等几何课程中的所有内容，其中第 12 篇主要讨论“穷竭法”，这是近代微积分思想的早期来源。由此创立的在定义和公理基础上的抽象逻辑体系，不仅为几何学的研究和教学提供了蓝本，而且对整个自然科学的发展产生了巨大影响。

阿基米德约于公元前 287 年生于南意大利西西里岛的叙拉古，他的父亲是一位天文学家，他从小就学到了许多天文知识，青年时代跟随欧几里得的弟子柯农学习几何学。阿基米德不仅在数理科学上是第一流的天才，而且在工程技术上也颇多建树。阿基米德研究数学的目的是为了得到在实际中有用的结果，它既继承和发扬了古希腊研究抽象数学的科学方法，又使数学的研究与实际应用联系起来，这在科学发展史上具有深远的影响。他在计算螺线所围面积时所用的方法已非常接近微积分方法。他确定了抛物线弓形、螺线、圆形的面积，以及椭球体、抛物面体等各种复杂几何体的表面积和体积的计算方法。同时，在推演这些公式的过程中，他创立了穷竭法（类似于现代微积分中所说的逐步近似求极限的方法），并是科学地研究圆周率的第一人。他提出用圆内接多边形与外切多边形边数增多、面积逐渐接近的方法求圆周率。求出了圆周率大小范围为$3\frac{10}{71}<\pi<3\frac{1}{7}$。首创了记大数的方法，突破了当时用希腊字母计数不能超过一万的局限，并用它解决了许多数学难题。阿基米德把数字分为若干级，从 1 到 108 为第 1 级，从 108 到 1016 为第 2 级，从 1016 到 1024 为第 3 级……提出了著名的阿基米德公理，用现代数学语言表述，即对于任何自然数（不包括 0）a、b，如果 $a<b$，则必有自然数 n，使 $n\times a>b$。此外，他还创作了《论球和圆柱》《圆的度量》《抛物线求积》《论螺线》《论锥体和球体》《沙的计算》等数学著作。

阿波罗尼乌斯（约前 262—约前 190），著有《圆锥曲线论》，风格和欧几里得、阿基米德一脉相承，被认为是古希腊最杰出的数学著作之一。阿波罗尼乌斯是第一个从同一圆锥的截面上来研究圆锥曲线的人，他以一个平面按不同的角度与圆锥相交，分别得出了抛物线、椭圆和双曲线。他给出圆锥曲线的定义，说明了求一圆锥曲线的直径、有心圆锥曲线的中心、抛物线和有心圆锥曲线的轴的方法和作圆锥曲线的切线的方法，讨论了双曲线的渐近线和共轭双曲线，研究了有心圆锥曲线焦点的性质，等等。《圆锥曲线论》共 8 卷，前 4 卷的希腊文本和其次 3 卷的阿拉伯文本保存了下来，最后一卷遗失。它代表了希腊几何的最高水平，自此以后，希腊几何便没有实质性的进步，直到 17 世纪帕斯卡和笛卡儿出现才有新的突破。

丢番图是古希腊后期的重要学者和数学家。丢番图是代数学的创始人之一，对算术理论有深入研究，他完全脱离了几何形式，在希腊数学中独树一帜。对丢番图的生平事迹人们知道得很少，但流传着一首短诗（或墓志铭），用谜语的形式叙述了他的生平：“丢番图的一生，幼年占 1/6，青少年占 1/12，又过了 1/7 才结婚，5 年后生子，子先父 4 年而卒，寿为其父之半。”由此推知他享年 84 岁。他最重要的著作是《数论》，还有一部《多角数》，已遗失。《数论》共 6 卷，收集了 189 个代数问题，第 1 卷给出有关定义和代数符号说明。第 2 卷至 6 卷大多是不定方程问题，主要是二次、三次方程。对这类问题，他并未给出一般的解法，其最大的缺点是完全脱离了几何的形式，与欧几里得时代的经典大异其趣。不过对于各个题目他都用特殊的方法去解，很少给出一般的法则；另外，他引入了许多缩写符号，如未知量、未知量的各次幂等都用特殊符号来表示。这在代数发展史上是一个巨大的进步。因为当时一切代数问题，甚至简单的一次方程的求解，都纳入了几何模式之中。直到丢番图，才把代数解放出来，摆脱了几何的羁绊。他认为代数方法比几何的演绎陈述更适宜于解决问题，在解题的过程中显示出了高超的巧思和独创性，在希腊数学中独树一帜，被后人称为代数学的创始人。

四、古希腊的医学、生物学和地理学知识

古希腊最著名的医生是希波克拉底（约前460—前377）。在他之前医学的主要成就有很多。例如，阿尔克莽发现了视觉神经，并认识到大脑是感觉和理智活动的中央器官。阿拉克萨哥拉曾用动物进行实验，并用解剖的方法研究其构造。恩培多克勒认为血液流向心脏，并由心脏流出。到了希波克拉底，他将医学从原始巫术中拯救出来，以理性的态度对待生病、治病，从临床实践中创立了“四体液说”，即人体由血液、黏液、黄胆汁和黑胆汁四种体液组成。它们相互调和、平衡，人就健康；如果平衡破坏，人就生病。治疗被认为是恢复体内体液的平衡。这种体液理论就像中医的阴阳五行说一样，成为西医学的理论基础，因此，希波克拉底也被西方尊为“医学之父”。大约于公元前400年，他编纂了一部医学专题著作《古代医学》。希波克拉底不仅以医术高超著称，而且以医德高尚为人称道。他首创了著名的希波克拉底誓词，誓词中要求医生要处处为病人着想，要保持自己行为和这一职业的神圣性。

古希腊的自然哲学家们很早就注意探讨生命现象，并提出过一些进化思想的见解，如阿那克西曼德认为人是由鱼变化而来的，原子论者认为生命是从一种原始黏土中发展起来的，但这些结论只是直观猜测的产物，没有科学根据。在达尔文之前，第一个把生物学置于广泛观察基础之上的是亚里士多德，他是希腊世界百科全书式的思想家和科学家，他重视经验观察，成为古代知识的集大成者，又是第一个系统掌握生物学知识的人。他在动物分类、解剖、胚胎发育等方面做了大量工作，著有《动物志》《动物的结构》（包括“动物的运动" 与“动物的行进”二短篇）、《动物的繁殖》和《论灵魂》等。在动物分类方面，他所用的“属”（Genus）和“种”（Species）是一种逻辑概念。在实际分类时，他一方面使用逻辑上的两分法，如有血或无血，有毛或无毛，另一方面也注意根据动物的外部形态、内部器官、栖居地、生活习性、生活方式等许多特征进行分类。他描述了500多种动物，并对其中50多种做了解剖。在对动物发育的观察研究基础上，他把动物的繁殖分为有性、无性与自然发生3类。他提出灵魂是生命与非生命物质的区别，而灵魂又有植物性、动物性与理性3个等级。亚里士多德在植物学方面的著作没有留存下来。但是，他的学生泰奥弗拉斯托斯对植物分类、植物解剖和植物生理做了许多研究，著有《植物志》和《论植物的本源》等。亚里士多德的开创

性研究使他被公认为生物学的创始人。

古希腊航海事业发达，人们活动地域广阔，很早就获得不少地理知识。阿那克西曼德、德谟克利特等人都曾绘制过地图，赫卡泰所著的《旅行记》和欧多克索的《地球的描述》也记载了不少地理、地质、生物和民情风俗等方面的知识。在地理学方面成就最大的是埃拉托色尼，他是古希腊后期亚历山大城图书馆馆长，他著有《对地球大小的修正》和《地理论述》，其中记载了许多地方的地形、气候和矿产，也记载了地球周长。他用巧妙的办法确定了地球上山川的位置，绘制了世界上最早的用经纬网格表示的地图，东到锡兰，西到英伦三岛，北到里海，南到埃塞俄比亚。他第一个创用了西文“地理学”这个词汇，并用它作为《地理学概论》的书名，被西方地理学家推崇为“地理学之父”。

五、古希腊的物理学知识

古希腊的物理学成就，主要体现在对一些力学现象、光学现象的观察和描述上，由于缺乏科学实验的验证，所以得到的一些结论是片面的，甚至是错误的。西方古代文献中对静电、静磁现象的记述很少，现在只能从零星记载中获得这方面的信息。据说，泰勒斯当时已经知道摩擦过的琥珀能吸引轻小物体，某种天然矿物（磁石）具有引铁的能力。他认为磁石吸铁，磁石有灵魂。这一时期在物理学方面做出杰出贡献的代表人物有亚里士多德、阿基米德、托勒密等人。

古希腊的力学知识源于哲学思辨，源于对物体的运动与变化的认识。赫拉克利特认为一切都在运动的观点，遭到了以芝诺为代表的唯心主义学派的竭力否定。他们认为时间、空间和运动只不过是人的感觉而已，并且提出四大悖论——二分法、阿斯里斯与龟、飞箭不动、运动队列，试图从逻辑上证明时间或空间既不能是连续的，也不能是不连续的，并以此来证明运动是不可能发生的。亚里士多德在其专著《物理学》中，对芝诺提出的诘难进行了分析与反驳。他认为世界和物质是真实存在的，主张运动的真实性。亚里士多德研究最简单的机械运动现象。他认为地上的物体由土、水、气和火四种元素组成，其运动是直线运动。他还注意对“运动原因”的探讨，但这种探讨大多是某些猜想和推理的结果，所以其结果往往是错误的。例如，他把机械运动分为两种类型，即自然运动和强迫运动。所谓自然运动就是物体在“内在目的”的支配下去寻找其“天然位置”的运动。重物的自由下落，轻物的竖直上升等，均属自然运动。除此而外的运动则为强迫运动，这种运动只有在推动者的推动下方能进行，力是维持物体的运动速度的原因，所以亚里士多德没有惯性的概念。他认为做自由落体运动的物体重的比轻的落得快（此结论后被伽利略推翻）。他的这些观点是错误的，但他是最早将力和运动联系起来的物理学家，对于科学史上这样一个重要的开拓者来说，我们不能因为他的某些错误而对他的历史作用予以全盘否定。

阿基米德在力学方面的工作主要有两项，一是关于平衡问题的研究，二是关于浮力问题的研究，分别记载于他的著作《论平板的平衡》和《论浮力》中。阿基米德在力学方面的成绩最为突出，他系统并严格地证明了杠杆定律，为静力学奠定了基础。在总结前人经验的基础上，阿基米德系统地研究了物体的重心和杠杆原理，提出了精确地确定物体重心的方法，指出在物体的重心处支起来，就能使物体保持平衡。他在研究机械的过程中，发现了杠杆定律，并利用这一原理设计制造了许多机械。他在研究浮体的过程中发现了浮力定律，即有名的阿基米德定律。阿基米德和雅典时期的科学家有着明显的不同，就是他既重视科学的严密性、准确性，要求对每一个问题都进行精确的、合乎逻辑的证明，又非常重视科学知识的实际应用。他非常重视实验，也亲自动手制作各种仪器和器械。他一生设计、制造了许多构件和机器，除了杠杆系统外，值得一提的还有举重滑轮、灌地机、扬水机，以及军事上用的抛石机等。

古希腊的光学知识源于对各种光现象的观察和思辨。欧几里得、托勒密等人把几何学知识和实验手段应用到光现象的研究中，打开了几何光学的大门。古希腊的学者们最早对人的视觉原理进行探讨，毕达哥拉斯、德谟克利特等人认为，视觉是由所见的物体射出的微粒进入眼睛的瞳孔所引起的。恩培多克勒、柏拉图主义者和欧几里得等人则主张眼球发射说，即眼睛本身发射出某种东西，一旦遇到物体发出的别的东西就产生了视觉。对于光的传播、反射、折射等现象，古希腊人都有探索。欧几里得撰写的《反射光学》是世界上最早的光学著作，为几何光学的建立奠定了基础。其中以光沿直线传播为依据，提出了反射定律，并以此来说明平面镜和球面镜的成像；提出了视觉、视线的理论解释，给出了关于视线的定义；最早论述了球面镜的焦点；知道了凹面镜的聚焦作用，凹面镜对准太阳时也能点火，等等。据说，阿基米德曾利用镜面反射阳光使入侵的罗马船队起火。

亚里士多德认为白色是一种再纯不过的光，而平常我们所见到的各种颜色是因为某种原因而发生变化的光，是不纯净的。这种结论直到牛顿把一个三棱镜放在阳光下，光透过三棱镜后形成了红、橙、黄、绿、蓝、靛、紫七种颜色组成的光带并照射在光屏上，才得以推翻。牛顿得到了与之前完全相反的结论：白光是由这七种颜色的光组成的，这七种光才是纯净的。亚里士多德的《工具论》的六篇逻辑著作为形式逻辑奠定了基础。他从形式结构上研究了概念、判断、推理及其相互联系规律，阐述了三段论推理方法，对这门科学的发展产生了深远的影响，他也被恩格斯誉为“古代世界的黑格尔”。

第二节　古罗马的科学概况

古罗马人在大约公元前 10 世纪移居到意大利半岛，公元前 7 世纪后半期才建立起奴隶制城邦国家，经过一系列战争，于公元前 3 世纪统一了意大利半岛，公元前 1 世纪又占领了希腊人活动的地域。从此，罗马取代希腊，成为一个横跨欧亚非三大洲的大帝国。自3世纪开始，罗马帝国走向衰落，公元395年分裂为东西两部分，公元476年西罗马帝国灭亡。罗马人吞并希腊人活动的广大地域，却没能继承和发扬古希腊的科学文化，统治阶级只是以实用的观点吸收了其中的某些成果，而对其理论和方法却极少关注。因此，古罗马时期在科技上注重实用工程，崇尚实用的精神。古罗马的建筑技术非常发达，但理性思辨的成果却比较少。古罗马的这些文化特色同古希腊文化相互补充，形成了希腊—罗马文化结构。

一、古罗马的天文学成就

罗马帝国以前的历法相当混乱，不精确。伏尔泰曾经说过："罗马人经常打胜仗，但却不知道是在哪一天打的。"① 古埃及人实行阳历，古希腊人实行阴历，但是都不太精确和方便。公元前46年，罗马帝国的统治者儒略·恺撒（前102或前100—前44）结合它们各自的优点，制定了儒略历，结束了以往历法的混乱局面。它规定每千年中头3年为平年，每年365天，第四年为闰年，1年366天。1年12个月，分6个大月和6个小月，由于7月是恺撒大帝的生辰月，为了体现他至高无上的地位，要求这个月是大月。于是其他单数月份也被定为大月，每月31天；双数月份为小月，每月30天。6个大月、6个小月使平年多出一天。由于当时罗马的死刑在2月执行，人们认为2月是不吉利的月份，因此减去一天。恺撒的继承人奥古斯都（前63—14）继位后，他的生辰在8月，因此8月也被定为大月。这样一年就有了8个大月，再从2月里减一天，成为28天，平年还是365天；每逢闰年，2月再加一天，成为29天。儒略历是阳历，它比较精确地符合地球上节气的变化，对农业生产很有利，它的诞生可以说是罗马时代科学史上比较重要的事件，这种历法就是我们现行公历的基础。

二、古罗马的医学成就

在理论科学方面的工作，罗马人基本上是复述希腊人的知识成就，塞尔苏斯（约前10年—?）在这方面做了比较突出的工作。他是一位罗马贵族，生活于公元元年左右，自小受过希腊文化教育。他用拉丁文撰写了好多部向罗马人介绍希腊的科学知识的书，但由于只有医学的著作流传下来，因此他以罗马医学百科全书的编写者而闻名。塞尔苏斯的医学著作虽然源于希腊人，但确实自成体系地影响了西方医学的发展，特别是外科学和解剖学。比如，他的著作中谈到扁桃体摘除术、白内障和甲状腺手术，以及外科整形术。他的书还是第一部探讨心脏病的医学书。文艺复兴时期，他的著作被医学界大力推崇，许多解剖学术语如软骨、腹部、扁桃体、椎骨、肛门及子宫都来自他的著作。

塞尔苏斯之后，古罗马出现了一位医学的集大成者——盖仑（约129—200），

① 王鸿生：《世界科学技术史》，71页，北京：中国人民大学出版社，1996年。

他出生于小亚细亚帕尔加蒙。他的主要贡献在于系统总结了希腊医学的成就，创立了自成体系的解剖学、生理学、病理学理论。他的理论基于自己大量的解剖实践和临床实践，对人体结构和器官的功能有比较正确的描述和说明。在临床实践中，盖仑最早认识到肺痨（肺结核）具有传染性，明确了肺炎与胸膜炎、化脓性感染和单纯性创伤的鉴别诊断方法，记述了狂犬病的症状，制作了大量被称为“盖仑制剂”的复方药剂，治愈了许多疑难杂症。他还积极实施心理治疗，有一次，盖仑为一位富户的老管家诊病，当他了解到老仆是因理财不当生怕主人怪罪而忧思成疾时，便对其进行心理疏导，并请他的主人配合，解除患者疑虑，结果三天后病人就得到康复。盖仑的病理学主要继承了传统的四体液说，把肝脏、心脏和大脑作为人体的主要器官，认为肝脏的功能是造血，造血的过程中会注入自然的灵气。盖仑的著作包括了医学理论与实践的各个领域，尽管有很多错误，但曾经统治了西方医学1000多年，奠定了西方医学的基础，他也被后人称为“医学之王”。

三、卢克莱修的《物性论》与普林尼的《自然史》

古罗马时期的著名诗人卢克莱修（约前99—前55）是古罗马的原子论者，在他撰写的哲学长诗《物性论》中，系统地阐明和发展了古希腊后期伊壁鸠鲁的原子论学说，将古代原子论推向顶峰。卢克莱修提出世界是由原子组成的，是无限的，处于不断的发展变化之中。卢克莱修在书中不但全面叙述了原子论者的哲学立场，而且提出了某些新颖的观点，如生物进化的思想，他认为人也是随着自然的发展而不断进步的。卢克莱修所探讨的问题是纯粹的科学问题，尽管其提出的原子学说来自猜测，但对之后物质来源的研究起了一定的指导作用。他还认真研究了物体的下落问题，认为平常物体下落速度的不同，并非如亚里士多德所说的是由于构成该物体的元素不同或质量不同，而是由于空气和水对它们阻力的不同。重的物体所受阻力小，所以下落快些，而轻的物体所受阻力大，所以下落速度慢些，如果在真空中，所有物体都将以同等速度下落。这种观点为伽利略落体实验和落体定律的研究奠定了基础。

古罗马时期另一位重要的科学人物是普林尼（公元23—79），他是一位博物学家，生于意大利北部的新科莫（今意大利科莫）。他12岁时赴罗马学习文学、辩论术和法律；23岁参军，后来周游欧洲各地。他兴趣广泛，学识渊博，在战争时期仍不忘写作，同时积累了大量的自然知识。公元58年，普林尼退役回到罗马，在这里从事法律工作达十年之久。公元69年，他被任命为西班牙行政长官，后来又被委任罗马海军司令。公元79年，意大利那不勒斯附近的维苏威火山爆发，附近的古城庞培被猛烈的火山灰全部淹没。他率领的罗马舰队当时正驻留在那里，为了记录和考察火山爆发的实况，普林尼独自一人直奔现场，由于逗留时间太久，火山灰和有毒气体使他窒息而死。普林尼为探索自然的奥秘献出了自己的生命，为后世所敬仰。他最重要的著作是37卷的《自然史》，这部著作是对历代自然知识百科全书式的总结，内容涉及天文、地理、动物、植物、医学等众多科目。他以古代世界近五百位作者的两千多本著作为基础，分34704个条目汇编自然知识，著成了古代自然科学的百科全书。《自然史》为后人研究古代人的自然科学知识提供了珍贵的依据，他所阐述的人类中心论的观点贯穿始终，被后来的基督教所认同，产生了更大的影响。他复述了前人的许多神话、鬼怪故事，把美人鱼、独角兽等都作为真实的生物，虽然他对这些观点没有加以批判，却使我们了解到了古人的真实想法，为后人研究古代人的自然知识提供了珍贵的依据。

四、维特鲁维的建筑学贡献

马可·维特鲁威出生于罗马的一个富有家庭，受过良好的文化和工程技术方面的教育，熟悉希腊语。他学识渊博，通晓建筑、市政、机械等知识，也钻研过几何学、天文学、哲学、历史、美学等方面的知识，是古罗马时期杰出的科学家。他曾经担任恺撒大帝的军事工程师，作为罗马人，他热衷于将希腊知识运用到实际当中，在总结了当时的建筑经验后写成了关于建筑和工程的著名论著《论建筑》，书中包括古希腊伊特鲁里亚、古罗马早期的建筑创作经验，从一般理论、建筑教育，到城市选址、选建地段、各种建筑物设计原理、建筑风格、柱式及建筑施工和机械等，都有介绍，被称为建筑学上的百科全书，维特鲁维也因此被称为西方建筑学的鼻祖。他本意是想为建筑新手提供一部入门书，但《论建筑》最后写成了一部建筑学的百科全书，是世界上遗留至今的第一部完整的建筑学著作，也是现在仅存的罗马技术论著。《论建筑》共10卷，卷1是有关建筑学的基本原理；卷2介绍了有关的建筑历史和建造材料；卷3、卷4主要讨论分析了神庙，包括爱奥尼亚神庙、多利亚神庙和柯林斯神庙的建筑结构，讨论了其中出现的工程技术问题；卷5谈及城市建筑规划，包括公共建筑、剧院、音乐厅、公共浴场、港口等；卷6论民居，讨论相关家庭建筑；卷7讨论了居室内部设计；卷8讨论了水利供给问题；卷9过论了太阳钟以及其他一些测度时间的方法；卷10讨论了机械工程问题，包括在建筑以及军事中使用的机械、建筑工具（如吊车）等问题。他最早提出了建筑的三原则“实用、坚固、美观”，并且首次谈到了把人体的自然比例应用到建筑的丈量上，并总结出了人体结构的比例规律。

维特鲁威还研究了不少天文学和数学问题，但在这方面，他表现了作为一个罗马人的不足之处，虽然他精通希腊的科学知识，并力图将它们运用于实际中，但他的理论修养不足以达到希腊人的水平，如他算出的圆周率等于3.125，远不如二百年以前的阿基米德算得准确。

五、古罗马人的技术成就

古罗马人确实不擅长理论科学，他们能做得最好的便是准确转述古希腊人的知识，而且做得不令人满意。但是，在实用技术和公益事业方面，古罗马人有非常杰出的创造和伟大的业绩，这特别反映在农学、建筑工程和公共医疗方面。

古罗马以农立国，社会对农业生产普遍关注，无论是土地制度、农作物种类、农业生产技术都有专门的讨论，许多行政长官都写过农学著作。著名的有公元前180年罗马监察官卡图发表了《论农业》一书。公元前37年，大法官瓦罗在卡图的基础上，重新撰写了《论农业》。瓦罗还是一位著名的拉丁语作家，他开创了古罗马时代百科全书式的写作传统。他把学问分为九科，即文法、修辞、逻辑、几何、算术、天文、音乐、医学及建筑。最后两科没有为中世纪的学者所接受，故在中世纪流传的是“学问七科或七艺”的说法。

赫伦是公元前古罗马一位杰出的技术发明家。他效仿阿基米德把科学知识应用于技术之中。赫伦发明了一个能围绕水平轴旋转的空心球，球上安装着一根根沿切线方向伸出的弯管。通过中空的轴杆把蒸汽输入球内，蒸汽沿着那些弯管顺切线方向冲击，蒸汽的反作用力迫使球旋转。这是历史上把热能转变为机械能的第一个装置，是近代工业革命时期蒸汽轮机的雏形（图1-4-2）。

图 1-4-2 赫伦的杰出发明

古罗马人为了巩固自己的统治，很重视交通运输业、通信业的发展。古罗马人以首都罗马为中心，建立了通往各行省的公路网。帝国时期四通八达的道路网总长达8万千米，干线和分支延伸盘绕在以今意大利为中心的帝国身躯上。罗马城内主要街道都用石子铺就，而公路网遇河架桥、逢山凿洞，表现出了人们高超的工程技术水平。罗马人的引水渠工程尤其著名。从公元前4世纪起，罗马政府为了给越来越多的城市人口供水，开始从水源处兴建引水渠。据说，罗马城附近的引水道有近200千米长，引水道进入低洼地带便架桥，还采用了虹吸技术。古罗马统治者以各种各样的建筑形式表现他们的赫赫战功和奢靡排场。其公共建筑规模宏大、结构坚固，用的是大理石和古罗马人自己发明的速凝混凝土。最著名的建筑物有万神庙和圆形竞技场，另外还有凯旋门、纪功柱、公共浴场等。

古罗马时代的手工业尤其发达，冶铜、冶铁、制陶、制革、木工等行业在古罗马城邦时期就已有了相对的基础。帝国时期，古罗马人利用古希腊人的各种发明和东方技术来发展各种手工业；再加上辽阔的帝国里矿藏丰富，原来的民族壁垒被打破，交通和贸易更加方便，手工业大大繁荣起来，并在整个帝国境内持续发展了两个世纪。意大利半岛和其他许多地区的城市成了著名的手工业中心，许多产品远销国外。公元79年被火山灰埋藏的庞培城有许多呢绒、香料、石工、珠宝、玻璃、铁器、磨面和面包作坊，其中面包作坊有40多所。罗马、安条克和亚历山大等大城市的铜铁制造业、毛纺织、制陶、榨油、酿酒、玻璃和装饰品手工业规模就更为可观了。

自3世纪起，古罗马帝国由于统治腐败、道德堕落，加上内战不停、疾病流行等，不可避免地走向了衰落，科学和文化发展也由此受到严重阻滞，直到文艺复兴时期科学才揭开了新的篇章。

第三节　古阿拉伯的科学概况

公元476年西罗马帝国灭亡，这不仅标志着西罗马奴隶制的终结，也标志着欧洲中世纪的开始。欧洲从此进入长达千年的封建社会，史称中世纪。欧洲科学技术开始衰落，进入了黑暗年代。直到12世纪之后，欧洲科学又开始发展，并在此基础上形成近代科学。

公元632年，伊斯兰教创始人穆罕默德统一了阿拉伯半岛。此后他的继承者们以半岛为中心，建立起一个西起比利牛斯山脉，东至中国边境的强大的阿拉伯帝国（632—1258）。阿拉伯的地域扩张刺激了经济的发展，农业、手工业和商业都进入了繁荣时期。商业贸易频繁交往的同时，科学文化的交流也大大加强了，伊斯兰与中国文化、印度文化、希腊及罗马文化并称为古代四大文化体系，在世界文化史上占有极其重要的地位。从8世纪中叶起，阿拉伯人开始把希腊文的古典书籍翻译成阿拉伯文，从那里接触并吸收了希腊、罗马时期的哲学思想和科学文化，对希腊文化的传播起到了承上启下的作用。他们将希腊哲学的原本成批成套地从两河流域经由叙利亚传到西班牙乃至整个欧洲。与此同时，他们从东方吸收了中国古代的科学技术，成为东西方文化交流的纽带。在古代东西方科学文化的影响之下，形成了阿拉伯时期的科学文化。

中世纪的欧洲基督教会有很大的势力。从8世纪起教会实际取得了社会的政治权利，占有西欧三分之一的土地，并向全体居民征税。教会垄断思想文化，禁止任何违背宗教教义的思想言论。在中世纪前期，由于教会的摧残，学术没有了生机，科学技术停滞不前。从11世纪开始，在西欧天主教会、封建统治者和意大利富商的鼓动下，欧洲基督徒和破落的骑士自发组织成十字军，对地中海东部沿岸的伊斯兰教国家先后发动了8次东侵。这场延续近两个世纪的战争最终以失败告终，但也给西欧带来了阿拉伯文化，客观上促进了西欧社会的发展，如东西方贸易的开展，造船技术的发展等。欧洲人从此开阔了眼界，获得了文化思想史上的宝贵财富。这些带回来的文明正是欧洲文艺复兴直接的思想源泉。

一、古阿拉伯的天文学成就

古阿拉伯人的天文学知识一开始是从古印度和古希腊人那里引进的。从9世纪起，他们在巴格达、大马士革、开罗等地建立了一系列天文台，并研制了大量精密的天文仪器，诸如象限仪、浑仪、日晷、星盘、地球仪等。他们测定地球的圆周长为48001千米，已经相当准确，他们制定的太阳历，每5000年才有一天误差。此外，古阿拉伯人在历法研究和制定方面也取得了巨大成就，伊斯兰太阳历一年平均365天，每128年设31闰年，闰年为366天。著名天文学家法干尼曾在巴格达天文台工作，他著有《天文学基础》一书，对托勒密学说做了简明扼要的介绍。托勒密的《至大论》译出后，开始未引起大的反响，后来才逐步成为古阿拉伯天文学的盛典，托勒密体系通过阿拉伯人延续到了近代早期。古阿拉伯天文学家在新的观察基础上对托勒密体系进行了完善。他们批判地球中心说，预测了地球自转并绕太阳公转，他们还精确地测出了子午线的长度。古阿拉伯科学家比鲁尼（973—1048）论证了地球自转的理论，以及地球绕太阳运转，并精确测定了地球的经纬度。另外，塔比·伊本·库拉发现岁差常数比托勒密提出的每百年移动一度要大，而黄赤交角从托勒密时的23°51′减小到23°35′。把这两个现象结合起来，他提出了颤动理论，认为黄道和赤道的交点除了沿黄道西移以外，还以四度为半径，以四千年为周期，做一小圆运动。为了解释这个运动，他又在托勒密的八重天（日、月、五星和恒星）之上加上了第九重。古阿拉伯天文学家阿尔·巴塔尼在他的著作《萨比天文表》中，对托勒密的一些错误进行了纠正，这部书传到欧洲，成为后来欧洲天文学发展的基础。贾法尔·阿布·马舍尔著《星占学巨引》，后来在欧洲传播甚广，是1486年奥格斯堡第一批印刷的书籍之一。此外，他们通过运用古印度天文学家发明的正弦表，使球面三角成为天文观测和天文计算的一种有效工具。

二、古阿拉伯对数学的贡献

关于古阿拉伯人在数学方面的贡献，有人认为具有很高的创造性，尤其是在代数学和三角学方面。也有人认为他们缺少创造性，因为他们的工作无论在数量上或质量上，都比不上古希腊或现代学者。但是，古阿拉伯人在数学史上继往开来的作用是被一致公认的。他们将前人的数学知识继承下来，并传给后代欧洲人。欧洲人主要是通过古阿拉伯数学家的译著才了解到了古希腊和古印度、中国数学的成就的，可见古阿拉伯人对于数学的贡献之巨大。

在阿拔斯王朝的巴格达，有一座类似亚历山大里亚艺术宫的“智慧宫”，还有一个图书馆和一座天文台，形成了科学文化中心。许多杰出的学者被邀请来此，他们把许多古希腊和印度的科学著作翻译成阿拉伯文保存了下来。在此基础上，古阿拉伯数学对初等数学，尤其是初等代数学和三角学做出了创造性的贡献。

第一位把代数作为一门独立学科来阐述的数学家，就是古阿拉伯数学家阿尔·花拉子密（约780—850），他用阿拉伯语编写了第一本介绍印度数字和计数法的著作。大约于公元820年前后，他编撰了另一本著作《代数学》（又称《还原与对象的科学》），书中首次出现了二次方程的一般解法。拉丁文“Algebra”（代数学）一词就起源于他的这部代数学著作。世称阿尔·花拉子密为代数学的鼻祖，他的著作到16世纪的时候还是欧洲各主要大学的教科书。他的著作《花拉子密列表》对后世的欧洲天文学影响极大。12世纪后，印度数字、十进制计数法由古阿拉伯人传入欧洲，又经过几百年的改革，成为当今世界各国通用的阿拉伯数字。

三角学在阿拉伯数学中占有重要地位，它的产生与发展和天文学有密切关系。古阿拉伯人在印度人和希腊人工作的基础上发展了三角学。古阿拉伯数学家阿尔·巴塔尼和阿布尔·韦法等人，引进了几种新的三角量，并揭示了它们的性质和关系，引进了三角函数，研究了它们之间的关系，并计算出正弦表、正切表，建立了一些重要的三角恒等式，制造了许多较精密的三角函数表，从此三角学发展成一门独立的学科。到13世纪，一位百科全书式的学者纳西尔·艾德丁(1201—1274)撰写了天文、几何、三角等多方面的著作，他的工作使平面三角、球面三角系统化，使三角学脱离天文学而成为数学的独立分支，对三角学在欧洲的发展有很大的影响。另外，在几何学方面，古阿拉伯人将图形和代数方程式联系起来，成为解析几何的先驱，笛卡儿的解析几何也是在阿拉伯人的基础上实现的。

在近似计算方面，古15世纪的阿尔卡西在他的《圆周论》中，叙述了圆周率π的计算方法，并得到了精确到小数点后16位的圆周率，从而打破祖冲之保持了一千年的记录。此外，阿尔卡西在小数方面做过重要工作，亦是我们所知道的以“帕斯卡三角形”形式处理二项式定理的第一位阿拉伯学者。

三、古阿拉伯的物理学知识

在物理学方面，古阿拉伯人在大量吸收古希腊的科学成就的基础上也有所创新。阿基米德、亚里士多德、托勒密等人的著作被翻译成阿拉伯文。10世纪以后，古阿拉伯人在物理学上做了许多工作，尤其是在光学和静力学方面成果显著。

在光学方面，古阿拉伯人对球面相差、透镜的放大率、月晕、月虹等都有细致的研究，还研究了人眼的构造，提出了现代视觉理论。其中，当时最杰出的物理学家是阿勒·哈增（约965—1038)。他曾在埃及任大臣，著有《光学全书》。阿勒·哈增从希腊人那里学到了“反射定律”：光反射时反射角等于入射角。在此基础上，他又进一步指出入射光线、反射光线和法线都在同一平面上。阿勒·哈增还纠正了托勒密的折射定律。托勒密曾断言，折射角与入射角成正比。阿勒·哈增特地做了一个实验来检验。他把一个带有刻度的圆盘垂直地放置，一半浸入水中。入射光通过盘边的小孔和中心的小孔射入，入射角和反射角可以通过圆盘上的刻度准确地读出来。他发现，入射光线、折射光线和法线在同一平面上，托勒密的折射定律只有在入射角很小时才近似成立。可惜，他也未能得出正确的折射公式。阿勒·哈增研究过球面镜和抛物柱面镜。他发现，平行于主轴的光线入射到球面镜上时，则反射到这个轴上。为此，他提出了著名的“阿勒·哈增问题”：在发光点和眼睛已定的情况下，寻找球面镜、圆锥面镜和圆柱面镜上的反射点。

他对这个问题进行了详细的讨论。阿勒·哈增还研究了视觉生理学。当时在古阿拉伯的沙漠和热带地区眼病盛行，因此古阿拉伯的眼病研究很发达。古阿拉伯人很早已经能通过手术来处理眼病了，他们关注到了眼睛的生理构造。阿勒·哈增是最早使用“网膜”“角膜”“玻璃体”“前房液”等术语的人。他认为视觉是在玻璃体中得到的。他还反对由柏拉图和欧几里得提出的关于视觉是由眼睛发出光线的学说，而赞成德谟克利特的观点，认为光线是从被观察的物体以球面形式发射出来的。阿勒·哈增对光学的研究，有力地促进了现代光学的诞生。

在力学方面，阿尔·哈兹尼做出了重要的贡献。他在公元1137年发表的《智慧秤的故事》一文中，详细地描绘了他发明的带有5个秤盘的杆秤。它既可以作为杆秤使用，也可用于测定物体在空气和水中的质量。阿尔·哈兹尼还使用一个带有向下倾斜的喷嘴的容器，把水灌满容器至喷嘴口，然后把物体浸入容器，通过测量溢出的水重可以确定物体的体积，他用这个方法确定了一些物质的密度。阿尔·哈兹尼还发现空气也有质量，因此他把阿基米德的浮力定律从液体推广到空气。他发现，“大气的密度随高度的不断增加，其密度越来越小，因此物体在不同高度测量时，质量会有所不同”。这也是很重要的力学规律。他还以路程与时间之比给出了速度的概念。

古阿拉伯的物理学研究和它的经济发展联系极为紧密。在度过了古阿拉伯文明的鼎盛时期后，由于内部灌溉农业管理不善，外部承受了基督徒十字军的打击以及蒙古人、鞑靼人的入侵；内外交困的古阿拉伯经济衰败了，古阿拉伯物理学与数学一样，也随之衰落了。但是，古阿拉伯物理学为中世纪的欧洲提供了丰富的资料、实验、理论和方法，有力地推动了欧洲物理学的复兴。

四、古阿拉伯对医学的贡献

古阿拉伯人不仅保存了大量古希腊、罗马的医学文献，而且9世纪最出色的古阿拉伯的翻译家们将古代著名医学家的著述译为阿拉伯语，译出了关于营养学、脉搏、药物、发热、结石病、胃病、癫痫、眼科、外科等医学著作100余卷。这样，古阿拉伯人通过与希腊、波斯、拜占庭、中亚各民族和中国唐代的科学文化交流，创造了兴盛的阿拉伯医学。古阿拉伯统治下的西班牙有全欧洲最好的医院，阿拔斯王朝在帝国境内建立了34所医院，设有外科、内科、骨科、眼科、神经科、妇科等。他们用酒精消毒，用鸦片麻醉，并进行外科手术。阿尔·拉兹是伊斯兰当时最有名的医生。他曾收集古希腊、印度和中国的医药知识，编写成一部25卷的著作《医学集成》。后来，出生于波斯布哈拉城的阿拉伯名医伊本·森纳编写成一部更著名的医学百科全书《医典》。这部医典可以说是伊斯兰知识的总汇，对欧洲近代医学的初期发展曾产生过重大影响，直到17世纪仍被欧洲各个大学用作医学教科书。13世纪，一个叫作伊本·阿尔·纳菲的医学家从大马士革来到开罗主持那西里医院。纳菲对盖仑的学说进行了积极的批判，他认为心脏的隔膜很硬，不可能像盖仑说的那样血液通过肺从右心室流到左心室里。这是生理学的一项重大发现，比后来塞尔维特的发现要早三百多年。但他的学说并未在当时产生什么影响，直到20世纪他的著作才被人们重新了解。

五、古阿拉伯对化学的贡献

在化学上，古阿拉伯人改良了许多实验器具，运用蒸馏、升华、过滤、溶解、结晶等方法，实验各种碱和酸的差别与化合力，制造出酒精、苏打、硝酸、硫酸、盐酸、硝酸银、氧化汞，并运用它们发展了药品和玻璃的制造工艺以及印染技术。现代西方大量的化学名称，化学术语都来自阿拉伯语。

中世纪的化学，是以炼丹术和炼金术这两种原始的形式存在的。它们的主要区别在于：炼金术以乞求财富为目的，着眼于点石成金，故又称点金术；炼丹术虽然也要炼制黄金、白银，但目的不是为了财富，而是为了获得长生不老之金丹。中世纪时期，炼丹术在中国颇为盛行，而炼金术主要在阿拉伯和欧洲地区流行。古阿拉伯人在炼金术方面名声很大。阿拉伯人有700多年的炼金术史。他们的工作中心先是在伊拉克，此后转到西班牙科多瓦哈里发王朝，当地的摩尔人中出现了一批炼金术士。经过西班牙的摩尔人，阿拉伯炼金术传入欧洲，并在那里发展成为中世纪晚期的欧洲化学。

古阿拉伯炼金术的早期代表人物是贾比尔·伊本·哈扬（721—815），他也是一位学识渊博的医生。他的著作有《物性大典》《七十书》《炉火术》《东方水银》等。贾比尔的基本思想是“四要素说”，即世界上的各种金属是由冷、热、干、湿这四种要素两两相配形成，并使金属具有相应的内质。例如，黄金的内质是冷和干，银的内质虽然也是冷和干，但两种要素的比例和黄金不同。所以只要使白银的冷、干比例调整得与黄金一样，就能把白银“点”为黄金。他认为硫含有热和干的内质，汞含有冷和湿的内质，所以硫和汞是构成各种金属的两大成分。这正是贾比尔提出的金属的两大组分理论。硫具有易燃性，汞具有可塑性和可熔性，黄金富含汞，贱金属则富含硫，改变金属中这两种物质的比例，就可以改变金属的贵贱。在贾比尔的著作中，记载了大量有价值的化学实验，他所开创的炼金术摒弃了传统炼金术的神秘主义成分，他是近代化学的先驱。

古阿拉伯炼金术晚期的代表人物是阿尔·拉兹（约850—925），他也是一名著名的医学家。他继承了贾比尔的炼金术传统，注重化学实验，少谈神秘之术。他的著作《秘典》（又译作《秘中之秘》）在中世纪享有盛誉，是非常重要的化学文献。全书共分三部分，分别讨论了物质、仪器和方法。他第一次对当时已知的各种物质进行了分类，将物质分为矿物、植物、动物三类，从而首先创立了自然界的分类系统。他研究最多的是矿物，他把矿物体分成6类：物体（各种金属），精素（如硫黄、砷、水银及硇砂），石类（如白铁矿等），矾类，硼砂类（如硼砂、苛性钠、草木灰），盐类（如食盐、苛性钾、“蛋盐”——可能是中国用来造烟火的硝石等)。他对炼金家所使用的仪器设备做了详细的介绍，其中有风箱、坩埚、勺子、铁剪、烧杯、蒸发皿、蒸馏器、沙浴、水浴、漏斗、焙烧炉、天平和砝码等，极大地丰富了化学实验设施。

古阿拉伯炼金术的进步之处在于，它不只囿于追求黄金，而且具有相当浓重的学术气息，因而出现了不少重大的化学发现。在实验方法上，古阿拉伯炼金家已会使用天平，并开始用定量的方法来研究化学变化的过程。而且早期的古阿拉伯炼金术著作手稿（8—10世纪），都是用通俗明白的语言写成的，并没有使用神秘符号和密码，这无疑有利于学术的交流和传播。

思考题

1. 古希腊与古罗马在科学技术发展上各有何特点？
2. 古希腊的理论自然知识有哪些成果？它与自然哲学有何不同？
3. 古希腊在自然哲学方面取得了哪些对后来科学的发展有重要影响的成果？
4. 简述希腊化时代三位科学家和三部巨著。
5. 简述古希腊的科学及影响。
6. 为什么说希腊思维方式开创了科学精神之先河？
7. 简述古代原子论的发展阶段及主要思想。
8. 简述古阿拉伯时期的科学成就。

第二篇　近代自然科学

近代自然科学是指从16—19世纪这一时期的自然科学，又称为近代实验自然科学。从15世纪开始，出现了全新的自然观念：人是世界的中心，人高于自然。人类借助科学发现和发明，掌握自然规律，就能够合理利用自然，让自然界为人类造福。近代自然科学在古代自然科学的基础上产生，但又不同于古代自然科学。从古代自然科学发展到近代自然科学，这是人类对自然界认识的一次大飞跃，标志着人类认识和改造自然的能力的提高。

15世纪以后，资本主义政权陆续在欧洲各国建立，资产阶级革命为近代自然科学的诞生提供了社会条件。与此同时，科学本身为争得自己的独立地位，摆脱宗教的桎梏，也进行了不屈不挠的斗争。许多科学家为坚持真理而献身的精神，在科学史上写下了壮丽的篇章，实验科学的兴起，更使自然科学有了独立的实践基础。从此，近代自然科学开始了它相对独立发展的新时代。

第一章　近代物理学的发展

物理学发展的历史根据自身特点和研究方法从时间上大体可以分为三个时期。

一是经验物理学时期（17 世纪以前），在这一时期内我国和古希腊形成了两个东西交相辉映的文化中心。经验科学已从生产劳动中逐渐分化出来，这个时期的主要方法是直觉观察与哲学的猜测性思辨。与生产活动及人们自身直接感觉有关的天文、力、热、声、光（几何光学）等知识首先得到了较多发展。除希腊的静力学外，中国在以上几方面在当时都处于领先地位。在这个时期，物理学尚处在萌芽阶段。

二是经典物理学时期（17 世纪初—19 世纪末），这时资本主义的生产促进了技术与科学的发展，形成了比较完整的经典物理学体系。系统的观察实验和严密的数学推导相结合的方法，被引进物理学中，导致了 17 世纪天文学和力学领域的“科学革命”。牛顿力学体系的建立，标志着经典物理学的诞生。经过 18 世纪的准备，物理学在 19 世纪获得了迅速和重要的发展。19 世纪末以经典力学、热力学和统计物理学、经典电磁场理论为支柱，经典物理学的发展达到了它的顶峰。

三是现代物理学时期（20 世纪初至今），19 世纪末物理学上一系列重大发现，使经典物理学理论体系本身遇到了不可克服的危机，从而引起了现代物理学革命。由于生产技术的发展，精密、大型仪器的创制以及物理学思想的变革，这一时期的物理学理论呈现出高速发展的状况。研究对象由低速到高速，由宏观到微观，并深入广阔的宇宙深处和物质结构的内部，人们对宏观世界的结构、运动规律和微观物质的运动规律的认识，产生了重大的变革。

本章主要介绍经典物理学的发展。在 17 世纪，运动三定律和万有引力定律成功地描述了天上行星、卫星、彗星的运动，又完满地解释了地上潮汐和其他物体的运动。此后人们认为自然界的一切已知运动都可以通过牛顿力学定律来解释。因此牛顿的经典力学被看作科学解释的最高权威和最后标准。而经典力学建立的过程，实质上就是实验方法、逻辑思维方法与数学方法的建立和发展的过程，由此可以看出经典物理学中“经典”的含义：由著名的物理学家提出，经过反复的实验验证，最后得出最具权威、最为标准、最为经典的结论。

第一节　从哥白尼到开普勒的天文学革命

一、地心说

在古代，人们肉眼可以看到满天繁星，天空就像一个大水晶球一样慢慢转动。地球是这个水晶球的中心。千百年来，人们看斗转星移，看日出日落。每个人都会说，“天亮了，太阳升起来了”。谁也不会说，“天亮了，地球转过去了”。古人认识世界就是从最直观、最简单的理解开始的。

在古希腊人看来，完美的运动只有一种，那就是匀速圆周运动以及匀速圆周运动的组合。古希腊天文学家认为最遥远的那些恒星，镶嵌在最外层的水晶球上。其他行星和太阳、月亮镶嵌在比较近的水晶球上。每层水晶球都做着匀速圆周运动，地球是水晶球壳的中心。但是，总有那么几个不和谐因素来捣乱。捣乱的是水星、金星、火星、木星和土星，这五颗行星并不严格按照水晶球匀速圆周运动的方式行走。它们会突然停下来静止不动，然后反方向走几天，再回归正常。一年中总有几次，行星们会如此反常运动。天文学家把这种反方向的运动叫逆行。

逆行可不是个好消息。要解释行星的逆行，要么承认天界其实也是不完美的，要么就得想出一个方案来解释这五匹“害群之马”为什么要逆行。古希腊人坚持自己的信仰不动摇，不愿意让天界堕落成和人间一样，有不完美。所以，出路只有一个，那就是想出办法来拯救观测到的现象。

拯救逆行现象，成了古希腊后期天文学的最前沿问题和最尖端科技。几代古希腊人都试图拯救逆行现象。直到古希腊末期的天文学集大成者托勒密出现，他终于解决了这个问题。

托勒密引入了两个新概念，一个是均衡点，另一个是大圈套小圈。

托勒密提出了这样一种宇宙体系。所有的日月星辰，还是围绕着一个中心运动，地球偏离这个中心一点点。于地球相反方向，在中心的另一边也有一个偏离一点的一个点，叫作地球的对点。地球、中心、均衡点，这三个点都是静止不动的（图 2-1-1）。太阳、月亮、恒星、行星，所有的天体，相对于那个对点来说是匀速圆周运动。这是第一个概念。

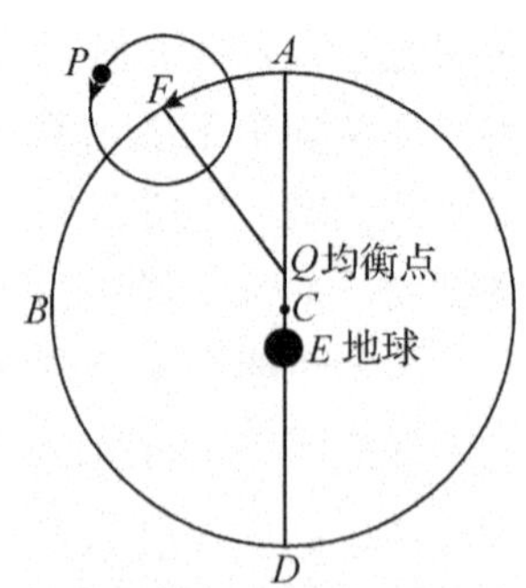

图 2-1-1　托勒密地心说

第二个概念，通俗地说就是大圈里面套小圈。比如，火星，火星要围绕对点转圈运动，但是光这样还不够。火星自身围着一个点转一个很小的圈，这个点再围着对点转一个很大的圈。所以过去火星的运动轨道是一个圈，现在变成两个圈。就这样，每个行星都用圈套圈的方式展现出来。

在托勒密的一番努力下，结果出奇地好。根据托勒密的体系，人们观测到的日月星辰的运动都非常精确地符合这一理论。

之后没多久，古希腊的时代就结束了，欧洲逐渐进入了基督教盛行的中世纪。中世纪的千年间，天文学没有什么特别惊艳的发现，人们基本上就是沿袭托勒密的理论。随着观测越来越仔细，数据越来越精密，为了更好地解释现象，人们就会把托勒密体系里的圈子再继续增加。大圈上套小圈又不够了，小圈上再套一个小小圈，小小小圈……就这样套下去。

在中世纪，这一切都顺理成章，天文学家安然度日，天空安然运行，托勒密安然沉睡在坟墓里。托勒密的《天文学大成》后来被阿拉伯人翻译成阿拉伯语，在世界的其他地方传播开来。

经过 1000 年的中世纪，人们已经习惯了托勒密的这套体系。宇宙依然是做圆周运动，只不过不是简单的圆周运动，而是大大小小的圆周运动的组合。时光到了哥白尼的年代，为了符合当时的观测数据，一共需要几十个大圈小圈才能够更好地解释天文现象。托勒密的大圈套小圈体系在普通人看来极为复杂，甚至在大学里研究数学和天文学的教授看来，也非常复杂。

二、哥白尼与日心说

哥白尼是文艺复兴时期波兰著名的天文学家，是太阳中心说的创始人。他的太阳中心说的创立，从根本上纠正了地球中心说，对社会革命起了巨大的推动作用。

1473 年，哥白尼出生于波兰托伦城的一个商人家庭。由于父母早丧，他从小就由当教士的舅舅抚养。18 岁时来到当时波兰的首都克拉科夫，在克拉科夫大学学习。由于受到意大利文艺复兴思想的影响，哥白尼在那里接受了人文主义思想，同时对天文学和数学产生了浓厚兴趣，开始用天文仪器观测天象。哥白尼大学毕业后回到家乡，舅舅为了让哥白尼继承自己的衣钵在天主教会任职，就送他到意大利留学，学习教会法律。

1495 年，哥白尼来到文艺复兴的发源地意大利，到波伦亚大学学习教会法。然而，哥白尼的兴趣却在天文学上，他利用一切闲暇时间刻苦攻读天文学与数学著作，并坚持观测天象。后来，哥白尼又先后进入帕多瓦大学和法拉腊大学学习医学、教会法，但他仍不改初衷，坚持天文学的研究。在意大利，哥白尼结交了一批天文学家，他们经常交换对天体结构的认识。加上哥白尼自己的观测研究，他开始对盛行于欧洲已一千年之久的“地球中心说”产生了怀疑。

地心说认为地球静止不动地居于有限的宇宙中心，日月星辰都围绕地球运转。教会借助这种理论，说上帝创造了地球，并让它居于宇宙中心，日月星辰都是上帝创造出来用于点缀宇宙的装饰品。这个理论被教会奉为金科玉律，为他们自己服务。

1506年，哥白尼回到祖国，在弗罗恩堡大教堂担任教士。从此，他获得了一定的物质保障与充裕的时间，使他能够继续从事他所热爱的科学研究工作。

为了研究方便，哥白尼特意选择了教堂围墙上的箭楼作宿舍兼工作室，并在里面设置了一个小小的天文台，用自制的简陋仪器，开始了长达30年的天体观测。正是在这里，他写下了震惊世界的巨著《天体运行论》，其中选用的27个观测事例，就有25个是他在这个箭楼上观测记录的。

1515年，哥白尼开始写作《天体运行论》一书。在《天体运行论》完成后，哥白尼却对它的出版犹豫不决了。他担心这部书出版后会遭受到地心说信徒们的攻击，并受到教廷的压制。在朋友和学生的支持鼓励下，经过长期反复地思考，哥白尼终于决定出版这部著作。1542年6月，《天体运行论》的排印工作开始进行。1543年5月24日，弥留之际的哥白尼终于见到刚刚出版的《天体运行论》，可惜当时的他已经因为脑出血而双目失明，他只摸了摸书的封面，便与世长辞了。

《天体运行论》共有6卷。在书中，哥白尼大胆地提出："太阳是宇宙的中心，所有行星都围绕太阳运转；地球不是宇宙的中心，而是绕太阳运转的一颗普通行星。""人们每天看到的太阳由东向西运行，是因为地球每昼夜自转一周的缘故，而不是太阳在移动。""天上的星体的不断移动，是因为地球本身在转动，而不是星体围绕着静止的地球转动。""火星、木星等行星在天空中有时顺行，有时逆行，是因为它们各依自己的轨道绕太阳转动，而不是因为他们行踪诡秘。""月亮是地球的卫星，一个月绕地球转一周。"

哥白尼还在这本书中批判了托勒密地球是静止的理论。指出地球在运动时，人们会觉得是整个宇宙在转动，犹如人在行船上，不觉船动而觉得陆地和城市后退一样。地球不动是假象，地球绕太阳转动才是真实。

哥白尼创立的"太阳中心说"从根本上改变了旧的宇宙观，揭穿了宗教神学伪造的谎言，在科学发展史上具有划时代的意义，从此自然科学便开始从宗教神学中解放出来。

三、星学之王——第谷

丹麦天文学家第谷·布拉赫是中世纪后期天文学的代表人物。当时哥白尼提出的"日心说"被教会视为异端邪说，但这反而激发了大众对天文学的兴趣。为了解决哥白尼假说所引发的争议，第谷坚持不懈地观察、记录和归纳天体的运动状态。作为一个才华横溢的天文学家，第谷创造性地运用了望远镜被发明之前的那个时代所拥有的最先进的仪器和技术，使得靠肉眼观测行星运动所导致的视差精确到了一弧分。

第谷并不赞成哥白尼的日心体系。1588年，第谷提出了一种介于托勒密和哥白尼两体系之间的折中体系，认为地球静止不动居于宇宙中心，月亮、太阳绕地球转动，水星、金星、火星、木星、土星绕太阳旋转，同时随太阳一起绕地球转动，而最外层的恒星 24 小时绕地球转一周，这就是第谷体系。

第谷精于观测而疏于理论。经验本身是一把双面刃，它可使观念飞跃，也会使理智迷途。在当时，第谷并没有发现能反映地球运动的恒星视差。虽然他敢于用事实同传统对抗，但也过分依赖感官而缺少理性思维。他提出了一个介于哥白尼和托勒密之间折中的宇宙体系，终于“雾失楼台，月迷津渡”。但不管怎么说，第谷的确是为开普勒做了大量积累资料的工作。由于重视观测工具的改进创新和经验观测的系统客观，在向传统观念挑战方面，第谷仍然有理论上的重大突破，如他对超新星和对彗星的测定即可说明。

回到第谷身上，抛开各种立场，哥白尼理论的最大问题是它和实际观测不符。如果地球是在运动的话，理论上我们就会见到恒星在天空中的位置在产生微小的变动，这叫作恒星的周年视差。第谷也好，伽利略也好，都没能观测到这个现象。当然，这不能怪第谷，第谷的肉眼观测水平已经很高了，因为恒星离我们是如此遥远，它的视差不要说用肉眼，哪怕是望远镜发明后的整整两百年内，都没有被最终发现。可站在第谷当年的立场上，这无疑是日心说的一个反证。何况，从日心说推算出来的星表，其精度根本不能和第谷本人推算的相提并论。客观地说，从当年的情况来看，并没有特别值得倾向于哥白尼体系的理由。开普勒、伽利略对它的信奉，只能称之为眼光独到，而没有特别过硬的科学证据。第谷体系在托勒密体系倒台后，很长一段时间内被教会奉为正统。而传教士们把它介绍到中国，以其无比的精密性在实测中击败了中国传统的天文学，成为中西科技交流史上的一个重大事件，因此有了徐光启主编的《崇祯历书》。后来清廷入主，改其名为《西洋新法历书》，成为官方历法。而直到一百多年后的乾隆年间，哥白尼学说才得以在中国立足。

四、开普勒三大行星定律

早期的开普勒深受柏拉图和毕达哥拉斯神秘主义宇宙结构论的影响，以数学的和谐性去探索宇宙。他用古希腊人已经发现的五个正多面体，跟当时已知的六颗行星的轨道套叠，从而解释了太阳系中包括地球在内恰好有六颗行星，以及它们的轨道各有大小的原因。他把这些结论整理成书发表，定名为《宇宙的秘密》，这个设想虽带有神秘主义色彩，但却也是一个大胆的探索。

开普勒在天文学研究方面的天赋，是被第谷独具慧眼地发现的，第谷是当时最卓越的天文观察家，他测量了无数恒星的位置和行星的运动，发现了许多新的现象，如黄赤交角的变化、月球运行的二均差等并测定了岁差。第谷最大的天文学成就就是发现了开普勒。第谷在临终前将自己多年积累的天文观测资料全部交给了开普勒，再三叮嘱开普勒要继续他的工作，并将观察结果出版出来。开普勒接过了第谷尚未完成的研究工作。后来，开普勒在伽利略的影响下，通过对行星运动进行深入的研究，抛弃了柏拉图和毕达哥拉斯的学说，逐步走上真理和科学的轨道。

对火星轨道的研究是开普勒重新研究天体运动的起点。因为在第谷遗留下来的数据资料中，火星的资料是最丰富的，而哥白尼的理论在火星轨道上的偏离最大。开始，开普勒用正圆编制火星的运行表，发现火星老是出轨。他便将正圆改为偏心圆。在进行了无数次的试验后，他找到了与事实较为符合的方案。可是，依照这个方法来预测卫星的位置，却跟第谷的数据不符，产生了8分的误差。这8分的误差相当于秒针0.02秒瞬间转过的角度。开普勒相信第谷的实验数据是可信的。

正是这个不容忽略的8分使开普勒走上了天文学改革的道路。他敏锐地意识到火星的轨道并不是一个圆周。随后，在进行了多次实验后，开普勒将火星轨道确定为椭圆，并用三角定点法测出地球的轨道也是椭圆，断定它运动的线速度跟它与太阳的距离有关。

1609年，开普勒出版了《新天文学》一书，提出了著名的开普勒第一和第二定律。而开普勒第三定律则是在1619年出版的《宇宙和谐论》中提出的。

开普勒第一定律：所有行星绕太阳运转的轨道是椭圆的，其大小不一，太阳位于这些椭圆的一个焦点上。

开普勒第二定律：向量半径（行星与太阳的连线）在相等的时间里扫过的面积相等。由此得出了以下的结论，行星绕太阳运动是不等速的，离太阳近时速度快，离太阳远时速度慢。这一定律进一步推翻了唯心主义的宇宙和谐理论，指出了自然界的真正的客观属性。

开普勒第三定律：行星公转周期的平方与行星和太阳的平均距离的立方成正比。这一定律将太阳系变成了一个统一的物理体系。

哥白尼学说认为天体绕太阳运转的轨道是圆形的，且是匀速运动的。开普勒第一和第二定律恰好纠正了哥白尼的上述观点的错误，对哥白尼的日心说做出了巨大的发展，使“日心说”更接近于真理，更彻底地否定了统治千百年来的托勒密的地心说。开普勒还指出，行星与太阳之间存在着相互的作用力，其作用力的大小与二者之间的距离长短成反比。

开普勒不仅为哥白尼日心说找到了数量关系，更找到了物理上的依存关系，使天文学假说更符合自然界本身的真实。开普勒在完成三大定律时曾说道：“这正是我十六年前就强烈希望探求的东西。我就是为了这个目的同第谷合作的……现在大势已定！书已经写成，是现在被人读还是后代有人读，于我却无所谓了。也许这本书要等上一百年，要知道，大自然也等了观察者六千年呢！”

开普勒对天文学的贡献几乎可以和哥白尼相媲美。事实上从某些方面来看，开普勒的成就甚至给人留下了更深刻的印象。他更富于创新精神，这三大运动定律冲破了重重的思想束缚，把人们从托勒密的地心说中彻底解放出来，极大地促进了自然科学的发展。为数十年后牛顿的万有引力定律铺平了道路。

第二节　从伽利略到牛顿的力学革命

一、伽利略——物理学的开端

伽利略是意大利著名的数学家、天文学家、物理学家、哲学家，他是首先在科学实验的基础上融会贯通了数学、天文学、物理学三门科学的科学巨人，在人类思想解放和文明发展的过程中做出了划时代的贡献。

伽利略于 1564 年出生于意大利比萨城的一个没落贵族大家庭。他从小表现聪颖，17 岁时被父亲送入比萨大学学医，但他对医学不感兴趣。由于受到一次数学演讲的启发，他开始热衷于数学和物理学的研究。1585 年辍学回家，此后曾在比萨大学和帕多瓦大学任教，在此期间他在科学研究上取得了不少成绩。由于他反对当时统治知识界的亚里士多德世界观和物理学，同时又由于他积极宣扬违背天主教教义的哥白尼太阳中心说，所以不断受到教授们的排挤，以及教士和罗马教皇的激烈反对，最后终于在 1633 年被罗马宗教裁判所强迫在写有“我悔恨我的过失，宣传了地球运动的邪说”的悔罪书上签字，并被判刑入狱（后不久改为在家监禁）。这使他的身体和精神都受到很大的摧残，但他仍然致力于力学的研究工作。1637 年伽利略双目失明。1642 年，他由于寒热病在孤寂中离开了人世，时年 78 岁。时隔 347 年，罗马教皇于 1980 年宣布他承认对伽利略的压制是错误的，并为他“恢复名誉”。

伽利略的主要传世之作是两本书，一本是 1632 年出版的《关于两个世界体系的对话》，简称《对话》，主旨是宣扬哥白尼的太阳中心说；另一本是 1638 年出版的《关于力学和局部运动两门新科学的谈话和数学证明》，简称《两门新科学》，书中主要陈述了他在力学方面的研究成果。伽利略在科学上的贡献主要有以下几方面。

第一，论证和宣扬了哥白尼学说，令人信服地说明了地球的公转、自转以及行星的绕日运动，他还用自制的望远镜仔细地观测了木星的 4 个卫星的运动，在人们面前展示出了一个太阳系的模型，有力地支持了哥白尼学说。

第二，论证了惯性运动，指出维持运动并不需要外力。这就否定了亚里士多德“运动必须推动”的教条。不过伽利略对惯性运动理解还没有完全摆脱亚里士多德的影响，他也认为“维护宇宙完善秩序”的惯性运动“不可能是直线运动，而只能是圆周运动”。这个错误理解被他的同代人笛卡儿和后人牛顿纠正了。

第三，论证了所有物体都以同一加速度下落。这个结论直接否定了亚里士多德的重物比轻物下落得快的说法。两百多年后，从这个结论萌发了爱因斯坦的广义相对论。

第四，用实验研究了匀速运动。他通过使小球沿斜面滚下的实验测量验证了他推出的公式：从静止开始的匀加速运动的路程和时间的平方成正比。他还把这一结果推广到自由落体运动，即倾角为90°的斜面上的运动。

第五，提出运动合成的概念，明确指出平抛运动是相互独立的水平方向的匀速运动和竖直方向的匀加速运动的合成，并用数学证明合成运动的轨迹是抛物线。他还根据这个概念计算出了斜抛运动在仰角45°时射程最大，而且比45°大或小同样的角度时射程相等。

第六，提出了相对性原理的思想。他生动地叙述了大船内的一些力学现象，并且指出船以任何速度匀速前进时这些现象都一样地进行，从而无法根据它们来判断船是否在动。这个思想后来被爱因斯坦发展为相对性原理而成了狭义相对论的基本假设之一。

第七，发现了单摆的等时性，并证明了单摆振动的周期和摆长的平方根成正比。他还解释了共振和共鸣现象。

此外，伽利略还研究过固体材料的强度、空气的质量、潮汐现象、太阳黑子、月亮表面的隆起与凹陷等问题。

除了具体的研究成果外，伽利略还在研究方法上为近代物理学的发展开辟了道路，是他首先把实验引进了物理学并赋予重要地位的，他革除了以往只靠思辨下结论的恶习。他同时也很注意严格的推理和数学的运用，例如，他用消除摩擦的极限情况来说明惯性运动，推论出大石头和小石块绑在一起下落应具有的速度来使亚里士多德陷于自相矛盾的困境，从而否定了重物比轻物下落快的结论。这样的推理就能消除直觉的错误，从而更深入地理解现象的本质，爱因斯坦和英费尔德在《物理学的进化》一书中曾评论说："伽利略的发现以及他所应用的科学的推理方法，是人类思想史上最伟大的成就之一，而且标志着物理学的真正开端。"

伽利略一生和传统的错误观念进行了不屈不挠的斗争，他对待权威的态度也很值得我们学习。他说过："老实说，我赞成亚里士多德的著作，并精心地加以研究。我只是责备那些使自己完全沦为他的奴隶的人，变得不管他讲什么都盲目地赞成，并把他的话一律当作毫不能违抗的圣旨一样，而不深究其他任何依据"。

二、牛顿——经典力学体系的建立

（一）经典力学体系的建立

"自然和自然的规律隐藏在茫茫黑夜之中。上帝说，让牛顿降生吧。于是一片光明。"这是英国著名诗人亚历山大·蒲柏为牛顿写的墓志铭，这个墓志铭描述了牛顿的伟大之处。牛顿所处的时代，是一个科学思想大爆炸的时代。哥白尼提出了日心说，开普勒从第谷的观测资料中总结了行星运动三定律，伽利略又描绘出了力、加速度等概念，并发现了惯性定律和自由落体定律。但是，直到牛顿之前，这些物理概念和物理规律还是孤立的、没有体现本质联系的、逻辑上各自独立的东西。也正是在这个时候，牛顿对行星及地面上的物体运动做了整体的考察，他把归纳演绎、分析综合等数学方法与物理学发现完美地结合在了一起，使物理学成为能够表述因果性的一个完整体系。这就是今天所说的经典力学体系。

按照牛顿力学体系的原理，人们利用描写物体运动的坐标及速度的初始值和受力情况，就可以确定地知道该物体运动的过去与将来。牛顿建立的经典物理学是具有因果关系的完整体系，所以他的学说一经发表便在近代科学的海洋里引起了轩然大波并得到了广泛的实际应用。他所建立的力学体系不仅能说明已有的理论和已经说明的现象，如充分地解释伽利略发现的惯性定律和自由落体定律，而且能说明并解释已有的理论不能说明的现象，如完满地解释了开普勒的行星运动三定律。更重要的是，牛顿的力学理论能预见到新的物理现象和物理事实，并能以天文观测或实验证实它们的正确性。在万有引力理论的基础上，人们后来发现并证实了海王星和冥王星的存在，这是牛顿力学理论的有力佐证。牛顿力学既可以用以说明地面上的物质运动，又可以用以解释太阳系中的行星运动，充分证明了该理论具有自然规律的普遍性法则。也正是由于牛顿力学广泛的适应性，使其在之后数百年间成为引导科学发展的纲领。

同时，值得一提的是，牛顿的力学为18世纪的工业革命及其之后的机器化大生产准备了科学理论。马克思曾经认为，在18世纪臻于完善的力学是“大工业的真正科学的基础”。毫无疑问，当时这个“科学的基础”最主要而且也是最重要的部分是牛顿的力学。牛顿的经典力学体系和他的方法论使物理学在18、19世纪期间得以迅速发展，并成为那时理论物理学的规范。所有物质运动都要追溯或探究其是否符合牛顿的运动定律，从而把牛顿的质点运动定律推广到刚体及连续体的物质运动上。直到19世纪下半叶，电磁场概念的产生也可以看作牛顿引力场理论的一次重大飞跃。迄至今日，人们关于宏观自然过程的宏观低速状态下的物理认识都可以看作牛顿力学思想的一种系统性的发展。

（二）牛顿的生平

艾萨克·牛顿出生于英格兰林肯郡乡下的伍尔索普村的伍尔索普庄园。牛顿出生时，英格兰并没有采用教皇的最新历法，因此他的生日被记载为1642年的圣诞节。牛顿出生前三个月，他同样名为艾萨克的父亲才刚去世。由于早产的缘故，新生的牛顿十分瘦小；据传闻，他的母亲汉娜·艾斯库曾说过，牛顿刚出生时小得可以把他装进一夸脱的马克杯中。牛顿3岁时，他的母亲改嫁并住进了新丈夫巴纳巴斯·史密斯牧师的家，而把牛顿托付给了他的外祖母。年幼的牛顿不喜欢他的继父，并因母亲改嫁的事而对母亲持有一些敌意，牛顿甚至曾经写下：“我曾经威胁我的继父与生母，要把他们连同房子一起烧掉。”

据《大数学家》和《数学史介绍》两书记载：牛顿在乡村学校开始了他的学校教育，后来被送到了格兰瑟姆的国王中学，并成为该校最出色的学生。从12岁左右到17岁，牛顿都在国王中学学习，在该校图书馆的窗台上还可以看见他当年的签名。他曾从学校退学，并在1659年10月回到埃尔斯索普，因为他再度守寡的母亲想让牛顿当一名农夫。牛顿虽然顺从了母亲的意思，但据牛顿的同侪后来的叙述，耕作工作让牛顿相当不快乐。所幸国王中学的校长亨利·斯托克斯说服了牛顿的母亲，牛顿又被送回了学校以完成他的学业。他在18岁时完成了中学的学业，并得到了一份完美的毕业报告。

1661年6月，他进入了剑桥大学的三一学院。在那时，该学院的教学是基于亚里士多德的学说的，但牛顿更喜欢阅读笛卡儿等现代哲学家，以及伽利略、哥白尼和开普勒等天文学家的著作。1665年，他发现了广义二项式定理，并开始发展一套新的数学理论，也就是后来为世人所熟知的微积分学。1665年，牛顿获得了学位，而大学为了预防伦敦大瘟疫关闭了。在此后两年里，牛顿在家中继续研究微积分学、光学和万有引力定律。1667年，牛顿作为一名领取奖学金的研究生重返剑桥大学三一学院。

当时剑桥大学的巴罗教授对牛顿的才能有充分认识。1669年，巴罗便让年仅26岁的牛顿接替他担任卢卡斯讲座的教授。1672年起他被接纳为皇家学会会员，1703年被选为皇家学会主席。牛顿于1696年谋得造币厂监督职位，1699年升任厂长，1701年辞去剑桥大学工作，1705年受封为爵士。牛顿晚年主要沉迷于炼金术和神学研究。拥有许多牛顿炼金术著作的经济学大师约翰·梅纳德·凯恩斯曾说："牛顿不是理性时代的第一人，他是最后的一位炼金术士。"但牛顿对炼金术的兴趣却与他对科学的贡献息息相关，而且在那个时代炼金术与科学也还没有明确的区别。如果他没有依靠神秘学思想来解释穿过真空的超距作用，他可能也不会发展出他的引力理论。

如果单纯地认定痴迷于神学是一种腐朽和堕落的表现，不考虑牛顿所处的时代背景，那是不客观的。在西方，尤其是那个时候，人们不认为神学是伪科学，甚至宗教仍然是社会主流。牛顿是受基督教熏陶长大的，是一位虔诚的基督教徒。当时剑桥大学三一学院主修课研究员都需要起誓："我将用我的灵魂拥护基督教，如果我不能把神学作为我学术研究的目的，并在需要时遵从神圣的旨意，那么我将退出三一学院。"

牛顿把对科学研究的轴劲也用到了倾轧学术对手上。当年牛顿提出引力的大小不随距离而改变，但胡克写了好几封信来反驳他，简洁明了地认为引力的大小和距离成反比，并提出了很多支持其观点的论据。结果，胡克是对的，牛顿也采用了这个观点，但在《自然哲学的数学原理》中，他把涉及胡克的引用统统删掉了。牛顿当上英国皇家科学院院长时，胡克已经死了，这还不够，牛顿下令将胡克的实验室和胡克图书馆全部解散，所有的成果和研究资料、实验仪器被分散销毁，画像也不留——所以现在也没人知道胡克究竟长什么样。

牛顿跟莱布尼茨关于微积分创始人的争执，则贯穿了他的整个学术生涯。他们俩几乎同时发明了微积分（虽然研究的起点不同），但牛顿还没来得及发文章，莱布尼茨的微积分方法和符号系统已经传遍欧洲大陆。

起初，两人通信还算融洽，互相欣赏，但随着莱布尼茨的扬名，牛顿越发不甘心，麾下皇家学会的成员借此挑起争端，指控莱布尼茨剽窃牛顿的成果。整个英国学界被牛顿挑起的“爱国情操”所包围，拒绝使用莱布尼茨简洁优雅的符号。结果，英国的数学在牛顿死后，和欧洲大陆基本隔绝。

牛顿作为科学家的智慧是伟大的，作为“炼金术师”的时光是荒诞的，打压异己的手段是恶毒的，作为铸币局长和金融大亨的历程，则更添几分传奇。这就是一个真实的牛顿。

牛顿一生的成就众多，在数学上创设微积分，提出了广义二项式定理，在物理学上的成就主要有以下几个方面。

1. 力学成就

1687年，在埃德蒙·哈雷的鼓励和支持下牛顿出版《自然哲学的数学原理》（现常简称《原理》）。该书中牛顿使用拉丁单词“gravitas”（沉重）来为现今的引力（gravity）一词命名，并定义了万有引力定律。

物体运动的三个基本定律（牛顿三定律）是牛顿在伽利略等人工作的基础上进行深入研究而总结出的。第一定律的内容伽利略曾提出过，后来笛卡儿做过形式上的改进，伽利略也曾非正式地提到第二定律的内容。第三定律的内容则是牛顿在总结C. 雷恩、J. 沃利斯和C. 惠更斯等人的结果之后得出的。

第一定律（惯性定律）：任何一个物体在不受任何外力或受力平衡时，总保持匀速直线运动或静止状态，直到有作用在它上面的外力迫使它改变这种状态为止。

第二定律：动量为$\boldsymbol{P}$的质点，在外力$\boldsymbol{F}$的作用下，其动量随时间的变化率同该质点所受的外力成正比，并与外力的方向相同。用公式表达为：$\boldsymbol{F}=\frac{\mathrm{d}\boldsymbol{P}}{\mathrm{d}t}$。

第三定律（作用力与反作用力定律）：相互作用的两个质点之间的作用力和反作用力总是大小相等，方向相反，作用在同一条直线上。

这三条物体运动定律，为力学奠定了坚实的基础，并对其他学科的发展产生了巨大影响。第一定律说明了力的含义，力是改变物体运动状态的原因；第二定律指出了力的作用效果，力使物体获得加速度；第三定律揭示出力的本质，力是物体间的相互作用。

牛顿运动定律中的各定律互相独立，且内在逻辑符合自洽一致性。其适用范围是经典力学范围，适用条件是质点、惯性参考系以及宏观、低速运动问题。牛顿运动定律阐释了牛顿力学的完整体系，阐述了经典力学中基本的运动规律，在各领域上应用广泛。

牛顿第一次把地球上物体的力学和天体力学统一到一个基本的力学体系中，创立了经典力学理论体系。正确地反映了宏观物体低速运动的宏观运动规律，实现了自然科学的第一次大统一。这是人类对自然界认识的一次飞跃。

牛顿还指出流体黏性阻力与剪切率成正比。他说，流体部分之间由于缺乏润滑性而引起的阻力，如果其他都相同，与流体部分之间分离速度成比例。符合这一规律的流体称为牛顿流体，其中包括最常见的水和空气，不符合这一规律的称为非牛顿流体。

关于声的速度，牛顿正确地指出，声速与大气压力的平方根成正比，与密度平方根成反比。但由于他把声传播当作等温过程，结果与实际不符，后来拉普拉斯从绝热过程考虑，修正了牛顿的声速公式。

今天看来，在力学领域牛顿也犯了一些错误，在给出平板在气流中所受阻力时，牛顿对气体采用粒子模型，得到阻力与攻角正弦平方成正比的结论。这个结论一般来说并不正确，但由于牛顿的权威地位，后人曾长期奉为信条。20 世纪，T. 卡门在总结空气动力学的发展时曾风趣地说，牛顿使飞机晚了一个世纪上天。

2. 光学成就

牛顿曾致力于颜色的现象和光的本性的研究。1666 年，他用三棱镜研究日光，发现棱镜可以将白光发散为彩色光谱，而透镜和第二个棱镜可以将彩色光谱重组为白光。由此他得出结论，白光是由不同颜色的光混合而成的，不同颜色的光有不同的折射率。在可见光中，红光折射率最小，紫光折射率最大。牛顿的这一重要发现成为光谱分析的基础，揭示了光的颜色的秘密。牛顿还通过分离出单色的光束，并将其照射到不同的物体上的实验，发现了单色光不会改变自身的性质，无论是反射、散射或发射，单色光都会保持同样的颜色。因此，人们观察到的颜色是物体与特定有色光相合的结果，而不是物体产生颜色的结果。

牛顿还曾把一个磨得很精、曲率半径较大的凸透镜的凸面，压在一个十分光洁的平面玻璃上，在白光照射下看到它们中心的接触点是一个暗点，周围则是明暗相间的同心圆圈。后人把这一现象称为“牛顿环”。

1704 年，牛顿著成《光学》，系统阐述他在光学方面的研究成果，其中他详述了光的粒子理论。他认为光是由非常微小的微粒组成的，而普通物质是由较粗的微粒组成的。他创立了光的“微粒说”，从一个侧面反映了光的运动性质。

3. 热学成就

牛顿确定了冷却定律，即当物体表面与周围有温差时，单位时间内从单位面积上散失的热量与这一温差成正比。

4. 天文成就

牛顿 1672 年创制了反射望远镜（现称牛顿望远镜）。他自己打磨镜片，使用牛顿环来检验镜片的光学品质，制造出了优于折光式望远镜的仪器，而这都主要归功于其大直径的镜片。1671 年，他在皇家学会上展示了自己的反射式望远镜。

他用质点间的万有引力证明，密度呈球对称的球体对外的引力都可以用同质量的质点放在中心的位置来代替。他还用万有引力原理说明潮汐的各种现象，指出潮汐的大小不但同月球的位相有关，而且同太阳的方位有关。牛顿预言地球不是正球体。岁差就是由于太阳对赤道突出部分的摄动造成的。

（三）牛顿力学体系的科学方法对近代科学的影响

牛顿提出了许多伟大的理论，而且他在科学方法论上的贡献也是十分杰出的。著名科学家爱因斯坦在评价牛顿对世人的影响时特别指出了他在研究方法上的创造："在他以前和以后，都还没有人能像他那样决定着西方的思想、研究和实践的方向。他不仅作为某些关键性方法的发明者来说是杰出的，而且他在善于运用他那时的经验材料上也是独特的，同时他还对数学和物理学的详细证明方法有惊人的创造才能。"著名科学家拉普拉斯在谈到牛顿的贡献时，也曾着重强调过认识这位天才的研究方法对于科学进步的重要性。可见，牛顿力学体系对近代科学的影响不仅仅局限于其先进的理论带给了人们认识世界的全新高度，牛顿力学的科学方法作为一代科学巨人留给我们的宝贵财富，对后世数百年的科学研究都有着无可比拟的重要意义。

概括来说，牛顿的方法论可总结如下。

1. 分析—综合法

从整体到部分的方法是分析法，从部分到整体的方法是综合法。整体与部分不可分割，分析与综合也同样不能割裂。在伽利略那里，科学的研究方法是以实验数学方法为标志的各种方法的"复合体"，而牛顿使这种"复合体"瓦解，并使其重新构成了一个科学方法的和谐体系。

2. 归纳—演绎法

从个别到一般的方法是归纳法，从一般到个别的方法是演绎法。牛顿在自然科学研究中确立了归纳法在逻辑学方法中从未有过的特殊地位。同时，他针对归纳法的局限性，极力排斥、取缔同事实、经验无关的臆测"假说"，因而通过实验检验去消除归纳结论及其演绎结果的或然性，他强调实验是"自然哲学"发展的动力因素之一，也是检验"普通结论"是否正确的至高无上的裁判。

3. 实验的方法

实验的方法是科学研究的基本方法。任何实验总是在一定科学理论指导下的实验，而大量的实验可以经过科学的抽象、科学的假设上升为科学理论。牛顿正是在大量的实验证明的基础下，得出了普适性的结论。

牛顿力学体系所体现的科学方法，是人类自然科学的第一次空前变革。以牛顿的科学名著《自然哲学的数学原理》为标志的伟大成就，影响着他所在时代的哲学形态，而且更为深刻、更为直接地实现了科学方法的丰富、发展与变革。探讨牛顿的科学方法，这对于我们揭示科学的真谛，探索科学和科学方法的新发展动向，无疑是大有裨益的。

第三节　经典热学的建立和发展

热学是研究物质热运动的有关性质和规律的物理学分支，它起源于人类对冷热现象的探索。18世纪中叶以后，系统的计温学和量热学的建立，使热现象的研究走上实验科学的道路。由于热学中各种物理现象的相互联系尚未被揭示出来，“热质”这一特殊的“物质”被臆想出来，以“将错就错”的形式发挥一定作用后最终退出历史舞台。

一、关于热的本质的争论

热是一种常见的自然现象，但对热的本质的认识从遥远的古代一直延续到近代才被人们逐步认识。关于热的本质，存在两种不同的观点：一种是以布莱克、伽桑狄等为代表的“热质说”，认为热是一种没有质量的特殊物质（流体），其数量是守恒的，热质粒子之间相互排斥，但却受到普遍物质粒子的吸引，而且不同的普通物质对热流体的吸引力不同；另一种是以培根、笛卡儿为代表的“热动说”，认为热是组成物质的微观粒子运动的表现，它可由物体的机械运动转化而来。

伽桑狄认为，原子乃是原始的、最简单的、不可分割和不可消灭的要素。火焰、烟味和灰烬等等本来就以不同形式的原子存在于木头之中，所以当木头燃烧时这些东西就显现出来；同样，冷和热也都是由特殊的“冷”原子和“热”原子所引起的，它们非常细致，有球的形状，十分活泼，因而能渗透到一切物体之中。这个观点以其简单性和直观性把人对于热的一些认识引入了热质说中。

热质说能轻易地解释当时发现的大部分热学现象：对流是含有热质的物质的流动；热传导是热质粒子间相互排斥，热质从热的物体流向冷的物体，达到新的热平衡；热辐射是热质的直接辐射；物体受热膨胀是由于热质粒子的排斥作用所致。关于物质的固、液、气三态，可以认为取决于物质中含有热质粒子的多少，较多的热质粒子呈自由状态，物质处于气态；当物质处于固态或液态时，物质所含的热质粒子较少。而且量热学在一定特定条件下得到的实验结果与热质说预言相吻合，为热质说提供了实验依据和支持。到18世纪末，热质说在欧洲明显占了统治地位。

早期热动说的支持者有笛卡儿、培根、波义耳等。培根从摩擦生热等现象得出：热是一种膨胀的、被约束的而在其斗争中作用于物体的较小粒子之上的运动。这种看法影响了许多科学家。当时认为热是一种运动的观点，因缺乏足够的实验根据，欠说服力。

1799年，英国化学家戴维在真实装置中使两块冰相互摩擦，并使周围的温度比冰还低。实验发现，冰块摩擦后就逐渐融化了。戴维分析指出，使冰块融化的热不可能从周围的空气中来，因为周围空气的温度比冰还低；这热也不可能来自潜热，因为冰融化时是吸收潜热，而不是放出潜热的。（潜热，指物质在等温等压情况下，从一个相变化到另一个相吸收或放出的热量。这是物体在固、液、气三相之间以及不同的固相之间相互转变时具有的特点之一。固、液之间的潜热称为熔解热，液、气之间的称为汽化热，而固、气之间的称为升华热。）戴维的实验与验证令人信服，为以后热质说的最终崩溃和热动说的确立提供了最早的论据。

1878 年，焦耳最后确定了热功当量，迈尔、焦耳、亥姆霍兹等人发现了能量守恒与转化定律。这时期，热质说被彻底抛弃了。人们认识到热运动是宏观物体内部分子、原子等微观粒子的一种永不停息的无规则运动，是物质的一种基本运动形式。

科学家最终确定，热是物质运动的一种表现，具体地说是构成物质系统的大量微观粒子无规则混乱运动的宏观表现。就系统的单个粒子而言，其运动是无规则的，具有极大的偶然性；但系统总体所表现的宏观性质是整个粒子系的集体行为，存在着确定的规律性，这是物质的热运动区别于其他运动形式的基本特征。实践证明，物质的热运动和其他运动形式之间可以相互转换，但在转换过程中各种运动形式在量上必须守恒。反映热运动形式同其他运动形式转换中守恒的量不是什么“热质”，而是同机械能、电磁能等相应的热运动形式的能量，此能量决定于系统内部分子的特征以及热运动状态，因而称为内能。如果能量的转换或传递过程通过传热方式实现，传递着的能量则称为热量。所以热量不是什么“热质”，而是由于系统与外界间或系统各部分间存在温度差而发生传热时被传递的能量。

纵观人类认识热的本性的历史，热质说与热动说之争历经 200 余年，它留给人们许多物理学思想与物理学方法的启示：要正确对待历史上的错误假说；要以历史发展的观点，一分为二地对待问题；进行科学研究，要选准方向，以持之以恒的意志品质、实事求是的科学态度，才能修成正果。

在物理学发展史上，不同假设的争论从来没有停止过，即使是同一问题也可能出现几种不同假说。对于科学发展来说，有一种假设，哪怕是一个错误假设也比没有假设要好得多，因为假设就标志着对自然的一种认识。公正地说，无论是正确假说，还是错误假说，都在人类认识的漫长里程中留下了深深的印迹，这就是人类在探索和追求真理过程中的认识。

二、热力学第一定律的产生

在 18 世纪末，随着蒸汽机在生产中的广泛应用，人们越来越关注热和功的转化问题。当时的物理学界，热质说还占据着主流地位。热质说认为，热量既不能被创造，也不能被销毁。

德国物理学家、医生迈尔于 1840 年到 1841 年作为船医远航到印度尼西亚。他根据船员静脉血的颜色的不同，发现体力和体热来源于食物中所含的化学能，提出如果动物体能的输入同支出是平衡的，所有这些形式的能量在量上就必定守恒。他由此受到启发，去探索热和机械功的关系。他将自己的发现写成《论力的量和质的测定》一文，但他的观点缺少精确的实验论证，论文没能发表。迈尔很快觉察到了这篇论文的缺陷，并且发奋进一步学习数学和物理学。1842 年，他发表了《论无机性质的力》的论文，表述了物理、化学过程中各种力（能）的转化和守恒的思想。虽然1842年发表的这篇科学杰作在当时未能受到重视，但是迈尔是历史上第一个提出能量守恒定律并计算出热功当量的人。迈尔第一次在科学史中将热力学观点用于研究有机世界中的现象，他考察了有机物的生命活动过程中的物理化学转变，确信“生命力”理论是荒诞无稽的。他证明生命过程没有所谓的“生命力”，而是一种化学过程，是由于获取了氧和食物，转化为热的。

从多方面论证能量转化与守恒定律的是德国的亥姆霍兹。他曾在著名的生理学家缪勒的实验室里工作过多年，研究过“动物热”。他深信所有的生命现象都必得服从物理与化学规律。他早年在数学上有过良好的训练，同时又很熟悉力学的成就，读过牛顿、达朗贝尔、拉格朗日等人的著作，对拉格朗日的分析力学有深刻印象。亥姆霍兹受到了前辈的影响，成了康德哲学的信徒，把自然界大统一当作自己的信条。他认为如果自然界的“力”（能量）是守恒的，则所有的“力”都应和机械“力”具有相同的量纲，并可还原为机械“力”。1847年，26岁的亥姆霍兹完成了著名论文《论力的守恒》，充分论述了这一命题。《论力的守恒》第一次系统地阐述了能量守恒原理，从理论上把力学中的能量守恒原理推广到热、光、电、磁、化学反应等过程，揭示其运动形式之间的统一性，它们不仅可以相互转化，而且在量上还有一种确定的关系。能量守恒与转化使物理学达到空前的综合与统一。但当时在柏林物理学会会议上报告的这篇论文，由于被认为是缺乏实验研究成果的一般论文，没有在当时有国际声望的《物理学年鉴》上发表，只是以小册子的形式单独印行。

历史证明，这篇论文在热力学的发展中占有重要地位，因为亥姆霍兹总结了许多人的工作，一举把能量概念从机械运动推广到了所有变化过程，并证明了普遍的能量守恒原理。这是一个十分有力的理论武器，从而可以更深入地理解自然界的统一性。

1843年，焦耳在英国科学协会数理组会议上宣读了《论磁电的热效应及热的机械值》论文，强调了自然界的能是等量转换、不会消灭的，哪里消耗了机械能或电磁能，总在某些地方能得到相当的热。焦耳提出能量守恒与转化定律：能量既不会凭空消失，也不会凭空产生，它只能从一种形式转化成另一种形式，或者从一个物体转移到另一个物体，而能的总量保持不变。奠定了热力学第一定律的基础。在会议上，焦耳没有得到支持，很多科学家都怀疑他的结论，认为各种形式的能之间的转化是不可能的。直到1850年，其他一些科学家用不同的方法确认了能量守恒定律和能量转化定律，他们的结论和焦耳相同，这时焦耳的工作才得到承认。

焦耳还确定了热功当量。在没有认识热的本质以前，热量、功、能量的关系并不清楚，所以它们用不同的单位来表示。热量的单位用卡路里，简称卡。18世纪末，人们认识了热与运动有关。这为后来焦耳研究热与功的关系开辟了道路。

焦耳认为热量和功应当有一定的当量关系，即热量的单位卡和功的单位焦耳间有一定的数量关系。他从1840年开始，到1878年近40年的时间内，利用电热量热法和机械量热法进行了大量的实验，最终找出了热和功之间的当量关系，可写成$W=JQ$，J即为热功当量。在1843年，焦耳用电热法测得的J值大约为4.568焦/卡，用机械方法测得的J值大约为4.165焦/卡。

1847年，焦耳做了一个设计思想极为巧妙的实验：他在量热器里装了水，中间安上带有叶片的转轴，然后让下降重物带动叶片旋转，由于叶片和水的摩擦，水和量热器都变热了。根据重物下落的高度，可以算出转化的机械功；根据量热器内水的升高的温度，就可以计算水的内能的升高值。把两数进行比较就可以求出热功当量的准确值来。以后焦耳又分别在1847年、1850年公布了他进一步测定的结果，最后在1878年公布的结果为$J=4.157$焦/卡。以后随着科学仪器的进一步发展，其他科学家又做了大量的验证。公认的热功当量值为：$J=4.1868$焦/卡。焦耳的这一实验常数，为能量守恒与转换定律提供了无可置疑的证据。

现在国际单位已统一规定功、热量、能量的单位都用焦耳，热功当量早就不存在了。但是，热功当量的实验及其具体数据在物理学发展史上所起的作用是永远存在的。焦耳的实验为能量转化与守恒定律奠定了基础。

第四节　经典电磁学的建立和发展

一、场的概念

2000多年前，人们就发现了带电体之间、磁石之间具有相互作用。对于这种现象，历代的科学家都提出了不同的看法和解释。有的认为是超距的瞬时作用。（在物理学里，超距作用是物理学史上出现的关于作用力及传递媒介的一种观点。这一观点认为，相隔一定距离的两个物体之间存在着直接、瞬时的相互作用，不需要任何媒质传递，也不需要任何传递时间。与之相对立的观点被称为近距作用或接触作用。）有的则认为是借助于中介空间的近距离作用。

在很长一段时间里，电磁相互作用的超距观点在物理学中占统治地位，不少学者都用超距的瞬时作用描述电磁现象。然而英国物理学家法拉第却与众不同，他不仅是超距作用的批判者，而且在实验和理性思维相结合的基础上提出了“力线”和“场”的思想。1821年，法拉第关于载流导线绕磁极转动的研究，使他认识到磁力是圆形力，圆形力是简单的，且能用于电磁现象的解释。他还认为载流导线周围必定存在着某种“张力”状态，这种张力是可以通过媒介传递的近距作用，这里已初步包含了“力线”和“场”概念的萌芽。电磁感应现象的发现，使“力线”概念成了法拉第思想的核心。1831年11月24日，法拉第在向英国皇家学会宣读电磁感应的论文中首次使用“磁力线”这个词。他称磁力线是这样一些曲线，“它们能用铁屑描绘出来，或者对于它们来说，一根小磁针将构成一条切线”。他在以后实验中经常用大量地铁屑来显示磁力线，并把它作为思考问题的工具。

随着实验的进展，法拉第对磁力线的概念和认识也逐步深入。1832 年 3 月 26 日，他在日记中写道，与磁力线类似，在带电体之间有“电力线”。1837 年，他在研究介质如何影响电力时发现，用一块绝缘材料隔开的两个导体板组成的电容器，比由真空隔开的电容器能够容纳更多的电荷量，而板间所夹的物质不同，电容器容纳的电量也不同。为了解释这种现象，他假设介质中的分子产生了某种极化状态，两金属板上的电荷是借助于板间电介质内相互邻近的极化分子的作用逐点传递过去的，他把介质分子的这种极化状态推广到真空中的以太粒子的形变上，这种形变是沿着曲线传播的，由此明确地引入了“电力线”的概念。上述工作使法拉第坚信，电和磁的作用不是没有中介地从一个物体传到另一个物体。他设想，在磁体、载流导体、带电体的周围空间存在着某种由磁和电产生的连续介质，起着传递磁力和电力的媒介作用，这实际上是“场”概念的萌芽。1845 年，他第一次使用了“磁场”这个词，两年后他又单独使用了“场”这个词，这是物理学中第一次提出作为近距作用的“场”的概念。

法拉第不仅提出了场的物理概念，而且还深刻地提出了电磁作用传播的思想，指出电磁作用的传播是需要时间的，这与瞬时的超距作用观点是根本对立的。

二、法拉第在电磁学领域的贡献

法拉第 1791 年出生于伦敦，从小生长在贫苦的家庭中。9 岁时父亲去世，法拉第不得不去文具店当学徒。后又到书店当图书装订工，这使他有机会接触到各类书籍。有一次，法拉第去听著名科学家戴维的讲座，他认真地记笔记，并把它装订成精美的书册。然后把这本笔记本和一封毛遂自荐的信于 1812 年圣诞节前夕，一起寄给戴维。在戴维的介绍下，法拉第终于进入皇家学院实验室并当了他的助手。法拉第在实验室工作半年后，随戴维去欧洲旅行。对法拉第来说，这次旅行相当于上了“社会大学”，他结识了许多科学家，如盖·吕萨克、安培等，还学到许多科学知识，大开眼界。法拉第回国后，发挥出惊人的才干，不断取得成果。1821 年，他任皇家学院实验室总监，1824 年被选为皇家学会会员，1825 年接替戴维任实验室主任，1846 年荣获伦福德奖章和皇家勋章。1831 年，法拉第发现电磁感应现象，这在物理学上起了重大的作用。1834 年，他研究电流通过溶液时产生的化学变化，提出了法拉第电解定律。法拉第不计较名誉地位，更不计较钱财。他拒绝了制造商的高价聘请，谢绝了大家提名他为英国皇家学会会长的荣耀和维多利亚女皇准备授予他的爵位，终身在皇家学院实验室工作，甘愿当个平民。1867 年 8 月 25 日，法拉第与世长辞。

据说法拉第为了进皇家学院实验室工作，戴维曾经同他进行过如下谈话，戴维一边指着自己手上、脸上的伤疤，一边对法拉第说：“牛顿说过：‘科学是个很厉害的女主人，对于为她献身的人，只给予很少的报酬。'她不仅吝啬，有时候还很凶狠呢。你看，我为她效劳十几年，她给我的就是这样的奖赏。"法拉经坚定地说："我不怕这个！"戴维又说："这里工资很低，或许还不如你当订书匠挣的钱多呢！"法拉第回答说："钱多少我不在乎，只要有饭吃就行。"戴维追问一句："你将来不会后悔吧？"法拉第频频点头说："我决不后悔！"就这样，法拉第正式踏进了科学的殿堂。

法拉第是 19 世纪电磁领域中最伟大的实验物理学家，在物理学方面的主要贡献是对电磁学进行了比较系统的实验研究，主要有以下几个方面。

第一，制作了历史上第一台电动机。1821 年，法拉第重做了奥斯特的实验，他把小针放在载流铜导线周围的不同位置，发现小磁针有沿着环绕以导线为轴的圆周旋转的倾向。根据这一现象，法拉第设计制作了一种"电磁旋转器"，让载有电流的导线在一个马蹄形磁铁的磁场中转动，这就是科学史上最早的一台电动机。

第二，发现了电磁感应现象。法拉第在 1831 年向英国伦敦皇家学会报告了他的重大发现，归纳出产生感应电流的五种情况：变化着的电流，变化着的磁场，运动的稳恒电流，运动的磁铁，在磁场中运动的导线。法拉第在报告中，把他所观察的现象正式定名为"电磁感应"。

第三，在实验基础上总结出法拉第电磁感应定律。1851 年，他在《论磁力线》一书中正式提出电磁感应定律："形成电流的力和所切割的磁力线根数成正比。"

第四，制成第一台圆盘发电机。在发现电磁感应现象以后，法拉第设计了圆盘发电机实验：把一个铜盘放在一个大的马蹄形磁铁的两极中间，铜盘的轴和边缘各引出一根导线，同电流计相连，构成闭合回路。当铜盘旋转的时候，电流计指示出回路中有电流产生。这就是发电机的雏形。

第五，提出了电场和磁场的概念。法拉第提出了场的概念和力线的图像。他反对电、磁之间超距作用的说法，设想带电体、磁体或电流周围空间存在一种从电或磁激发出来的物质，它们无所不在，是一种像以太那样的连续介质，起到传递电力、磁力的媒介作用。他把这些物质称作电场、磁场。法拉第还凭借着惊人的想象力，和流体力学中的流场类比，提出电场和磁场是由力的线和力的管子组成的，正是这些力线、力管，把不同的电荷、磁体或电流连接在一起。1852 年，他用铁粉显示出磁棒周围磁力线的形状。

第六，预示了电磁波存在的可能性，并预言了光可能是一种电磁振动的传播。1832 年，法拉第还用极深邃的物理洞察力对光和电的关系做出了研究。他给英国伦敦皇家学会写了一封密封信，信上写着："现在应当收藏在皇家学会的档案馆里的一些新的观点。"这封信在档案馆里躺了一百多年，直到 1938 年才为后人重新发现，启了封。法拉第在信中预言了磁感应和电感应的传播，暗示了电磁波存在的可能性，还预言了光可能是一种电磁振动的传播。他还发现了光的偏振面在磁场中旋转的旋光效应。

三、麦克斯韦的电磁场理论

麦克斯韦的电学研究始于1854年，当时他刚从剑桥毕业不过几星期。他读到了法拉第的《电学实验研究》，立即被书中新颖的实验和见解吸引住了。当时，人们对法拉第的观点和理论看法不一，有不少非议。最主要的原因就是当时“超距作用”的传统观念影响很深。另一方面的原因就是法拉第的理论的严谨性还不够。法拉第是实验大师，有着常人所不及之处，但唯独欠缺数学功力，所以他的创见都是以直观形式来表达的。一般的物理学家恪守牛顿的物理学理论，对法拉第的学说感到不可思议。有位天文学家曾公开宣称：“谁要在确定的超距作用和模糊不清的力线观念中有所迟疑，那就是对牛顿的亵渎!”在剑桥的学者中，这种分歧也相当明显。

汤姆逊也是剑桥里一名很有见识的学者之一。麦克斯韦对他敬佩不已，特意给汤姆逊写信，向他求教有关电学的知识。汤姆逊比麦克斯韦大7岁，对麦克斯韦从事电学研究给予过极大的帮助。在汤姆逊的指导下，麦克斯韦得到启示，相信法拉第的新理论中有着不为人所了解的真理。认真地研究了法拉第的著作后，他感受到力线思想的宝贵价值，也看到法拉第在定性表述上的弱点。于是这个刚刚毕业的青年科学家决定用数学来弥补这一点。1855年，麦克斯韦发表了第一篇关于电磁学的论文《论法拉第的力线》。

法拉第对麦克斯韦的文章大加赞赏。1860年，70高龄的法拉第在自己的寓所里会见了比他年轻40岁的麦克斯韦，法拉第对麦克斯韦说：“当我知道你用数学来构造这一主题时，起初我几乎吓坏了，我惊讶地看到，你处理得如此之好啊!”“这是一篇出色的文章，可是你不应当停留于用数学来解释我的观点，而应该突破它。”这句话鼓励了麦克斯韦不懈地努力，去攀登经典电磁理论的顶峰，他终于在1865年前建立起了完整的电磁场理论方程。

麦克斯韦在总结了电磁现象的一些实验规律的基础上，通过引入位移电流及涡旋电场两个基本假设，建立了由四个方程组成的电磁方程组，并采用拉格朗日和哈密顿的数学方法，从这个方程组推导出 $\boldsymbol{E}$ 和 $\boldsymbol{B}$ 的波动方程，预言了电磁波的存在。这个方程组被称为麦克斯韦方程组。

麦克斯韦方程的最大优点在于它的通用性，它在任何情况下都可以应用。在此以前所有的电磁定律都可由麦克斯韦方程推导出来，许多从前没能解决的未知数也能从方程推导过程中寻出答案。

这些新成果中最重要的部分是由麦克斯韦自己推导出来的。根据他的方程可以证明出电磁场的周期振荡的存在。这种振荡叫电磁波，一旦发出就会通过空间向外传播。根据方程，麦克斯韦算出电磁波的速度接近300000千米/秒，麦克斯韦认识到这同所测到的光速是一样的。由此他得出光本身是由电磁波构成的这一正确结论。

因此，麦克斯韦方程不仅是电磁学的基本定律，也是光学的基本定律。所有先前已知的光学定律可以由方程导出，许多先前未发现的事实和关系也可由方程导出。在此基础上，麦克斯韦认为光是频率介于某一范围之内的电磁波。这是人类在认识光的本性方面的又一大进步。正是在这一意义上，人们认为麦克斯韦把光学和电磁学统一起来了，这是19世纪科学史上最伟大的综合之一。

一般认为麦克斯韦是从牛顿到爱因斯坦这一整个阶段中最伟大的理论物理学家。但是麦克斯韦生前没有享受到他应得的荣誉，因为他的科学思想和科学方法的重要意义直到20世纪科学革命来临时才充分体现出来。然而他没能看到科学革命的发生，1879年，麦克斯韦因病在剑桥逝世，年仅48岁。那一年正好爱因斯坦出生。

第五节 经典光学的建立

一、几何光学

光是一种重要的自然现象，我们能够看到客观世界中五彩缤纷、瞬息万变的景象，是因为眼睛接收了物体发射、反射或散射的光。据统计，人类感官收到外部世界的总信息量中，至少有90%以上通过眼睛。光学是一门古老而又年轻的学科，其悠久的历史几乎和人类文明史本身一样久远。

光学的起源应追溯到远古时代。据记载，早在公元前四五百年，人们就开始了对于光的专门研究。例如，中国古代对几何光学的研究就可以追溯到公元前5世纪。墨家学派的著作《墨经》，对光的直线传播和反射，光通过平面镜、凹面镜、凸面镜的成像等问题都做出了颇为系统的描述。而在之后约一百年，古希腊的欧几里得也专门著书《光学》，对人眼为何能看到物体、光的反射性质、球面镜焦点等问题进行了探讨。但欧几里得虽然对光的直线传播性质做出了正确描述，但是他（以及后来的托勒密）的视觉理论是不正确的，他认为是眼睛发射光线，光线碰到物体上才产生了视觉。

公元1世纪，罗马哲学家塞涅卡（L. A. Seneca）发现了光的折射现象。2世纪，托勒密对光的折射现象进行了实验研究，第一次测定了光的入射角和折射角并给出两者之间的关系。尽管其结论不正确，但托勒密的工作还是对光学的发展起到了促进作用。13世纪，透镜的研究导致了眼镜的发明，也为16世纪望远镜和显微镜的发明打下了基础。

然而总体说来，虽然光学的萌芽时期可以追溯到很早的年代，但直至约16世纪，人们对光的认识还是肤浅的和非系统的，主要是以观察和定性的描述为主。17世纪可以称为光学发展史上的转折点。这个时期建立了光的反射定律和折射定律，奠定了几何光学的基础。同时为了扩大人眼的观察能力，出现了光学仪器，第一架望远镜的诞生促进了天文学和航海事业的发展，显微镜的发明使生物学的研究有了强有力的工具。

荷兰的李普塞在1608年发明了第一架望远镜。开普勒于1611年发表了他的著作《折光学》，提出照度定律，还设计了几种新型的望远镜，他还发现当光以小角度入射到界面时，入射角和折射角近似地成正比关系。折射定律的精确公式则是菲涅尔和笛卡儿提出的。1621年，菲涅尔在他的一篇文章中指出，入射角的余割和折射角的余割之比是常数，而笛卡儿约于1630年在《折光学》中给出了用正弦函数表述的折射定律。接着费马在1657年首先指出光在介质中传播时所走路程取极值的原理，并根据这个原理推出光的反射定律和折射定律。综上所述，到17世纪中叶，基本上已经奠定了几何光学的基础。

二、光的本性

关于光的本质的认识，是在许多伟人不断探索的基础上研究出来的结果。17世纪以来，关于光的本质的认识的大争论，就是波动学说与微粒学说的交锋，其中包括以牛顿为代表的微粒说与以惠更斯为代表的波动说的交锋。

1672年，牛顿完成了著名的三棱镜色散试验，并发现了牛顿环。在发现这些现象的同时，牛顿于公元1704年出版的《光学》中提出了光是微粒流的理论，他认为这些微粒从光源飞出来，在真空或均匀物质内由于惯性而做匀速直线运动，并以此观点解释光的反射和折射定律。然而在解释牛顿环时，却遇到了困难。同时，这种微粒流的假设也难以说明光在绕过障碍物之后所发生的衍射现象。惠更斯反对光的微粒说，1678年，他在《论光》一书中从声和光的某些现象的相似性出发，认为光是在以太中传播的波。所谓以太则是一种假想的弹性媒质，充满于整个宇宙空间，光的传播取决于以太的弹性和密度。运用他的波动理论中的次波原理，惠更斯不仅成功地解释了反射和折射定律，还解释了方解石的双折射现象。但惠更斯没有把波动过程的特性给予足够的说明，他没有指出光现象的周期性，没有提到波长的概念。他的次波包络面成为新的波面的理论，没有考虑到它们是由波动按一定的位相叠加造成的。惠更斯的理论归根到底仍旧摆脱不了几何光学的观念，因此不能由此说明光的干涉和衍射等有关光的波动本性的现象。与此相反，坚持微粒说的牛顿却从他发现的牛顿环的现象中确定光是周期性的。

虽有惠更斯等其他学者反驳粒子说的观点，但无奈牛顿位高权重，其权威地位几乎无人敢挑战。光的粒子说便顺理成章地成了那个世纪最主流的观点。整整一百年后，事情被一位与牛顿同校的医学生改变了。

托马斯·杨设计出了既精妙又简单的双缝干涉实验，用铁一般的事实反驳了光粒子说的观点。他也大言道："尽管我仰慕牛顿的大名，但是我并不因此而认为他是万无一失的。我遗憾地看到，他也会弄错，而且他的权威有时甚至可能阻碍科学的进步。"

1807 年，托马斯·杨发表了《自然哲学与机械学讲义》，书中综合整理了他在光学方面的理论与实验方面的研究，并描述了双缝干涉实验：把一支蜡烛放在一张开了一个小孔的纸前面，这样就形成了一个点光源（从一个点发出的光源）。在纸后面再放一张纸，不同的是第二张纸上开了两道平行的狭缝。从小孔中射出的光穿过两道狭缝投到屏幕上，就会形成一系列明暗交替的条纹，这就是现在众人皆知的双缝干涉条纹。后来的历史证明，这个实验完全可以跻身于物理学史上经典实验前五名之列。

托马斯·杨的著作点燃了革命的导火索，光的波动说在经过了百年的沉寂之后，终于又回到了历史舞台上来。但是它当时的日子并不好过，在微粒说仍然一统天下的年代，杨的论文开始受尽了权威们的嘲笑和讽刺，被攻击为“荒唐”和“不合逻辑”。在近 20 年间竟然无人问津，杨为此专门撰写了论文，但是却无处发表，只好印成小册子，据说发行后“只卖出了一本”。

1818 年，菲涅尔在巴黎科学院举行的一次以解释衍射现象为内容的科学竞赛中以光的干涉原理补充了惠更斯原理，提出了惠更斯—菲涅耳原理，完善了光的衍射理论并获得优胜。早于 1817 年在面对波动说与光的偏振现象的矛盾时，杨觉察到如果光是横波或许问题可以得到解决，并把这一想法写信告诉了阿拉果，阿拉果立即把这一思想转告给了菲涅尔。于是当时已独自领悟到这一点的菲涅尔立即用这一假设解释了偏振现象，证明了光的横波特性，使得光的波动说进入一个新的时期。

在 17 和 18 两个世纪，虽然微粒说与波动说之争始终未曾停歇，但实际上光的微粒说理论一直占据着光学领域的主导地位，而光的波动理论却长期停滞不前。其主要原因为：第一，惠更斯的波动理论还很不完善，甚至不能解释一些基本的光学现象（如光的干涉、衍射、偏振，以及光的直进性与波动性之间的关系等）；第二，当时经典力学已取得的辉煌成就使人们对机械论的观念深信不疑；第三，牛顿经典力学理论的成功使他成为学术界的至高权威，他的理论自然更易于为人们所接受；第四，牛顿的微粒说理论所得出的关于媒质中的光速的错误结论在当时还不能为实验所判定。

思考题

1. 哥白尼提出“日心说”的意义是什么？
2. 牛顿力学体系的科学方法对近代科学的影响是什么？
3. 关于光的本质的两种观点是什么？

第二章　近代数学的发展

近代数学主要研究数量、结构、变化、空间及信息等概念。17 世纪，数学的发展突飞猛进，实现了从常量数学到变量数学的转折。法国学者笛卡儿创立了解析几何学，把变量引进了数学，成为数学发展中的转折点。

英国科学家牛顿和德意志数学家莱布尼茨，分别独立地建立了微积分学，使精密的测量和变量计算有了可能。解析几何发明后，数学进入一个新的以变数为主要研究对象的领域，称为“高等数学”。中国近代数学的研究是从 1919 年五四运动以后才真正开始的。

第一节　对数的制定

16、17 世纪之交，随着天文、航海、工程、贸易以及军事的发展，改进数字计算方法成了当务之急。纳皮尔（J. Napier，1550—1617）正是在研究天文学的过程中，为了简化其中的计算而发明了对数。对数的发明是数学史上的重大事件，天文学界更是以近乎狂喜的心情迎接这一发明。恩格斯曾经把对数的发明和解析几何的创始、微积分的建立称为 17 世纪数学的三大成就，伽利略也说过：“给我空间、时间及对数，我就可以创造一个宇宙。”

对数发明之前，人们对三角运算中将三角函数的积化为三角函数的和或差的方法已很熟悉，而且德国数学家斯蒂弗尔（M. Stifel，约 1487—1567）在《综合算术》中阐述了一种如下所示的对应关系。

$$[r^0, r^1, r^2, r^3, r^4] \rightarrow [0, 1, 2, 3, 4]$$

该关系可被归纳为 $r^n \rightarrow n$，同时该种关系之间存在的运算性质（上面一行数字的乘、除、乘方、开方对应于下面一行数字的加、减、乘、除）也已广为人知。经过对运算体系的多年研究，纳皮尔在 1614 年出版了《奇妙的对数定律说明书》，书中借助运动学，用几何术语阐述了对数方法。

将对数加以改造使之广泛流传的是纳皮尔的朋友布里格斯（H. Briggs，1561—1631），他通过研究《奇妙的对数定律说明书》，感到其中的对数用起来很不方便，于是与纳皮尔商定，使 1 的对数为 0，10 的对数为 1，这样就得到了以 10 为底的常用对数。由于我们的数系是十进制，因此它在数值上计算具有优越性。1624 年，布里格斯出版了《对数算术》，公布了以 10 为底包含 1～20000 及 90000～100000 的 14 位常用对数表。

根据对数运算原理，人们还发明了对数计算尺。300 多年来，对数计算尺一直是科学工作者，特别是工程技术人员必备的计算工具，直到 20 世纪 70 年代才让位给电子计算器。尽管作为一种计算工具，对数计算尺、对数表都不再重要了，但是对数的思想方法却仍然具有生命力。

从对数的发明过程我们可以发现，纳皮尔在讨论对数概念时，并没有使用指数与对数的互逆关系，造成这种状况的主要原因是当时还没有明确的指数概念，就连指数符号也是在 20 多年后的 1637 年才由法国数学家笛卡儿开始使用。直到 18 世纪，才由瑞士数学家欧拉发现了指数与对数的互逆关系。在 1770 年出版的一部著作中，欧拉首先使用定义 $x=\log_n y$，他指出："对数源于指数"。对数的发明先于指数，成为数学史上的珍闻。

以 a 为底 N 的对数记作 $x=\log_a N$。对数符号 log 出自拉丁文 "Logarithm"，最早由意大利数学家卡瓦列里所使用。20 世纪初，形成了对数的现代表示。为了使用方便，人们逐渐把以 10 为底的常用对数及以无理数 e 为底的自然对数分别记作 lg N 和 ln N。例如，$N=a^x$ ($a>0$，$a\neq1$)，即 a 的 x 次方等于 N ($a>0$，且 $a\neq1$)，那么数 x 叫作以 a 为底 N 的对数，记作 $x=\log_a N$。其中，a 叫作对数的底数，N 叫作真数，x 叫作"以 a 为底 N 的对数"。特别地，我们称以 10 为底的对数叫作常用对数（Common logarithm)，并记为 lg。称以无理数 e（e=2.71828……）为底的对数称为自然对数（Natural logarithm)，并记为 ln。0 没有对数。在实数范围内，负数无对数。在复数范围内，负数是有对数的。

从对数的发明过程可以看到，社会生产、科学技术的需要是数学发展的主要动力。建立对数与指数之间的联系的过程表明，使用较好的符号体系对于数学的发展是至关重要的。实际上，好的数学符号能够大大地节省人的思维负担。数学家们对数学符号体系的发展与完善做出了长期而艰苦的努力。

第二节　解析几何的创立

文艺复兴以来生产力的发展和资本主义生产方式的兴起，对科学技术提出了全新的要求。火器技术的发展，刺激了力学中弹道问题的研究，要求能够从数学上正确描述抛体运动的轨道，并给予定量分析。世界贸易的高涨促使航海事业空前发展，而测定船舶具体的精确位置则有赖于天体运动的研究，这就向数学提出了用运动的观点来处理各种曲线的要求。到了 17 世纪前期，对运动与变化的研究已变成自然科学的中心问题，这就迫切地需要新的数学工具。解析几何就是在这样的氛围下诞生的，微积分的一些先驱工作也是在这种背景下开展的。

解析几何学的主要创立者是法国的费马和笛卡儿。

费马，法国著名数学家，被誉为“业余数学家之王”。他出生于法国南部，父亲是一名成功的大商人，母亲出身于贵族。大学攻读法律，毕业后当了律师，但从30岁起他开始迷恋上了数学，直至逝世的几十年里，他的精神世界始终被数学牢牢地占据着。费马通法语、意大利语、西班牙语、拉丁语和希腊语。语言方面的博学给费马的数学研究提供了语言工具和便利，使他有能力学习和了解阿拉伯和意大利的代数以及古希腊的数学。这些为费马在数学上的造诣奠定了良好的基础。在数学上，费马不仅可以在数学王国里自由驰骋，而且还可以站在数学天地之外鸟瞰数学。费马经常和友人通信交流数学研究工作的信息，但对发表著作非常淡漠。费马在世时，没有完整的著作问世。当他去世后，他的儿子萨缪·费马在数学家们帮助之下，将费马的笔记、批注及书信加以整理汇成《数学论集》出版。根据这些著作，可以认定费马在一定程度上掌握了利用移轴和转轴的方法简化方程的技法，在解析几何的圆锥曲线的研究上已经初步系统化。他在研究曲线轨迹问题时把代数运用到几何中去，从此开创了一个在坐标系中用一系列的数值表示一条曲线轨迹的方法。虽然他用的是斜坐标而不是直角坐标，既没有负数也没有纵轴，现在看来显然是很不完善的，但是在给人以启迪上，却起了重大作用。

笛卡儿，法国数学家、科学家和哲学家，西方近代资产阶级哲学奠基人之一。1596年出生于法国，父亲是一个地方法院的评议员，相当于现在的律师和法官。一岁时母亲去世，给笛卡儿留下了一笔遗产，为日后他从事自己喜爱的工作提供了可靠的经济保障。笛卡儿8岁时进入一所耶稣会学校，在校学习8年，接受了传统的文化教育，读了古典文学、历史、神学、哲学、法学、医学、数学及其他自然科学，对数学尤其感兴趣。1628年，他从巴黎移居荷兰，开始了长达20年的研究和写作生涯，先后发表了许多在数学和哲学上有重大影响的论著。他的哲学与数学思想对历史的影响是深远的。人们在他的墓碑上刻下了这样一句话：“笛卡儿，欧洲文艺复兴以来，第一个为人类争取并保证理性权利的人。”

1637年，笛卡儿出版了《更好地指导推理和寻求科学真理的方法论》一书，作为该书三篇附录之一的《几何学》一同发表，标志着解析几何学的诞生。当时，代数还是一门比较新的学科，几何学的思维还在数学家的头脑中占有统治地位。在笛卡儿之前，几何与代数是数学中两个不同的研究领域。笛卡儿站在方法论的自然哲学的高度，认为希腊人的几何学过于依赖于图形，束缚了人的想象力。对于当时流行的代数学，他觉得它完全从属于法则和公式，不能成为一门改进智力的科学。因此他提出必须把几何与代数的优点结合起来，建立一种“真正的数学”。笛卡儿的思想核心是把几何学的问题归结成代数形式的问题，用代数学的方法进行计算、证明，从而达到最终解决几何问题的目的。依照这种思想他创立了“解析几何学”。于是，笛卡儿创立了直角坐标系。他用平面上的一点到两条固定直线的距离来确定点的距离，用坐标来描述空间上的点。进而又创立了解析几何学，表明了几何问题不仅可以归结成为代数形式，而且可以通过代数变换来实现发现几何性质，证明几何性质。解析几何的出现，改变了自古希腊以来代数和几何分离的趋向，把相互对立的“数”与“形”统一了起来，使几何曲线与代数方程相结合。笛卡儿的这一天才创见，更为微积分的创立奠定了基础，从而开拓了变量数学的广阔领域。最为可贵的是，笛卡儿用运动的观点，把曲线看成点的运动的轨迹，不仅建立了点与实数的对应关系，而且把“形”（包括点、线、面）和“数”两个对立的对象统一起来，建立了曲线和方程的对应关系。这种对应关系的建立，不仅标志着函数概念的萌芽，而且表明变数进入了数学，使数学在思想方法上发生了伟大的转折——由常量数学进入变量数学。

当然，解析几何学的诞生也绝非偶然，有其历史渊源。很早以前，古希腊学者阿波罗尼曾引用两条正交直线作为一种坐标，稍后的天文学家依巴谷也运用经度和纬度标出天体上和地面上点的位置。1486 年，英国数学家奥力森（Nicole Oresme，约 1323—1382）出版《论形状的大小》，迈出了坐标系发展中的又一步。1591 年，法国数学家韦达（FrançoisViète，1540—1603）在代数中系统地使用了字母，这就为代数方法在几何中的应用准备了条件。1607 年，瑞士数学家哥特拉底（Marino Ghetaldi，1568—1626）发表的《阿波罗尼著作的现代阐释》，专门对几何问题的代数解法做了系统的研究。1631 年，英国数学家哈里奥特（ThomasHarriot，1560—1621）的《实用分析学》，更把韦达和哥特拉底的思想加以引申和系统化，这就为解析几何学的创立铺平了道路。笛卡儿为了寻找一种能把代数应用到几何中去的新方法整整思考了二十多年，最终获得成功。

由于有了解析几何学使代数和几何统一起来，就可以用代数方法来解决几何问题，也就是说，运用比较简单的代数运算就可解决几何问题。同时，解析几何的创立也为物理学研究提供了一个新的、很有效的数学工具。

正如恩格斯所说：“数学中的转折点是笛卡儿的变数。有了变数，运动进入了数学，有了变数，辩证法进入了数学，有了变数，微分和积分也就立刻成为必要。”笛卡儿的这些成就为后来牛顿、莱布尼茨发现微积分，为一大批数学家的新发现开辟了道路。过去的数学只描述一些确定的和不变的量，现在可以描述变量了，这是个很大的进步。因此，解析几何学的创立在数学界引起了强烈的反响，不少数学家做了研究工作。Y 轴是由 18 世纪瑞典数学家克拉美引入的。1729 年，瑞士的赫尔曼（Jakob Hermann，1678—1733）在牛顿、雅各·伯努利（Jaeob Bernoulli，1654—1705）工作的基础上给出了极坐标概念和直角坐标变换公式。从 17 世纪中叶开始，解析几何从平面扩展到空间。1715 年，约翰·伯努利（Johann Bernoulli，1667—1748）首先引进了现在通用的三个坐标平面。1748 年，瑞士数学家欧拉（Leonhard Euler，1707—1783）在《分析学引论》中给出了现代形式下的解析几何的系统叙述。

第三节 微积分的发明

微积分几乎是同时由牛顿和莱布尼茨开创的。但是微积分的出现也绝不是偶然的，从古代的穷竭法到后来的解析几何的出现都为它的产生做了数学上的充分准备，而且迅速发展的物理学更加快了它的诞生。微积分学这门学科在数学发展中的地位是十分重要的，可以说它是继欧几里得几何之后，全部数学中的一个最伟大的创造。

微分和积分思想在古代就已经产生了。公元前3世纪希腊的阿基米德在研究解决抛物弓形的面积、球和球冠面积、螺线下的面积和旋转双曲线体的体积问题时，就隐含着近代积分学思想。作为积分学基础的极限论，早在古代已有比较清楚的论述，比如，我国的《庄子·天下篇》中，就记有“一尺之捶，日取其半，万世不竭”。三国时代的刘徽在他的割圆术中提道：“割之弥细，所失弥小，割之又割，以至于不可割。则与圆周合体而无所失矣。”这些都是十分朴素的，也是很典型的极限概念。

到了17世纪，有许许多多的科学问题需要解决，归纳起来，可分为四种类型的问题：一是研究运动时的瞬时速度问题；二是求曲线的切线问题；三是求函数的最大值与最小值问题；四是求曲线的长度、曲线围成的面积、曲面围成的体积、物体的重心、一个体积相当大的物体作用于另一物体上的引力等问题。当时许多著名的数学家、物理学家、天文学家都为解决上述问题做了大量的和卓有成效的研究，如费马、笛卡儿、巴罗、开普勒等都为微积分的创立做出了贡献。

17世纪下半叶，在前人工作的基础上，英国的牛顿和德国数学家莱布尼茨分别独立完成了微积分学的创立工作。他们最大的功绩是将看起来不相关的两个问题——切线问题（这是微分学的中心问题）和求积问题（这是积分学的中心问题）联系起来，各自独立建立了微积分学体系。

一、牛顿对创立微积分学的贡献

牛顿发现微积分，首先得助于他的老师巴罗“微分三角形”思想给他的影响；世界一流的法国数学家费马作切线的方法和英国数学家沃利斯（John Wallis，1616—1703）的《无穷算术》也给了他很大启发。牛顿于1664年秋开始研究微积分问题，在家乡躲避瘟疫期间取得了突破性进展。1666年，牛顿将其前两年的研究成果整理成一篇总结性论文《流数简论》，这是历史上第一篇系统的微积分文献。在简论中，牛顿以运动学为背景提出了微积分的基本问题，发明了“正流数术”（微分）；从确定面积的变化率入手通过反微分计算面积，又建立了“反流数术”；并将面积计算与求切线问题的互逆关系作为一般规律明确地揭示出来，将其作为微积分普遍算法的基础论述了“微积分基本定理”。微积分基本定理是微积分中最重要的定理，它建立了微分和积分之间的联系，指出微分和积分互为逆运算。

这样，牛顿就以正、反流数术亦即微分和积分，将自古以来求解无穷小问题的各种方法和特殊技巧有机地统一起来。正是在这种意义下，我们说牛顿创立了微积分。

《流数简论》标志着微积分的诞生，但它有许多不成熟的地方。1667 年，牛顿回到剑桥，并未发表他的《流数简论》。在以后 20 余年的时间里，牛顿始终不渝地努力改进、完善自己的微积分学说，先后完成三篇微积分论文：《运用无穷多项方程的分析学》（简称《分析学》）、《流数法与无穷级数》（简称《流术法》）、《曲线求积术》，它们反映了牛顿微积分学说的发展过程。在《分析学》中，牛顿回避了《流数简论》中的运动学背景，将变量的无穷小增量叫作该变量的“瞬”，看成是静止的无限小量，有时直接令其为零，带有浓厚的不可分量色彩。在论文《流数法》中，牛顿又恢复了运动学观点。他把变量叫作“流”，变量的变化率叫作“流数”，变量的瞬是随时间的瞬而连续变化的。在《流数法》中，牛顿更清楚地表述了微积分的基本问题，“已知两个流之间的关系，求他们的流数之间的关系”；以及反过来，“已知表示量的流数间的关系的方程，求流之间的关系”。在《流数法》和《分析学》中，牛顿所使用的方法并无本质的区别，都是以无限小量作为微积分算法的论证基础，所不同的是，《流数法》以动力学连续变化的观点代替了《分析学》的静力学不可分量法。

牛顿最成熟的微积分著述《曲线求积术》，对于微积分的基础在观念上发生了新的变革，它提出了“首末比方法”。牛顿批评自己过去随意扔掉无限小瞬的做法，他说：“在数学中，最微小的误差也不能忽略，……我认为数学的量并不是由非常小的部分组成的，而是用连续的运动来描述的。”在此基础上牛顿定义了流数概念，继而认为：“流数之比非常接近于尽可能小的等时间间隔内产生的流量的增量比，确切地说，它们构成增量的最初比。”并借助于几何解释把流数理解为增量消逝时获得的最终比。可以看出，牛顿的所谓“首末比方法”相当于求函数自变量与因变量变化之比的极限，它成为极限方法的先导。

牛顿对于自己发表的科学著作持非常谨慎的态度。1687 年，牛顿出版了他的力学巨著《自然哲学的数学原理》，这部著作中包含他的微积分学说，也是牛顿微积分学说的最早的公开表述，因此该巨著成为数学史上划时代的著作。而他的微积分论文直到 18 世纪初才在朋友的再三催促下相继发表。

牛顿的上述论著是微积分发展的重要里程碑，也为近代数学甚至近代科学的产生与发展开辟了新纪元。

二、莱布尼茨对创立微积分的贡献

莱布尼茨是德国数学家。他才华横溢，却厚积而薄发。他把一切领域的知识作为自己追求的目标。他的研究涉及数学、哲学、法学、力学、光学、流体静力学、海洋学、生物学、地质学、机械学、逻辑学、语言学、历史学、神学等41个领域。他被誉为"17世纪的亚里士多德"，其最突出的成就是创建了微积分学。他的微积分思想最早出现在他1675年的数学笔记中。

莱布尼茨研究了巴罗的《几何讲义》后，意识到微分与积分是互逆关系，并证明了求曲线的切线依赖于纵坐标与横坐标的差值（当这些差值变成无穷小时）的比，而求面积则依赖于在横坐标的无穷小区间上的纵坐标之和或无限窄矩形面积之和，并且这种求和与求差的运算是互逆的。

莱布尼茨的第一篇微分学论文《一种求极大极小和切线的新方法，它也适用于分式和无理量，以及这种新方法的奇妙类型的计算》于1684年发表。这是历史上最早公开发表的关于微分学的论文。文中介绍了微分的定义，函数的和、差、积、商及乘幂的微分法则，关于一阶微分不变形式的定理，关于二阶微分的概念，以及微分学对于研究极值、作切线、求曲率及拐点的应用。他关于积分学的第一篇论文发表于1685年。论文介绍了几种特殊积分法，它们是变量替换法、分部积分法、利用部分分式求有理式的积分方法等。

莱布尼茨在创建微积分过程中，花了很多时间来选择精巧的符号，使它们不仅可以起到速记的作用，更重要的是能够精确、深刻地表达某种概念、方法和逻辑关系。现在微积分学中的一些基本符号，如 $\mathrm{d}x$、$\mathrm{d}y$、$\mathrm{d}y/\mathrm{d}x$、$\mathrm{d}n$、$\int$、log 等，都是他创造的，这些符号的建立为此后数学的发展带来极大的方便。莱布尼茨在创立微积分时，比牛顿更注意逻辑性和严密性。

莱布尼茨和牛顿研究微积分学的侧重点不同，采用的方法不同。莱布尼茨研究微积分侧重从几何学角度来考虑，牛顿则着重从运动学角度来考虑，但是达到了同一目的。

微积分学的创立，极大地推动了数学的发展。它的创立是数学史上的一件大事，也是人类历史上的一件大事。微积分学的创立将数学带入一个新的时代——变量数学时代。

第四节　代数的发展

代数是研究数、数量、关系与结构的数学分支。初等代数一般在中学时讲授，介绍代数的基本思想：研究当我们对数字作加法或乘法运算时会发生什么，以及了解变量的概念和如何建立多项式并找出它们的根。代数的研究对象不仅是数字，而且是各种抽象化的结构。在其中我们只关心各种关系及其性质，而对于"数本身是什么"这样的问题并不关心。常见的代数结构类型有群、环、域、模、线性空间等。

代数是由算术演变来的，这是毫无疑问的。至于什么年代产生的代数学这门学科，就很不容易说清楚了。例如，如果你认为"代数学"是指解 $bx+k=0$ 这类用符号表示的方程的技巧，那么这种“代数学”是在16世纪才发展起来的。

如果我们对代数符号不是要求像现在这样简练，那么，代数学的产生可上溯到更早的年代。西方人将公元前3世纪古希腊数学家丢番图看作代数学的鼻祖，而真正创立代数的则是古阿拉伯帝国时期的伟大数学家花拉子密。而在中国，用文字来表达的代数问题出现的就更早了。

“代数”作为一个数学专有名词、代表一门数学分支在我国正式使用，最早是在1859年。那年，清代数学家李善兰和英国人韦列亚力共同翻译了英国人棣么甘所写的一本书，译本的名称就叫作《代数学》。当然，代数的内容和方法，我国古代早就产生了，如《九章算术》中就有方程问题。

代数的起源可以追溯到古巴比伦的时代，当时的人们发展出了较之前更进步的算术系统，使其能以代数的方法来做计算。经由此系统，他们能够列出含有未知数的方程并求解，这些问题在今日一般是使用线性方程、二次方程和不定线性方程等方法来解答的。相对地，这一时期大多数的埃及人及西元前1世纪大多数的印度、希腊和中国等数学家则一般是以几何方法来解答此类问题的，如在《兰德数学纸草书》《绳法经》《几何原本》及《九章算术》等书中所描述的一般。希腊在几何上的工作，以《几何原本》为经典。

代数（Algebra）导源于阿拉伯语单字“Al-jabr”，意指移项和合并同类项之计算的摘要，为阿拉伯数学家花拉子密所创。“Al-Jabr”此词的意思为“重聚”。传统上，希腊数学家丢番图被认为是“代数之父”，他的贡献时至今日都还有用途，且他更给出了一个解答二次方程的详尽说明。波斯数学家欧玛尔·海亚姆发展出代数几何学，且找出了三次方程的一般几何解法。印度数学家摩诃吠罗和婆什迦罗与中国数学家朱世杰列出了许多三次、四次、五次及更高次多项式方程的解法。

代数更进一步发展的另一个关键事件在于三次及四次方程的一般代数解，其发展产生于16世纪中叶。行列式的概念发展于17世纪的日本数学家关孝和手中，并于十年后由莱布尼茨继续发展着，其目的是为了以矩阵来解出线性方程组的答案来。加布里尔·克拉默也于18世纪时在矩阵和行列式上做了一样的工作。抽象代数的发展始于19世纪，一开始专注在今日称为伽罗瓦理论及规矩数的问题上。

一、初等代数

研究数字和文字的代数运算理论和方法，更确切地说，是研究实数和复数，以及以它们为系数的多项式的代数运算理论和方法的数学分支学科。初等代数是古老的算术的推广和发展。在古代，当算术里积累了大量的关于各种数量问题的解法后，为了寻求有系统的、更普遍的方法，以解决各种数量关系的问题，就产生了以解方程的原理为中心问题的初等代数。初等代数的中心内容是解方程，因而长期以来都把代数学理解成方程的科学，数学家们也把主要精力集中在方程的研究上。它的研究方法是高度计算性的。

要讨论方程，首先遇到的一个问题是如何把实际中的数量关系组成代数式，然后根据等量关系列出方程。所以初等代数的一个重要内容就是代数式。由于事物中的数量关系的不同，大体上初等代数形成了整式、分式和根式这三大类代数式。代数式是数的化身，因而在代数中，它们都可以进行四则运算，服从基本运算定律，而且还可以进行乘方和开方两种新的运算。通常把这六种运算叫作代数运算，以区别于只包含四种运算的算术运算。

在初等代数的产生和发展的过程中，通过解方程的研究，也促进了数的概念的进一步发展，将算术中讨论的整数和分数的概念扩充到有理数的范围，使数包括正负整数、正负分数和零。这是初等代数的又一重要内容，就是数的概念的扩充。

有了有理数，初等代数能解决的问题就大大地扩充了，但是有些方程在有理数范围内仍然没有解。于是，数的概念再一次扩充到了实数，进而又进一步扩充到了复数。

数学家们说不用把复数再进行扩展，这就是代数里的一个著名的定理，即代数基本定理。这个定理简单地说就是 n 次方程有 n 个根。1742 年 12 月 15 日，瑞士数学家欧拉曾在一封信中明确地做了陈述，后来另一位数学家——德国的高斯在 1799 年给出了严格的证明。

综上所述，初等代数的基本内容就是：三种数——有理数、无理数、复数，三种式——整式、分式、根式，中心内容是方程——整式方程、分式方程、无理方程和方程组。

初等代数的内容大体上相当于现代中学设置的代数课程的内容，但又不完全相同。例如，严格地说，数的概念、排列和组合应归入算术的内容；函数是分析数学的内容；不等式的解法有点像解方程的方法，但不等式作为一种估算数值的方法，本质上是属于分析数学的范围；坐标法是研究解析几何的。这些都只是历史上形成的一种编排方法。

初等代数是算术的继续和推广，初等代数研究的对象是代数式的运算和方程的求解。代数运算的特点是只进行有限次的运算。全部初等代数总起来有十条规则，这是学习初等代数需要理解并掌握的要点。

二、高等代数

初等代数从最简单的一元一次方程开始，进而讨论二元及三元的一次方程组，另一方面研究二次以上及可以转化为二次的方程组。沿着这两个方向继续发展，代数在讨论任意多个未知数的一次方程组，也叫线性方程组的同时还研究次数更高的一元方程组。发展到这个阶段，就叫作高等代数，高等代数是代数学发展到高级阶段的总称，它包括许多分支。现在大学里开设的高等代数，一般包括两部分，线性代数和多项式代数。

在高等代数中，一次方程组（线性方程组）发展成为线性代数理论，而二次以上方程发展成为多项式理论。前者是向量空间、线性变换、型论、不变量论和张量代数等内容的一门近世代数分支学科，而后者是研究只含有一个未知量的任意次方程的一门近世代数分支学科。作为大学课程的高等代数，只研究它们的基础。高次方程组（非线性方程组）发展成为一门比较现代的数学理论——代数几何。

线性代数是高等代数的一大分支。我们知道一次方程叫作线性方程，讨论线性方程及线性运算的代数就叫作线性代数。在线性代数中最重要的内容就是行列式和矩阵。行列式和矩阵在19世纪受到很大关注，而且人们写了上千篇关于这两个课题的文章。向量的概念，从数学的观点来看不过是有序三元数组的一个集合，然而它以力或速度作为直接的物理意义，并且数学上用它能立刻写出物理上所说的事情。向量用于梯度、散度、旋度就更有说服力。同样，行列式和矩阵如导数一样。（虽然“$\mathrm{d}y/\mathrm{d}x$”在数学上不过是一个符号，可以表示“$\Delta y/\Delta x$”的极限的长式子，但导数本身是一个强有力的概念，能使我们直接而创造性地想象物理上发生的事情。）因此，虽然表面上看，行列式和矩阵不过是一种语言或速记，但它的大多数生动的概念能对新的思想领域提供钥匙。然而已经证明这两个概念是数学物理上高度有用的工具。线性代数学科和矩阵理论是伴随着线性系统方程系数研究而引入和发展的。

高等代数在初等代数的基础上将研究对象进一步扩充，引进了许多新的概念以及与通常很不相同的量，如最基本的集合、向量和向量空间等。这些量具有和数相类似的运算的特点，不过研究的方法和运算的方法都更加繁复。

集合是具有某种属性的事物的全体；向量是除了具有数值还同时具有方向的量；向量空间也叫线性空间，是由许多向量组成的并且符合某些特定运算的规则的集合。向量空间中的运算对象已经不只是数，而是向量了，其运算性质也有很大的不同了。也可以这样说，高等代数就是初等代数的进化，比初等代数更加全面。

不仅是数，也可能是矩阵、向量、向量空间的变换等，对于这些对象，都可以进行运算，虽然也叫作加法或乘法，但是关于数的基本运算定律，有时不再保持有效。因此代数学的内容可以概括称为带有运算的一些集合，在数学中把这样的一些集合，叫作代数系统，比较重要的代数系统有群论、环论、域论。群论是研究数学和物理现象的对称性规律的有力工具，现在群的概念已成为现代数学中最重要的、具有概括性的一个概念，广泛应用于其他部门。

第五节 非欧几何的产生

非欧几何是一门大的数学分支，一般来讲，它有广义、狭义、通常意义这三个方面的不同含义。所谓广义的非欧几何是泛指一切和欧几里得几何不同的几何学，狭义的非欧几何只是指罗氏几何，至于通常意义的非欧几何，就是指椭圆几何学。

欧几里得的《几何原本》提出了五条公设，头四条公设分别为：

过两点能作且只能作一直线。

线段（有限直线）可以无限地延长。

以任一点为圆心，任意长为半径，可作一圆。

任何直角都相等。

第五条公设为，同一平面内一条直线和另外两条直线相交，若在某一侧的两个内角的和小于两直角，则这两直线经无限延长后在这一侧相交。

长期以来，数学家们发现第五公设和前四个公设比较起来，显得文字叙述冗长，而且也不那么显而易见。有些数学家还注意到欧几里得在《几何原本》一书中直到第二十九个命题中才用到第五条公设，而且以后再也没有使用。也就是说，在《几何原本》中可以不依靠第五条公设而推出前二十八个命题。因此，一些数学家提出，第五条公设能不能不作为公设，而作为定理？能不能依靠前四条公设来证明第五条公设？这就是几何发展史上最著名的、争论了长达两千多年的关于“平行线理论”的讨论。

由于证明第五条公设的问题始终得不到解决，人们逐渐怀疑证明的路子走得对不对？第五条公设到底能不能证明？

一、罗氏几何

19 世纪 20 年代，俄国喀山大学教授罗巴切夫斯基在证明第五公设的过程中，走了另一条路。他提出了一个和欧式平行公理相矛盾的命题，用它来代替第五公设，然后与欧式几何的前四个公设结合成一个公理系统，展开一系列的推理。他认为如果以这个系统为基础的推理中出现矛盾，就等于证明了第五公设。我们知道，这其实就是数学中的反证法。但是，在他极为细致深入的推理过程中，得出了一个又一个在直觉上匪夷所思，但在逻辑上毫无矛盾的命题。最后，罗巴切夫斯基得出两个重要的结论。第一，第五条公设不能被证明。第二，在新的公理体系中展开的一连串推理，得到了一系列在逻辑上无矛盾的新的定理，并形成了新的理论。这个理论像欧式几何一样是完善的、严密的几何学。

这种几何学被称为罗巴切夫斯基几何，简称罗氏几何。这是第一个被提出的非欧几何学。从罗巴切夫斯基创立的非欧几何学中，可以得出一个极为重要的、具有普遍意义的结论：逻辑上互不矛盾的一组假设都有可能提供一种几何学。

罗巴切夫斯基几何的公理系统和欧几里得几何不同的地方仅仅是把欧式几何平行公理用“在平面内，从直线外一点，至少可以作两条直线和这条直线平行”来代替，其他公理基本相同。由于平行公理不同，经过演绎推理却引出了一连串和欧式几何内容不同的新的几何命题。我们知道，罗氏几何除了一个平行公理之外采用了欧式几何的一切公理。因此，凡是不涉及平行公理的几何命题，在欧式几何中如果是正确的，在罗氏几何中也同样是正确的。在欧式几何中，凡涉及平行公理的命题，在罗氏几何中都不成立，他们都相应地含有新的意义。下面举几个例子加以说明。

欧式几何：
同一直线的垂线和斜线相交。
垂直于同一直线的两条直线互相平行。
存在相似的多边形。
过不在同一直线上的三点可以作且仅能作一个圆。
罗氏几何：
同一直线的垂线和斜线不一定相交。
垂直于同一直线的两条直线，当两端延长的时候，离散到无穷远点。
不存在相似的多边形。
过不在同一直线上的三点，不一定能作一个圆。

从上面所列举的罗氏几何的一些命题可以看到，这些命题和我们所习惯的直观形象有矛盾。所以罗氏几何中的一些几何事实没有像欧式几何那样容易被接受。但是，数学家们经过研究，提出可以用我们习惯的欧式几何中的事实作一个直观“模型”来解释罗氏几何是正确的。

1868年，意大利数学家贝特拉米发表了一篇著名论文《非欧几何解释的尝试》，证明非欧几何可以在欧几里得空间的曲面（如拟球曲面）上实现。这就是说，非欧几何命题可以“翻译”成相应的欧几里得几何命题，如果欧几里得几何没有矛盾，非欧几何也就自然没有矛盾。直到这时，长期无人问津的非欧几何才开始获得学术界的普遍注意和深入研究，罗巴切夫斯基的独创性研究也就由此得到学术界的高度评价和一致赞美，他本人则被人们赞誉为“几何学中的哥白尼”。

二、黎曼几何

欧氏几何与罗氏几何中关于结合公理、顺序公理、连续公理及合同公理都是相同的，只是平行公理不一样。欧式几何讲“过直线外一点有且只有一条直线与已知直线平行”。罗氏几何讲“过直线外一点至少存在两条直线和已知直线平行”。那么是否存在这样的几何，即“过直线外一点，不能作直线和已知直线平行?”黎曼几何就回答了这个问题。

黎曼几何是德国数学家黎曼创立的。他在1851年所写的一篇论文《论几何学作为基础的假设》中明确地提出另一种几何学的存在，开创了几何学的一片新的广阔领域。

黎曼几何中的一条基本规律是，在同一平面内任何两条直线都有公共点（交点）。在黎曼几何学中不承认平行线的存在，它的另一条公设讲：直线可以无限延长，但总的长度是有限的。黎曼几何的模型是一个经过适当“改进”的球面。

近代黎曼几何在广义相对论里得到了重要的应用。在物理学家爱因斯坦的广义相对论中的空间几何就是黎曼几何。在广义相对论里，爱因斯坦放弃了关于时空均匀性的观念，他认为时空只是在充分小的空间里以一种近似性而均匀存在的，但是整个时空却是不均匀存在的。在物理学中的这种解释，恰恰与黎曼几何的观念是相似的。

此外，黎曼几何在数学中也是一个重要的工具。它不仅是微分几何的基础，也应用在微分方程、变分法和复变函数论等方面。

三、欧氏几何与非欧几何的关系

欧氏几何、罗氏几何、黎曼（球面）几何是三种各有区别的几何。这三种几何各自所有的命题都构成了一个严密的公理体系，每个体系内的各条公理之间没有矛盾。因此这三种几何都是正确的。

宏观低速的牛顿物理学中，也就是在我们的日常生活中，我们所处的空间可以近似看成欧式空间；在涉及广义相对论效应时，时空要用黎曼几何刻画。

四、其他贡献

几乎在罗巴切夫斯基创立非欧几何学的同时，匈牙利数学家鲍耶·雅诺什也发现了第五公设不可证明和非欧几何学的存在。鲍耶在研究非欧几何学的过程中也遭到了家庭、社会的冷漠对待。他的父亲——数学家鲍耶·法尔卡什也曾研究过平行线理论，与高斯有过书信交往，但在一次发现其理论有简单的错误后受到打击，所以在雅诺什研究第五公设时，其父认为这种研究是耗费精力徒劳而无功的蠢事，劝他放弃这种研究。但鲍耶·雅诺什坚持为发展新的几何学而辛勤工作。终于在1832年，在他的父亲的一本著作里，以附录的形式发表了研究结果。高斯也发现第五公设不能证明，并且研究了非欧几何。但是高斯害怕这种理论会遭到当时教会力量的打击和迫害，不敢公开发表自己的研究成果，只是在书信中向自己的朋友表示了自己的看法，也不敢站出来公开支持罗巴切夫斯基、鲍耶他们的新理论。

思考题

1. 牛顿对创立微积分学的贡献有哪些？
2. 非欧几何的主要内容有哪些？

第三章　近代生物学的发展

第一节　从维萨里到哈维的生理学革命

从古希腊之后直到 14 世纪，西方人一直以盖仑的学说来解释人体的生理现象。盖仑认为，人体生理过程要靠体内产生的三种“灵气”来维持，它们是动物灵气、活力灵气和自然灵气，它们分别分布在人体的大脑器官、心脏器官和肝脏器官。16 世纪，人们对于很多事物的认知都来自教士布道，出于对自身的维护，他们所讲的内容当然是有选择性的，至于那些不同观点，一律都被冠以异端的罪名。古代的自然哲学家把人体称为“小宇宙”，并且猜测其与大宇宙存在相似性。正当哥白尼在大宇宙领域向宗教神学提出挑战的时候，维萨留斯、塞尔维特和哈维等人对人体进行了研究，在小宇宙领域也向宗教神学发起冲击。

一、维萨里

安德烈·维萨里（Andreas Vesaliua，1514—1564）是著名的医生和解剖学家，近代人体解剖学的创始人，与哥白尼齐名，是科学革命的两大代表人物之一。维萨里生于布鲁塞尔的一个医学世家。他的曾祖、祖父、父亲都是宫廷御医，家中收藏了大量有关医学方面的书籍。维萨里幼年时代就喜欢读这些书，从这些书中他受到许多启发，并立下了当一名医生的志向。

维萨里从小对医学就感兴趣，接触到了各种动物的解剖实验，了解它们的身体结构，他非常渴望得到人体解剖方面的知识，可当时的医学院只是照本宣科讲述盖仑的著作，不做认真的医学实践。维萨里早年在巴黎大学的医学院就读，还是一名医学生期间，他就对一些既有的论断表示怀疑。他对当时的学风很不满，因此自己设法弄尸体来解剖，还曾到绞刑架下偷过尸体。就这样，他掌握了丰富的人体解剖知识。毕业后，他留在了帕多瓦，教授外科和解剖学。同时，他还被邀请到博洛尼亚大学和比萨大学做演讲。演讲的对象都学习过盖仑的理论，一般都是通过讲授者聘请外科医生对动物的解剖来进行说明。没有人试图去验证一下盖仑的理论，它们被认为是无懈可击的。但维萨里的做法与众不同，他使用解剖工具亲自演示操作，而学生则围在桌子周围观察学习。面对面的亲身体验式教学被认为是唯一可靠的教学方式，也是对中世纪实践的一个重大突破。

他用六幅带有说明的解剖图详尽记录了自己的解剖工作。当他发现这些图已经被大量复制时，他在1538年把图集合成册出版，名为《解剖图谱六幅》。1538年，他又发表了一本关于刺络放血的小册子。接着在1539年，他又对盖仑的解剖学指南《论解剖程序》做了改进。1541年，维萨里在博洛尼亚发现盖仑所有的研究结果都不是源于对人体的解剖而是源于对动物的解剖：因为古代罗马人体解剖是被禁止的，所以盖仑选用了巴巴利猕猴来代替，还坚称两者在解剖学上是相近的。于是，维萨里对盖仑的文章做了校正，并开始撰写自己的著作。1543年，维萨里发表了他的伟大著作《人体结构》，该书共7卷，插图很多，一目了然。《人体结构》展示了大量全新的人体知识，书中论述了男女肋骨数相同，从而否定了女人是由男人的一根肋骨演变的说法；人腿骨是弯的，并非直的；亚里士多德认为心管思维，维萨里认为脑管思维。维萨里是生理学家，也是美术大师，所以书中的插图大部分是由他亲自绘制的。插图表现出了人们生活中的各种姿势，有的仰首，有的沉思，有的形象取自绞刑台下，还带着绳索，栩栩如生，甚至连最枯燥的骨架，看上去也充满了生机。他的解剖学被称为“活的解剖学”。

维萨里的《人体构造》一书奠定了近代解剖学的基础，他被后人称为“解剖学之父”。在当时，神学一统天下，由于他进行了被教会所禁止的人体解剖，指出了盖仑学说的错误，触犯了教会的权威，因而遭到了教会的指责和迫害。维萨里最终被流放而死于路上。维萨里虽然献出了自己的生命，但他所开创的新的不迷信权威，用观察、解剖研究人体的思想方法对后来生物学的发展起了巨大的作用。

二、塞尔维特

弥贵尔·塞尔维特（Miguel Servet，1511—1553）是西班牙医生，文艺复兴时代的自然科学家，肺循环的发现者，亦是一位神学家。他于1535年到1538年在巴黎研究医学，并学习了解剖学，是解剖学家维萨里的同学。

塞尔维特自幼聪颖，不但从小涉猎多种自然科学，而且天生具有快速掌握多种语言的天赋。因此他十来岁的时候就已经精通多种外语，堪称当时的小神童。

神童塞尔维特十五岁就到教会做一位高级教士的助手，在那里他有机会阅读到很多珍贵的教会文献。经过六年的潜心钻研，这个年轻人发表了一部宗教著作，书中的观点直接挑战了宗教界根深蒂固、不可动摇的“三位一体”观点。从此，他被赶出神学界，在偏僻的乡下过着隐姓埋名的生活。

此后，他先是自学成为专业地理学家，后来又机缘巧合投身医学界。由于当地落后的环境不能满足他强烈的求知欲望，这个年轻人遂到巴黎求学。幸运的是，通过朋友的介绍，他辗转来到维萨里身边，以助手的身份继续学习医学。由于当时维萨里本人也在医学方面进行了前无古人的实验，两者一拍即合。在这段时间里，塞尔维特接触到大量最前沿的医学知识，很快就成为一名医术精湛的医师，甚至被一位总主教聘用为专属的私人医师。

这份工作为塞尔维特提供了更好的研究条件，可以一边做着医师的工作，一边继续医学方面的研究。也就在此时，塞尔维特借助维萨里的科研基础，秘密提出了人体的血液是往复流动的说法，即著名的小循环被发现了，并将这个论断非公开地结集出版。1553 年，他秘密出版了《基督教的复兴》一书，在此书中，他用一元论的观点，阐述了上述有关肺循环的看法。

他还为此致信当时炙手可热的宗教改革者约翰·加尔文，质疑其观点。为此，加尔文公开愤怒地宣称，一定会狠狠教训这个不知天高地厚的家伙。果然不久塞尔维特锒铛入狱，狱中的塞尔维特用自己精湛的医术挽救了很多狱友，于是大家协力帮他逃出了监狱。不幸的是，在途中他再一次被捕，而且被宣判死刑。

三、法布里修斯

西罗尼姆斯·法布里修斯（1537—1619），1537 年 5 月 20 生于阿夸彭登特，意大利医生。法布里修斯是法娄皮欧的学生，后来在帕多瓦继承了法娄皮欧的事业，从维萨里到法娄皮欧、法布里修斯再到哈维，形成了四代师生这样的传承。

他于 1559 年在帕多瓦获得医学博士学位，于 1565 年成为该校的外科教授。法布里修斯发现了静脉血管内的单向瓣膜，1603 年出版《论静脉瓣膜》一书，其中他详细描述了静脉内壁上的小瓣膜，它的奇异之处在于永远朝着心脏的方向打开，而向相反的方向关闭。瓣膜的发现使他享有盛名，然而他未能认识到它们存在的意义。1619 年 5 月 21 日，法布里修斯死于帕多瓦。

四、哈维

威廉·哈维（William Harvey，1578—1657）出生于英国肯特郡福克斯通镇，他的父亲托马斯·哈维是当地一位富裕的地主，曾做过福克斯通镇的镇长。哈维从小爱读书，上小学的时候，他不贪玩，成绩很好。十岁那年，他的英语和拉丁语考试成绩优秀，被当地有名的坎特伯雷中学录取，并且获得了奖学金。哈维在坎特伯雷著名的私立学校受过严格的初等、中等教育，15 岁时进入剑桥大学学习了两年与医学有关的一些学科。16 岁的哈维，以优异的成绩，考取了英国著名的剑桥大学冈维尔-凯厄斯学院，获得马太·帕克奖学金。19 岁时，他获得了文学学士学位。随后，哈维离开英国，途经德国和法国，来到以解剖学闻名的意大利帕多瓦大学医学院，在法布里修斯门下学习医学，开始了新的学习生活。哈维在学习期间，不仅刻苦钻研，积极实践，被同学们誉为“小解剖家”，而且在从事静脉血管解剖和“静脉瓣”的研究中，成了老师的得力助手。他留学期间，伽利略正在帕多瓦任教，这位实验科学大师的科学思想使哈维受益匪浅，懂得了实验对于科学理论的重要性。

1602 年，哈维获得了医学博士学位。在答辩时，考场上坐着几位知名的教授，他胸有成竹，毫不紧张，对答如流。他的博士学位证书上写着："威廉·哈维以突出的学习成绩和不平凡的才能引人注目，并获得本校解剖学、医学和外科学杰出教授们的赞扬。"毕业后，哈维回到英国。他的母校剑桥大学，也授予他医学博士学位。不久，他到著名的圣巴塞洛缪医院当医生，用他所学到的知识，去实现自己的愿望。

为了了解心脏的构造和血液的运动，十多年里，哈维用青蛙、鱼、蛇、鸡、鸭、鸽、兔、羊、狗、猴子等八十多种动物，进行了大量的解剖实验。在哈维的家里，有一间解剖实验室。他非常珍惜时间，除了去医院给人看病，就在家里读书和做解剖实验。哈维夜以继日，争分夺秒，把自己的心血倾注到动物活体解剖中去。他废寝忘食，有时甚至连续工作几十个小时。家人没有别的办法，只好把食物放在他的书房或者实验室里。经过研究，哈维看到：右心房收缩时，三尖瓣开启，血液流到了右心室；紧接着，右心室收缩，三尖瓣关闭，肺动脉瓣开启，把暗红色的血液压入唯一的通道主肺动脉。主肺动脉的分支——两条肺动脉，把血液分别送到左右两肺。从肺里出来的肺静脉血是鲜红的，证明它从肺里吸收了氧气，然后流进了左心房；左心房收缩，二尖瓣开启，血液流到左心室；紧接着，左心室收缩，二尖瓣关闭，主动脉瓣开启，血液被压入唯一的通道主动脉。左右两侧心房、心室的收缩和舒张，在时间上是协调一致的。当动物呼吸停止，血液不能通过肺脏流入肺静脉时，左心房也就得不到新鲜的血液，心脏很快就停止了跳动。但是，很多冷血动物的呼吸虽然停止了，心脏跳动往往还能维持一段时间，直到血液全部输出，成了空腔为止。哈维证明了塞尔维特的肺循环结论是正确的。

这样，哈维绘出了一幅完整的血液循环图，肯定了心脏是血液运动的中心，明确了心脏搏动是血液循环的推动力。哈维的这一重大发现，从根本上推翻了盖仑的错误理论。1615 年，他被聘为医学院解剖学外科讲座的终身教授。他用血液循环学说代替盖仑的医学来讲授人体结构。令他失望的是，其学说并没有在医学界引起反响，在公开演讲血液循环学说 13 年后，即 1628 年，他的著作《关于动物心脏与血液运动的解剖研究》才在德国法兰克福出版。出版后，同样招致反对和攻击。甚至有人嘲笑挖苦说，以前医生不知道血液循环，但也会看病。连当时伟大的弗朗西斯·培根都认为血液循环是无稽之谈。不过在国王的保护下，他未受到人身摧残。当然也有人支持他，如笛卡儿和波义耳等人。

真理终归是真理，不久，医学家和生理学家承认了血液循环的事实，此后各大学的讲台，淘汰了盖仑医学中主观臆断的谬论，都开始讲授哈维的理论了。哈维的贡献是划时代的，他的工作标志着新的生命科学的开始，是 16 世纪科学革命的一个重要组成部分。人们在他在世时为他立了塑像。1905 年，美国成立了哈维学会，以示纪念。

恩格斯如此高度评价哈维："哈维由于发现了血液循环而把生理学（人体生理学和动物生理学）确立为科学。"哈维亦因此被誉为近代生理学之父。哈维的伟大著作

《动物心血运动解剖论》，被称为全部生理学史上最重要的著作。他的《心血运动论》一书也像《天体运行论》《关于托勒密和哥白尼两大体系的对话》《自然哲学的数学原理》等著作一样，成为科学革命时期以及整个科学史上极为重要的文献。

第二节　细胞学说的建立

作为实验科学的生物学在19世纪有了巨大的发展，细胞学说的提出、微生物学的发展是这门实验科学最伟大的成就，进化论的创立更为微生物学的发展带来了质的变化。恩格斯赞誉，19世纪三大发现为细胞学说、能量守恒定律（热力学第一定律）与达尔文的进化论。细胞是生命的基本单位，细胞的特殊性决定了个体的特殊性，因此，对细胞的深入研究是揭开生命奥秘、改造生命和征服疾病的关键。从英国物理学家罗伯特·胡克（Robert Hooke）发现细胞到细胞学说的建立，经过了170多年。在这一时期内，科学家对动、植物的细胞及其内容物进行了广泛的研究，积累了大量资料。

一、显微镜的发明和细胞的发现

16世纪末，荷兰的眼镜制造商赞森父子发明了显微镜（两片镜片排成一列），放大倍数不到10倍。17世纪初，列文虎克（Leeuwenhoek，1632—1723）靠自学亲手制作了400多台放大倍数在50到200倍的显微镜，达到了单式显微镜的顶峰，他利用自制的显微镜观察了很多物质，如植物、动物、矿物、水、唾液、火药等，发现了原生动物和细菌。在开拓显微生物学的道路上，另一位领军人物是英国皇家学会的干事长罗伯特·胡克，在意大利人伽利略制造复式显微镜的基础上继续前进，他制作了能放大40到140倍的复式显微镜，他用自己设计与制造的简易显微镜观察栎树软木塞切片时，发现其中有许多许多排列整齐的蜂窝状小孔，他把这些小孔命名为“cell”（细胞），这是细胞一词的第一次出现。实际上胡克当时看到的是细胞壁，这是人类发现细胞的第一步。

其后，一些生物学家对动物、植物和微生物的细胞做了观察和描述，但是都没有意识到细胞是生物体的基本构成单位。直到19世纪，随着生物学基础研究的发展和显微镜技术的改进，对细胞的观察也取得了成就，继而导致细胞学说的提出。

二、细胞学说的建立

（一）18、19世纪显微镜的发展

1752年，英国人商多朗德（J. Dollond，1706—1761）发明消色差显微镜。色差是透镜成像的一个严重缺陷，发生在多色光为光源的情况下，白光由红、橙、黄、绿、青、蓝、紫七种组成，各种光的波长不同，所以在通过透镜时的折射率也不同，这样物方一个点，在象方则可能形成一个色斑。消色差显微镜的发现使

显微镜的观察更加清晰。1812年，苏格兰人布鲁斯特发明油浸物镜，改进了体视显微镜。1840年，查尔斯·谢瓦利埃制造了学生用显微镜。1886年，德国人恩斯特·卡尔·阿贝（1814—1905）发明消色差能力更强复消色差显微镜，并改进了油浸物镜，至此普通光学显微镜技术基本成熟。随着新型显微镜的问世，科学家们纷纷观测到植物和动物细胞中的细胞核，于是人们对细胞的结构已经初步了解。

（二）细胞学说的建立

1838年，德国科学家施莱登（Matthias Jakob Schleiden，1804—1881）根据自己多年在显微镜下观察的结果，使用分辨率达1μm的显微镜，观察了大量的植物组织结构后，发表了著名的《论植物的发生》，文中提出：细胞是指物体中普遍存在的结构，无论多么复杂的组织都是由细胞组成的，细胞是最小的活的单位。这些基本观点构筑了细胞学说的基本框架。

施莱登与西奥多·施旺（Theodor Schwann，1810—1882）在1838年一次聚会上的偶然相遇推动了细胞学说的诞生。1839年，德国动物学家施旺通过对鱼、蛙、猪、等多种多细胞动物的系统观察，出版了专著《动植物的结构和生长一致性的显微研究》，书中阐明了细胞学说：一切动物和植物有机体都是由细胞构成，都是由细胞的繁殖和分化发展而来的，每个细胞是生命的独立单位，同时又在生物机体内相互协调构成统一的整体。

1855年，德国病理学家魏尔肖在《细胞病理说》中做出了“细胞生自细胞”的论断，这是对细胞学说的一个重要的修正和发展。细胞学说的建立标志着一门新学科——细胞学的兴起，说明人类对细胞的认识已由器官的层次进入细胞的层次。细胞学说的建立，推倒了分隔动植物界的巨大屏障，揭示了细胞的统一性及生物体结构的统一性及共同起源，把生物界的所有物种都联系起来了，证明了生物彼此之间存在着亲缘关系，为生物进化理论的提出奠定了基础。同时极大地推进了人们对生命世界的认识，有力地促进了生命科学的发展。

第三节　达尔文的生物进化论

18世纪中叶以前，整个学界普遍认为物种是不变的。之后随着地质地理学、比较解剖学和胚胎学的发展，物种是进化来的观念逐渐被人们所接受，这个过程从萌芽开始到确立，经历了100多年时间，最终进化论战胜了神创论，成为19世纪最伟大的生物学成就之一。19世纪初期，法国生物学家拉马克继承和发展了前人关于生物是不断进化的思想，大胆鲜明地提出了生物是从低级向高级发展进化的学说。可以说，是他第一个系统地提出了唯物主义的生物进化的理论。

一、拉马克

1744年8月1日，让·巴蒂斯特·拉马克（1744—1829）出生于法国毕伽底的一个小贵族家庭中，他是父母11个子女中最小的一个，也是最受父母宠爱的一个。青少年时期的拉马克兴趣多变，真可称得上是“朝三暮四”了。拉马克的父亲希望他长大后从事教会事业，他曾经在耶稣会学院受过教育。但是他很快就产生了厌倦感，放弃了宗教事业。拉马克的哥哥有好几个是军人，他也很想当个军人，将来做将军。这个愿望差一点就实现了。16岁时，拉马克参加了军队，由于作战勇敢，升了中尉。可是，拉马克身体不大好，只得退伍回家。当时，正是天文学上重大发现很多的时期。拉马克不由爱上了天文学，他整天仰首望着多变的天空，幻想成为一名天文学家。后来，拉马克在银行里找到了工作。于是，他又改变志向，想当个金融家了。与此同时，拉马克迷恋上了音乐，居然能拉上一手不错的小提琴，他想成为一名音乐家。这时，他的一位哥哥劝他当医生。因为在当时的社会中，医生是很吃香的。这样，拉马克又开始学医了。4年以后，他发现自己对医学又没有了兴趣。

正当拉马克在人生的道路上徘徊不定的时候，一位良师及时来到了他的身边。这位良师便是法国大革命时期人人崇拜的偶像，法国著名的思想家、哲学家、教育学家、文学家卢梭。24岁的拉马克与56岁的卢梭在植物园里游玩时萍水相逢，居然情投意合地谈了起来。后来，卢梭把这个青年人带到自己的研究室去工作。在那里，拉马克专心钻研起植物学来了，他感到这才真正是对上了自己的胃口。这一钻进去就是整整10年，1778年，他出版了第一部著作《法国植物志》。这使他在植物学界初露头角，1782年，他获得巴黎皇家植物园植物学家的职位。

拉马克最重要的著作是1809年写的《动物学哲学》一书。拉马克把脊椎动物分做4个纲，就是鱼类、爬虫类、鸟类和哺乳动物类，他把这个阶梯看作动物从简单的单细胞机体过渡到人类的进化次序。后人把拉马克对生物进化的看法称为拉马克学说或拉马克主义，其主要观点如下。第一，物种是可变的，物种是由变异的个体组成的群体。第二，在自然界的生物中存在着由简单到复杂的一系列等级（阶梯），生物本身存在着一种内在的“意志力量”驱动着生物由低的等级向较高的等级发展变化。第三，生物对环境有巨大的适应能力；环境的变化会引起生物的变化，生物会由此改进其适应；环境的多样化是生物多样化的根本原因。第四，环境的改变会引起动物习性的改变，习性的改变会使某些器官经常使用而得到发展，另一些器官不使用而退化；在环境影响下所发生的定向变异，即后天获得的性状，能够遗传。如果环境朝一定的方向改变，由于器官的用进废退和获得性遗传，微小的变异逐渐积累，终于使生物发生了进化。拉马克学说中的内在意志带有唯心论色彩，后天获得性则多属于表型变异，现代遗传学已证明它是不能遗传的。

二、达尔文

查尔斯·罗伯特·达尔文（Charles Robert Darwin，1809—1882）出生在英

国。达尔文的祖父曾预示过进化论，但碍于声誉，始终未能公开其信念。他的祖父和父亲都是当地的医生，家里希望他将来继承祖业。达尔文的父亲希望自己的儿子能继承自己的事业，也当一名医生，可是达尔文无心学医，进入医科大学后，他成天去收集动植物标本，父亲对他无可奈何，又把他送进神学院，希望他将来当一名牧师。然而，达尔文的兴趣也不在牧师上，达尔文有他自己的理想，他 9 岁的时候对父亲说："我想世界上肯定还有许多未被人们发现的奥秘，我将来要周游世界，进行实地考察。"为此，达尔文一直在积极准备。

在剑桥期间，达尔文在课余结识了一批优秀的博物学家，从他们那里接受了学术训练。他在博物学上的天赋也得到了这些博物学家的赏识。达尔文完成学业后，随地质学家塞奇威克到威尔士考察，并梦想能有机会到热带地区做博物学研究。没想到这个机会很快就来了。他从威尔士考察回来后，收到了剑桥大学植物学教授亨斯楼给他的一封信，让他赶快申请当贝格尔号的博物学家。当时英国海军计划派贝格尔号到南美海域考察，制作海图。船长费兹洛伊担心旅途的寂寞会让他精神崩溃——其前任在南美海岸自杀，况且他的家族有自杀史，其叔叔用刀片割破了喉咙。因此他希望旅途中能有一名绅士做伴，最好是一名博物学家。亨斯楼自己想去，但会让妻子很伤心。另一位候选人——也是名牧师兼博物学家——则由于神职工作无法脱身。他们联合推荐了未婚也未授神职的达尔文。

老达尔文反对儿子参加航行，认为这会推迟儿子在神学职业上的发展。达尔文沮丧地给亨斯楼回信谢绝推荐，然后到他舅舅韦兹伍德家打猎散心，意外地发现舅舅非常支持他参加航行。两人一起给老达尔文写了一封长信。针对老达尔文的顾虑，韦兹伍德指出这次远航实际上对达尔文的职业发展很有好处，毕竟，研究博物学对神职人员很合适。老达尔文同意了。达尔文连夜赶去见亨斯楼。不幸的是，他们发现这是一场误会：费兹洛伊早已答应把位置留给一位朋友。几天后，达尔文在海军部遇到费兹洛伊。费兹洛伊告诉他，其朋友几分钟前决定不去了，问达尔文还想去吗。达尔文兴奋得几乎昏倒，费兹洛伊却心存疑虑，因为他迷信面相，认为达尔文鼻子的形状表明他不会吃苦耐劳。在经过几天相处增进了解后，费兹洛伊和达尔文定了协议。达尔文算是船长客人，不支付薪水，坚持不下去时可以随时离队。贝格尔号于 1831 年 12 月 27 日扬帆起航，绕地球一圈，于 1836 年 10 月 2 日回到英国。达尔文沿途考察地质、植物和动物，采集了无数标本运回英国，还未回国就已在科学界出了名。这 5 年的见识，让达尔文从一名正统的基督徒变成了无神论者，他不可能再去当牧师了，而成了职业博物学家。更重要的是，他开始思考生物的起源问题，最终创建了进化论，极大地改变了世界。种种巧合促成的贝格尔之航是达尔文人生的转折点，也是人类历史的转折点。提供了这一机会的费兹洛伊为此感到自己罪孽深重。《物种起源》发表后，这名虔诚的基督徒愤怒地宣称它带给他"最剧烈的痛苦"。1865 年一天的早晨，费兹洛伊起床走进卫生间，和他叔叔一样，用剃须刀结束了这一痛苦。

三、进化论的完成

达尔文从小就观察花草树木怎样生长，鸟兽鱼虫怎样生活。他有时爬到树上，看怎样孵小鸟；有时到河边去钓鱼，把钓到的鱼养起来观察；蝴蝶、蜻蜓他都采集来做标本。达尔文每天工作以后，喜欢在树林里散步，呼吸新鲜空气。就是在休息的时候，他还认真观察树林里的东西。一株小草的变化，一条小虫的蠕动，也能使他产生极大的兴趣。有一次，达尔文看见树上有几只小鸟，就站住了，仰着头仔细观察。为了不惊动他们，他一动不动在树下站了好久。一只小松鼠以为他是一根木桩，竟然顺着他的腿，爬上了他的肩膀。达尔文在长期的科学研究工作中，观察过许多动物和植物，积累了大量的第一手资料，为他创立进化论提供了可靠的依据。

在随船考察中有三件事情对达尔文的思想影响很大。其一，南美地层中发现的一些古代哺乳动物和现在的某些动物非常相似。其二，南美大陆，一些近似的动物物种，由南到北，依次代替。其三，群岛各个岛屿物种之间存在轻微差异。此外，赖尔《地质学原理》里面的观点对他影响也很大，里面论证了地层变化与生物遗骸——化石之间的密切关系：地层年代越远古，化石的生物原形与现代生物的差异就越大。他接受并发展了赖尔关于地质渐变的思想，把这一理论从地质领域扩大到别的领域。认为世界上的动植物品种也是在不断变化的。1838 年，他偶然读了马尔萨斯的《人口论》，从中得到启发，更加确定他自己正在发展的一个很重要的想法：世界并非在一周内创造出来的，地球的年纪远比《圣经》所讲的要老得多，所有的动植物也都改变过，而且还在继续变化之中，至于人类，可能是由某种原始的动物转变而成的，也就是说，亚当和夏娃的故事根本就是神话。达尔文领悟到生存斗争在生物生活中的意义，并意识到自然条件就是生物进化中所必须有的“选择者”，具体的自然条件不同，选择者就不同，选择的结果也就不相同。

然而，他对发表研究结果抱着极其谨慎的态度。1842 年，他开始撰写一份大纲，后将它扩展至数篇文章。1858 年，出于年轻的博物学家阿尔弗雷德·拉赛尔·华莱士的创造性顿悟的压力，加之好友的鼓动，达尔文决定把华莱士的文章和他自己的一部分论稿呈交专业委员会。1859 年，《物种起源》一书问世，初版 1250 册，当天即告售罄。

《物种起源》的内容共分成三部分，主要讲述生物进化的过程与法则。第一部分的内容是全书的主体及核心，标志着自然选择学说的建立。第二部分中作者设想站在反对者的立场上给进化学说提出了一系列质疑，再一一解释，使之化解。这正表现出作者的勇气和学说本身不可战胜的生命力。在第三个大部分，达尔文用它的以自然选择为核心的进化论对生物界在地史演变、地理变迁、形态分宜、胚胎发育中的各种现象进行了令人信服的解释，从而使这一理论获得了进一步支撑。

达尔文的进化论的确立不是一帆风顺的。达尔文的老师地质学家塞治威克看了之后说："读了你的书我不是感到愉快，而是痛苦，书中的一部分材料让我感到很可笑，另一部分又使我十分担忧，你将我带到了月球上面。"1860 年 6 月 28 日，教会和一些保守科学家还在牛津大学召开了为期 3 天的讨论会，攻击进化论，宣称要粉碎达尔文主义。赫胥黎从容应战，用强有力的事实驳斥那些缺乏科学根据的言论。这场论战进化论的胜利而告终。1882 年 4 月 19 日，伟大的生物学家达尔文先生与世长辞，享年 73 岁，被安葬在威斯敏斯特大教堂。

第四节 林奈生物分类方法的确立

一、林奈

卡尔·冯·林奈（Carl von Linné，1707—1778），1707 年 5 月 23 日出生于有"北欧花园"之称的瑞典斯科讷地区的罗斯胡尔特拉，他的父亲是一位乡村牧师，他对园艺非常爱好，空闲时精心管理着花园里的花草树木。幼时的林奈，受到父亲的影响，十分喜爱植物，八岁时得了"小植物学家"的别名。林奈经常将所看到的不认识的植物拿来询问其父，他父亲也一一详尽地告诉他。有时林奈问过父亲以后不能全部记住，而出现重复提问的现象，对此，其父则以"不答复问过的问题"来督促林奈加强记忆，使他的记忆力自幼就得到了良好的锻炼，他所认识的植物种类也越来越多。

在小学和中学，林奈的学业不突出，只是对树木花草有异乎寻常的爱好。他把时间和精力大部分用于到野外去采集植物标本及阅读植物学著作上。这位酷爱小花小草的学生，到中学的时候，却完全不适应学校的教育方式。爱花的学生不适合粗暴的老师，在课本中呼吸不到自然科学的芬芳。林奈写道：处罚，不断地被处罚，教室是最令人坐立难安的地方，……如果能够有所教室，是在森林中漫步，是在小草中打滚，不知道有多好？这样的教室，要等到林奈自己当老师时才建立起来；从此他的祖国瑞典，成为全世界研究森林、园艺、植物最好的地方，直到今天仍是如此。林奈高中时生物成绩全班第一，语文、哲学课程则是最后一名，因此遭学校退学。伤心的父亲来学校带林奈回家，看孩子已经那么自责，就没有再责备他什么。

林奈 17 岁时，父亲带他离城前，顺便去拜访罗斯曼博士。罗斯曼是当地医学院的教授，同时是高中生物课的代课老师。罗斯曼非常讶异眼前这位"小植物学家"，竟是学校要放弃的学生。他立刻向学校申请，再给林奈一个机会。以后两年，罗斯曼亲自在课后指导林奈没兴趣的学科。这位优秀的高中老师亦师亦友，林奈后来写道：罗斯曼没有强迫我念书，他让我先感到自己知识的不足，自然生发出对书本的饥渴，书本像食物，我越读就越想读。没有他的启发，我一生充其量是一个爱花的人，不会为所有的生物、矿物建立一个分类系统。

林奈自兰勒大学毕业后，再到乌普萨拉大学深造，这所瑞典历史最悠久的大学，学费非常昂贵。林奈的父亲与以前的师长所给的只能维持一个学期的支出。眼看一个学期慢慢地过去，林奈也有点着急。有一天林奈如同往常在植物园内研究花草，没有注意到有一个老人已经站在他身后一阵子了。这位老人了解到林奈研究植物的品种、分类后微笑着说道："我是西勒西耳斯，瑞典神学院教授，圣经植物学家。"这位老人，决定支持林奈以后的学费与生活费。林奈经过这些巧遇，他知道天上有个看不见的钱包，默默地在支持他，使他的信仰与科学知识一齐增长。1730 年，林奈发表第一篇研究报告《植物支配的前奏曲》，整篇文章是用诗的体裁写成的。1731 年，出版《植物辞典》《植物的属》。同年林奈成为乌普萨拉大学花圃管理的助教。他在花园中教植物学，深受学生喜爱，成为点燃学生兴趣的火种。1741 年，瑞典国王亲自下令，使林奈成为全世界第一位专教植物学的教授。

二、双名法的确立

在林奈以前，植物学、动物学是属于医学的范畴，人们念植物学是想知道什么植物可以治病，念动物学则是想了解用什么动物来补身体。林奈却认为，动植物不完全是为人类而存在，本身有其存在的价值。林奈决定出国，再寻找及辨识各地的奇花异草，在航海时他写下了名著《自然系统》。1753 年，林奈发表"种源论"，订立了双名法，以植物的属名与种名来命名。后来他又用一样的分类系统，给动物与矿物取名字。这种双名法分类系统一直沿用至今。

在林奈以前，由于没有一个统一的命名法则，各国学者都按自己的一套工作方法命名植物，致使植物学研究困难重重。主要表现在三个方面：一是命名上出现的同物异名、异物同名的混乱现象，二是植物学名冗长，三是语言、文字上的隔阂。林奈依雄蕊和雌蕊的类型、大小、数量及相互排列等特征，将植物分为 24 纲、116 目、1000 多个属和 10000 多个种。纲（Class）、目（Order）、属（Genus）、种（Species）的分类概念是林奈的首创。林奈用拉丁文定植物学名，统一了术语，促进了交流。他采用双名制命名法，即植物的常用名由两部分组成，前者为属名，要求用名词；后者为种名，要求用形容词。例如，银杏树学名为 Ginkgo Bilobal L，Gikgo 是属名，是名词；Biloba 是种名，是形容词；第三组字母，则是定名者姓氏的缩写，L 为林奈（Linne）的缩写。结合命名，林奈规定学名必须简化，以 12 个字为限，这就使资料清楚，便于整理，有利于交流。

林奈的植物分类方法和双名制被各国生物学家所接受，植物王国的混乱局面也因此被他调理得井然有序。他的工作促进了植物学的发展，林奈是近代植物分类学的奠基人。林奈的最大功绩是把前人的全部动植物知识系统化，摒弃了人为地按时间顺序的分类法，选择了自然分类方法。他创造性地提出双名命名法，包括了 8800 多种，可以说达到了“无所不包”的程度，被人们称为万有分类法，这一伟大成就使林奈成为 18 世纪最杰出的科学家之一。

1778 年 1 月 10 日林奈去世，享年 71 岁。2007 年为纪念林奈 300 周年诞辰，瑞典政府将 2007 年定为“林奈年”，活动主题为“创新、求知、科学”，旨在激发青少年对自然科学的兴趣，同时缅怀这位伟大的科学家。

思考题

1. 从血液循环理论建立过程中的四位科学家身上我们能学到哪些重要的精神?

2. 简述细胞学说的建立过程。

3. 达尔文生物进化论的主要思想是什么?

4. 简述林奈对生物分类法的建立做出的贡献，以及双名法的确立带给我们的便利。

第四章　近代化学的发展

自从有了人类，化学便与人类结下了不解之缘。钻木取火，用火烧煮食物，烧制陶器，冶炼青铜器和铁器，都包含化学技术的应用。正是这些应用，极大地促进了当时社会生产力的发展，成为人类进步的标志。今天，化学作为一门基础学科，在科学技术和社会生活的方方面面正起着越来越大的作用。从古至今，伴随着人类社会的进步，化学历史的发展经历了五个时期。

第一，远古的工艺化学时期。这时人类的制陶、冶金、酿酒、染色等工艺，主要是在实践经验的直接启发下经过许多年摸索而来的，化学知识还没有形成。这是化学的萌芽时期。

第二，炼丹术和医药化学时期。从公元前 1500 年到 1650 年，炼丹术士和炼金术士们，在皇宫、教堂、自己的家里、深山老林的烟熏火燎中，为求得长生不老的仙丹，为求得荣华富贵的黄金，开始了最早的化学实验。记载、总结炼丹术的书籍，在中国、阿拉伯、埃及、希腊都有不少。这一时期积累了许多物质间的化学变化记录，为化学的进一步发展准备了丰富的素材。这是化学史上令人惊叹的雄浑的一幕。后来，炼丹术、炼金术几经盛衰，人们更多地看到了它荒唐的一面。化学方法转而在医药和冶金方面得到了正当发挥。在欧洲文艺复兴时期，出版了一些有关化学的书籍，第一次有了“化学”这个名词。英语的“Chemistry”起源于“Alchemy”，即炼金术。“Chemist”至今还保留着两个相关的含义，即化学家和药剂师。这些可以说是化学脱胎于炼金术和制药业的文化遗迹了。

第三，燃素化学时期。从 1650 年到 1775 年，随着冶金工业和实验室经验的积累，人们总结感性知识，认为可燃物能够燃烧是因为它含有燃素，燃烧的过程是可燃物中燃素放出的过程，可燃物放出燃素后成为灰烬。

第四，定量化学时期，即近代化学时期。1775 年前后，拉瓦锡用定量化学实验阐述了燃烧的氧化学说，开创了定量化学时期。这一时期建立了不少化学基本定律，提出了原子学说，发现了元素周期律，发展了有机结构理论。所有这一切都为现代化学的发展奠定了坚实的基础。

第五，科学相互渗透时期，即现代化学时期。20 世纪初，量子论的发展使化学和物理学有了共同的语言，解决了化学上许多悬而未决的问题；另一方面，化学又向生物学和地质学等学科渗透，使蛋白质、酶的结构问题得到逐步解决。

本章主要介绍近代化学的发展，这是化学得到快速发展的时期，是风云变幻、英雄辈出的时期。

第一节　氧气的发现

一、燃素说的影响

可燃物如炭，燃烧以后只剩下很少的一点灰烬，金属煅烧后得到的锻灰较多，但很疏松。这一切给人的印象是，随着火焰的升腾，什么东西被带走了。当冶金工业得到长足发展后，人们希望探索燃烧现象本质的愿望更加强烈了。

研究燃料现象比较突出的有德国化学家施塔尔。他研究了燃烧中的各种现象和各家观点之后，于1703年系统地阐述了他提出的燃素学说。1723年，他出版了教科书《化学基础》，形成了贯穿整个化学的完整而系统的理论。《化学基础》一书是燃素说的代表作。

施塔尔认为，燃素充塞于天地之间，植物能从空气中吸收燃素，动物又从植物中取得燃素，所以动植物中都含有大量的燃素。一切与燃烧有关的化学变化，都是物体吸收燃素和释放燃素的过程。如金属燃烧时，便有燃素逸出，金属就变成金属灰，可见金属比金属灰含有更多的复杂成分。如果金属灰与燃素重新结合，就会再变成金属。木炭、烟炱、油脂都是从植物中来的，植物又在空气中吸收了燃素，因此它们都是富有燃素的物质。如果把木炭与金属灰一起燃烧，金属灰就可以吸收木炭的燃素，使金属灰再变成金属。这样燃素学说不仅可以解释许多燃烧现象，同时可以解释冶金中的许多化学变化。不仅如此，当时还用燃素学说解释许多非燃烧的化学变化。如金属溶解于酸中，理解为酸夺取了金属中的燃素。铁置换溶液中的铜，理解为铁中的燃素转移到铜的缘故。燃素不仅是燃烧的要素，还是金属的性质，物体的颜色、气味等的根源。

用“燃素说”解释燃烧现象时，认为一切与燃烧有关的化学变化都可以归结为物体吸收“燃素”与释放“燃素”的过程。例如，木材含有“燃素”，燃烧时“燃素”逸出，木材缩小而化为灰烬；当煅烧金属时，金属失去“燃素”而变成灰烬。

木材－燃素＝灰烬　金属－燃素＝灰烬

如果要从矿石中提炼金属必须要放入“燃素”，看不见的“燃素”从哪里来呢？要从富有“燃素”的易燃物来供给。所以要用木炭和矿石一起加热，这样，“燃素”由木炭输入矿石灰烬中，又生成金属。

灰烬＋燃素＝金属

“燃素说”的兴起，结束了“炼金术”的统治，使化学得到解放。“燃素说”在解释某些化学现象时，虽然有些牵强附会，但它却能说明当时所知道的大多数化学现象。因而，“燃素说”风行一时，作为一个化学理论，支配了化学家的思想近 100 年。

然而，“燃素”毕竟是人为臆造出来的，它最终解决不了它自身存在的严重矛盾。第一，从没有人见过或能够直接证明“燃素”的存在；第二，在金属煅烧后，质量会增加，那么“燃素”的质量必然是负值，而木材燃烧时，质量又减轻了，“燃素”的质量又是正值，自相矛盾。“燃素说”无法自圆其说。

燃素说尽管错误，但它把大量的化学事实统一在一个概念之下，解释了冶金过程中的化学反应。燃素说流行的一百多年间，化学家为了解释各种现象，做了大量的实验，积累了丰富的感性材料。特别是燃素说认为化学反应是一种物质转移到另一种物质的过程，化学反应中物质守恒，这些观点奠定了近、现代化学思维的基础。我们现在学习的置换反应是物质间相互交换成分的过程，氧化还原反应是电子得失的过程，而有机化学中的取代反应是有机物某一结构位置的原子或原子团被其他原子或原子团替换的过程。这些思想方法的雏形与燃素说非常相似。人类的科学思想正是在这样不断地产生错误、纠正错误的过程中产生的。

二、舍勒和普里斯特里制出氧气却不认得氧气

（一）舍勒制出氧气

17 世纪中叶以前，人们对空气的认识还很模糊，多数研究者认为自然界只有一种气体，空气是唯一的气体元素。到了 18 世纪，通过对燃烧和呼吸的研究，人们才开始认识到气体是多种多样的，而且陆续发现了氢气、氯气、氮气和氧气等。这些气体的发现是非常不容易的，以氧气来说，其发现过程非常曲折。最早制出氧气的是瑞典化学家舍勒和英国著名化学家普利斯特里。

瑞典化学家舍勒的职业是药剂师，他长期在小镇彻平的药房工作。白天，他在药房为病人配制各种药剂。到了晚上，舍勒可以自由支配时间，他就专心致志地投入他的实验研究中。对于当时能见到的化学书籍里的实验，他都重做一遍。他所做的大量艰苦的实验，使他合成了许多新化合物，如氧气、氯气、焦酒石酸、锰酸盐、高锰酸盐、尿酸、硫化氢、升汞（氯化汞）、钼酸、乳酸、乙醚，等等。他研究了不少物质的性质和成分，发现了白钨矿等。至今还在使用的绿色颜料舍勒绿（Scheele's green），就是舍勒发明的亚砷酸氢铜。如此之多的研究成果在 18 世纪是绝无仅有的，但舍勒只发表了其中的一小部分。直到 1942 年舍勒诞生二百周年的时候，他的全部实验记录、日记和书信才经过整理正式出版，共有八卷之多。其中舍勒与当时不少化学家的通信引人注目。通信中有十分宝贵的想法和实

验过程，起到了互相交流和启发的作用。法国化学家拉瓦锡对舍勒十分推崇，使得舍勒在法国的声誉比在瑞典国内还高。

在舍勒与大学教师甘恩的通信中，人们发现，由于舍勒发现了骨灰里有磷，启发甘恩后来证明了骨头里面含有磷。在这之前，人们只知道尿里有磷。

1775 年 2 月 4 日，33 岁的舍勒当选为瑞典科学院院士。由于经常彻夜工作，加上寒冷和有害气体的侵蚀，舍勒得了哮喘病。他依然不顾危险经常品尝各种物质的味道——他要掌握物质各方面的性质。他品尝氢氰酸的时候，还不知道氢氰酸有剧毒。1786 年 5 月 21 日，为化学的进步辛劳了一生的舍勒不幸去世，终年只有 44 岁。

舍勒发现氧气的两种制法是在 1773 年。第一种方法是分解法，可以分别将 KNO_3、$Mg(NO_3)_2$、Ag_2CO_3、$HgCO_3$、HgO 加热分解放出氧气。

$$2KNO_3 = 2KNO_2 + O_2\uparrow$$
$$2Mg(NO_3)_2 = 2MgO + 4NO_2\uparrow + O_2\uparrow$$
$$2Ag_2CO_3 = 4Ag + 2CO_2\uparrow + O_2\uparrow$$
$$2HgCO_3 = 2Hg + 2CO_2\uparrow + O_2\uparrow$$
$$2HgO = 2Hg + O_2\uparrow$$

第二种方法是将软锰矿（MnO_2）与浓硫酸共同加热产生氧气。

$2MnO_2 + 2H_2SO_4$（浓）$= 2MnSO_4 + 2H_2O + O_2\uparrow$

舍勒研究了氧气的性质，他发现可燃物在这种气体中燃烧更为剧烈，燃烧后这种气体便消失了，因而他把氧气叫作“火气”。由于舍勒是燃素说的信奉者，他并没有正确地认识氧气，他认为燃烧是空气中的“火气”与可燃物中的燃素结合的过程，火焰是“火气”与燃素相结合形成的化合物。他将他的发现和观点写成《论空气和火的化学》，这篇论文拖延了 4 年直到 1777 年才发表。而英国化学家普里斯特里在 1774 年发现氧气后，很快就发表了论文。

（二）普利斯特里制出氧气

英国著名化学家普利斯特里也独立制出了氧气。普利斯特里对研究气体的贡献很大，他先后制出了氧化氮、二氧化硫、氯化氢、氨气，第一次分离出一氧化碳，并对许多有机酸也进行了研究。由于他研究气体的贡献很突出，所以他被化学界称为“气体化学之父”。

普利斯特里研究氧气的故事是很有趣的。1774 年，他得到了一个大凸透镜，于是他用这个透镜聚光对汞锻灰（氧化汞）加热，发现很快产生了气体。他用排水集气法收集了这种气体，蜡烛在它里面能剧烈燃烧。他还做了这样一段实验记录：“我把老鼠放在‘脱燃素气’里，发现它们过得非常舒服后，又亲自加以实验，我想读者是不会觉得惊异的。我自己实验时，是用玻璃吸管从放满这种气体的大瓶里吸取的。当时我的肺部所得的感觉，和平时吸入普通空气一样；但自从吸入这种气体以后，很多时候，身心一直觉得十分轻快适畅。有谁能说这种气体将来不会变成通用品呢？不过现在只有两只老鼠和我，才有享受呼吸这种气体的权利罢了。”其实他所发现的就是重要的化学元素氧。遗憾的是，由于他深信燃素学说，因而认为这种气体不会燃烧，所以有特别强的吸收燃素的能力，只能够助燃。因此，他把这种气体称为“脱燃素空气”，把氮气称为“被燃素饱和了的空气”。

可见普利斯特里和舍勒虽然都独立地制得了氧气，却不认识氧气。正如恩格斯所指出的，由于他们被传统的燃素学说所束缚，“从歪曲的、片面的、错误的前提出发，循着错误的、弯曲的、不可靠的途径进行探索，往往当正确的东西碰到他鼻尖上的时候他还是没有得到正确的东西”。普里斯特里始终坚信燃素说，甚至在拉瓦锡用他们发现的氧气做实验，推翻了燃素说之后依然故我。

41岁时普利斯特里来到了巴黎。在巴黎，他与拉瓦锡交换了好多化学方面的看法。正是这次交流，给了拉瓦锡启发，使拉瓦锡发现了氧气。在法国大革命时期，正直的普利斯特里支持革命，宣传革命，被一批反对革命的人燃毁了他的住宅和实验室。他不得已迁居伦敦，仍然受到歧视。普里斯特里于1794年他61岁的时候不得已移居美国，在宾夕法尼亚大学任化学教授。美国化学会认为他是美国最早研究化学的学者之一。普利斯特里在美国的住宅，已建成纪念馆。普利斯特里奖（Priestley Medal）是美国化学会所颁发的最高奖项，目前每年评选一次，用以鼓励在化学领域做出杰出贡献的科学家。

三、近代化学之父——拉瓦锡

（一）拉瓦锡发现氧气

世界上第一个成功发现氧气的是法国贵族，著名化学家、生物学家拉瓦锡，被后世尊称为“近代化学之父”。他使化学从定性转为定量，给出了氧与氢的命名，并且预测了硅的存在。他帮助建立了公制。拉瓦锡提出了“元素”的定义。拉瓦锡的贡献促使18世纪的化学更加物理及数学化。他提出规范的化学命名法，撰写了第一部真正意义上的现代化学教科书《化学基本论述》。他倡导并改进了定量分析方法，并用其验证了质量守恒定律。他创立氧化说以解释燃烧等实验现象，指出动物的呼吸实质上是缓慢氧化。这些划时代的贡献使得他成为当时世界上最伟大的化学家。

燃素说的推翻者，法国化学家拉瓦锡原来是学法律的。1763年，他20岁的时候就取得了法律学士学位，并且获得律师执业证书。他的父亲是一位律师，家里很富有。所以拉瓦锡不急于当律师，而是对植物学产生了兴趣。经常上山采集标本使他对气象学也产生了兴趣。后来，拉瓦锡在他的老师，地质学家葛太德的建议下，师从巴黎有名的鲁伊勒教授学习化学。

拉瓦锡的第一篇化学论文是关于石膏成分的研究。他用硫酸和石灰合成了石膏。当他加热石膏时放出了水蒸气。拉瓦锡用天平仔细测定了不同温度下石膏失去水蒸气的质量。从此，他的老师鲁伊勒就开始使用“结晶水”这个名词了。这次成功使拉瓦锡开始经常使用天平，并总结出了质量守恒定律。质量守恒定律成为他的信念，成为他进行定量实验、思维和计算的基础。例如，他曾经应用这一思想，把糖转变为酒精的发酵过程表示为下面的等式。

葡萄糖＝碳酸（CO_2）＋酒精

这正是现代化学方程式的雏形。用等号而不是用箭头表示变化过程，表明了他的守恒思想。拉瓦锡为了进一步阐明这种表达方式的深刻含义，又具体写道：“我可以设想，把参加发酵的物质和发酵后的生成物列成一个代数式。再逐个假定方程式中的某一项是未知数，然后分别通过实验，逐个算出它们的值。这样一来，就可以用计算来检验我们的实验，再用实验来验证我们的计算。我经常卓有成效地用这种方法修正实验的初步结果，使我能通过正确的途径重新进行实验，直到获得成功。”

1772 年秋天，拉瓦锡照习惯称量了一定质量的白磷使之燃烧，冷却后又称量了燃烧产物 P_2O_5 的质量，发现质量增加了！他又燃烧硫黄，同样发现燃烧产物的质量大于硫黄的质量。他想这一定是什么气体被白磷和硫黄吸收了。他于是又做了更细致的实验：将白磷放在水银面上，扣上一个钟罩，钟罩里留有一部分空气。加热水银到 40℃时白磷就迅速燃烧，之后水银面上升。拉瓦锡描述道：“这表明部分空气被消耗，剩下的空气不能使白磷燃烧，并可使燃烧着的蜡烛熄灭；1 盎司（约为 28 克）的白磷大约可得到 2.7 盎司的白色粉末（P_2O_5，应该是 2.3 盎司）。增加的质量和所消耗的 1/5 容积的空气质量接近。”

燃素说认为燃烧是分解的过程，燃烧产物应该比可燃物质量轻。而拉瓦锡实验的结果却截然相反，他把实验结果写成论文交给了法国科学院。此后他做了很多实验来证明燃素说的错误。在 1773 年 2 月，他在实验记录本上写道：“我所做的实验使物理和化学发生了根本的变化。”他将“新化学”命名为“反燃素化学”。

1774 年，拉瓦锡做了焙烧锡和铅的实验。他将称量后的金属分别放入大小不等的曲颈瓶中，密封后再称量金属和瓶的质量，然后充分加热。冷却后再次称量金属和瓶的质量，发现没有变化。打开瓶口，有空气进入，这一次质量增加了，显然增加量是进入的空气的质量。他再次打开瓶口取出金属煅灰（在容积小的瓶中还有剩余的金属）称量，发现增加的质量正和进入瓶中的空气的质量相同。这表明煅灰是金属与空气的化合物。

拉瓦锡进一步想，如果设法从金属煅灰中直接分离出空气来，就更能说明问题。他曾经试图分解铁煅灰（铁锈），但实验没有成功。

到了这年的10月，普利斯特里访问巴黎。在欢迎宴会上他谈道："从红色沉淀（HgO）和铅丹（Pb_3O_4）中可得到'脱燃素气'。"对于正在无奈中的拉瓦锡来说，这条信息是很直接的启发。11月，拉瓦锡加热红色的汞灰制得了氧气。他发现燃烧时增加的质量恰好是氧气减少的质量。以前认为可燃物燃烧时吸收了一部分空气，其实是吸收了氧气，与氧气化合，即氧化。这就是推翻了燃素说的燃烧的氧化理论。

与此同时，拉瓦锡还用动物实验，研究了呼吸作用，认为"是氧气在动物体内与碳化合，生成二氧化碳的同时放出热来。这和在实验室中燃烧有机物的情况完全一样"。这就解答了体温的来源问题。

空气中既然含有氧气，就应该也含有其他气体，拉瓦锡将它称为"碳气"。研究了空气的组成后，拉瓦锡总结道："大气中不是全部空气都是可以呼吸的；金属焙烧时，与金属化合的那部分空气是合乎卫生的，最适宜呼吸的；剩下的部分是一种'碳气'，不能维持动物的呼吸，也不能助燃。"他把燃烧与呼吸统一了起来，也结束了空气是一种单一物质的错误见解。

虽然舍勒和普利斯特里早于拉瓦锡制出了氧气，并不是拉瓦锡最先发现氧气的制法，但是应该看到，拉瓦锡确实具有非凡的科学洞察力和勇往直前的无畏精神，正是他通过制取氧气分析了空气的组成，建立了燃烧的氧化学说，推翻了燃素说。舍勒和普利斯特里先于拉瓦锡发现氧气，但由于他们思维不够广阔，更多的只是关心具体物质的性质，没有能冲破燃素说的束缚，与真理擦肩而过。

1777年，拉瓦锡明确地批判了燃素说，他说："化学家从燃素说只能得出模糊的要素，它十分不确定，因此可以用来任意地解释各种事物。有时这一要素是有质量的，有时又没有质量；有时它是自由之火，有时又说它与土素相化合成火；有时说它能通过容器壁的微孔，有时又说它不能透过；它能同时用来解释碱性和非碱性、透明性和非透明性、有颜色和无色。它真是只变色虫，每时每刻都在改变它的面貌。"这年的9月5日，拉瓦锡向法国科学院提交了划时代的《燃烧概论》，系统地阐述了燃烧的氧化学说，将燃素说倒立的化学正立过来。这本书后来被翻译成多国语言，逐渐扫清了燃素说的影响。化学自此切断了与古代炼丹术的联系，揭掉了神秘和臆测的面纱，代之以科学的实验和定量的研究。化学进入了定量化学（近代化学）时期。所以我们说拉瓦锡是近代化学的奠基者。

（二）拉瓦锡的元素说

拉瓦锡对化学的另一大贡献是否定了古希腊哲学家的四元素说，辩证地阐述了建立在科学实验基础上的化学元素的概念："如果元素表示构成物质的最简单组分，那么目前我们可能难以判断什么是元素；如果相反，我们把元素与目前化学分析最后达到的极限概念联系起来，那么，我们现在用任何方法都不能再加以分解的一切物质，对我们来说，就算是元素了。"

在1789年出版的历时四年完成的《化学概要》里，拉瓦锡列出了第一张元素一览表，元素被分为四大类。

简单物质，普遍存在于动物、植物、矿物界，可以看作物质元素：光、热、氧、氮、氢。

简单的非金属物质，其氧化物为酸：硫、磷、碳、盐酸素、氟酸素、硼酸素。

简单的金属物质，被氧化后生成可以中和酸的盐基：锑、银、铋、钴、铜、锡、铁、锰、汞、钼、镍、金、铂、铅、钨、锌。

简单物质，能成盐的土质：石灰、镁土、钡土、铝土、硅土。

1789年，法国大革命爆发，三年后拉瓦锡被解除了火药局长的职务。1793年11月，国民议会下令逮捕旧王朝的包税官。拉瓦锡由于曾经担任过包税官而自首入狱，被判犯有叛国罪。1794年5月8日，他被送上了断头台。对此，当时科学界的很多人感到非常惋惜。著名的法籍意大利数学家拉格朗日痛心地说："他们可以一瞬间把他的头割下，而他那样的头脑一百年也许长不出一个来。"

第二节　原子—分子论的建立

世界是由物质构成的。但是，物质又是由什么组成的呢？在化学发展的历史上，是英国的波义耳第一次给元素下了一个明确的定义。他指出："元素是构成物质的基本，它可以与其他元素相结合，形成化合物。但是，如果把元素从化合物中分离出来以后，它便不能再被分解为任何比它更简单的东西了。"波义耳还主张，不应该单纯把化学看作一种制造金属、药物等从事工艺事业的经验性技艺，而应把它看成一门科学。因此，波义耳被认为是将化学确立为科学的第一人。

一、道尔顿的原子论

人类对物质结构的认识是永无止境的，既然物质是由元素构成的，那么元素又是由什么构成的呢？1803年，英国化学家道尔顿创立的原子学说进一步解答了这个问题。原子学说的主要内容有三点：第一，一切元素都是由不能再分割和不能毁灭的微粒所组成，这种微粒称为原子；第二，同一种元素的原子的性质和质量都相同，不同元素的原子的性质和质量不同；第三，一定数目的两种不同元素化合以后，便形成化合物。

人们所熟知的道尔顿症，即人们所说的色盲，就是由英国化学家约翰·道尔顿（John Dalton，1766—1844）首先发现的，所以也称道尔顿症。

道尔顿中学时代在坎德尔中学求学。坎德尔中学有一个藏书丰富的图书馆，还经常邀请路过的教授名师，给学生做有趣的演讲。在那里，道尔顿遇到了一个影响他一生的老师约翰·哈尔夫。哈尔夫老师很少在课堂上物理与数学，而是带着学生到户外，边走边教，所以学生们都叫他"旅行家"。

在他给家人写的信中，道尔顿这样描绘他的老师："哈尔夫先生没有一定的课程，他走到哪里就教到哪里，在花瓣的旁边他教几何学；在落叶林中，他教我们闻林木的香味，再教物理的空气运动学……哈尔夫先生说：什么是科学家呢？科学家是大自然的诗人。哈尔夫先生又说：研究科学的动力从哪里来呢？就相信大自然是上帝的创作而言，科学的爱好，好像人在自然里与上帝同行……每当他出去，学生都争先恐后地围着他，听他讲。他关心每个学生，成为学生的好朋友。”

道尔顿发现老师之所以懂这么多，是因为他执着地对自然界的每一件事物保持长期记录。于是，他开始记录每天的天气，后来觉得工具不够用，就自己设计制造气压计、湿度计、雨量计、风速计、风向仪。自 19 岁开始，他每天记录直到 78 岁死前的一天，没有中断过一天。

道尔顿没料到，自己竟是历史上第一个留下二十万个完整气象记录的人，这份资料是日后多少金钱也换不来的第一手科学数据。他也是第一个发明全套气象仪器的人。不仅如此，他一直记录下去，就发现许多为别人所忽略的微细现象。例如，他发现水的密度最大时是在 4℃，而不是 0℃。他又发现下雨是空气温度的下降所致，而提出“露点”的概念。

道尔顿 19 岁以优异的成绩高中毕业。他本想去大学读法律或医学，但是由于他是个色盲，遭到拒绝。道尔顿心里很难过，只好重返母校，给哈尔夫先生当助教，教天文学与光学。他在哈尔夫先生身旁又待了六年，得到老师更多的指导和熏陶。道尔顿从哈尔夫那里学习了很多知识，教学水平迅速提高，四年以后，便成了坎德尔中学的校长。1793 年，在哈尔夫的推荐下，道尔顿又受聘于曼彻斯特的一所新学院。在这里他出版了自己的第一本科学著作《气象观察与研究》。第二年，他在罗伯特·欧文的推荐下成为曼彻斯特文学哲学会的会员。1799 年，为了把大部分精力投入科学研究中去，道尔顿离开了学校。他在几个富人家里做私人教师。

道尔顿非常重视对气体和气体混合物的研究。道尔顿认为，要说明气体的特性就必须知道它的压力。他找到两种很容易分离的气体，分别测量了混合气体和各部分气体的压力。结果很有意思，装在容积一定的容器中的某种气体压力是不变的，引入第二种气体后压力增加，但它等于两种气体的分压之和，两种气体单独的压力没有改变。于是道尔顿得出结论：混合气体的总压等于组成它的各个气体的分压之和。道尔顿发现由此可以得出某些重要的结论，气体在容器中存在的状态与其他气体无关。用气体具有微粒结构来解释就是，一种气体的微粒或原子均匀地分布在另一种气体的原子之间，因而这种气体的微粒所表示出来的性质与容器中没有另一种气体一样。道尔顿开始更多地研究关于原子的问题，寻找资料，动手实验，不断思考。

1803 年 9 月 6 日，道尔顿在他笔记中写下了原子论的要点。

原子是组成化学元素的、非常微小的、不可再分割的物质微粒。在化学反应中原子保持其本来的性质。

同一种元素的所有原子的质量以及其他性质完全相同。不同元素的原子具有不同的质量以及其他性质。原子的质量是每一种元素的原子的最根本特征。

有简单数值比的元素的原子结合时，原子之间就发生化学反应而生成化合物。化合物的原子称为复杂原子。

一种元素的原子与另一种元素的原子化合时，他们之间成简单的数值比。

同年10月21日，道尔顿报告了他的化学原子论，并且宣读了他的第二篇论文《第一张关于物体的最小质点的相对质量表》。道尔顿的理论引起了科学界的广泛重视。他应邀去伦敦讲学，几个月后又回到曼彻斯特继续进行测量原子量的工作。有些时候，道尔顿也遇到了一些困难。有些物质被氧化后生成不同的氧化物，这是一种难以解释的现象，当然前人已经进行了分析化验，为了进行计算，道尔顿就只能利用这些结果；有时他在原始文献中发现的结果只是由一位科学家测得的，为了保证可靠性，道尔顿就再做一次分析。道尔顿所得出的原子量有很多是不准确的，但实际上他所计算出来的正是今天所谓的当量。例如，他把氧的原子量确定为7而不是16。

1804年以后，道尔顿又对甲烷和乙烯的化学成分进行分析实验，他发现，甲烷中碳氢比是4.3：4，而乙烯中碳氢比是4.3：2。他由此推出碳氢化合的比例关系，并发现了倍比定律：相同的两种元素生成两种或两种以上的化合物时，若其中一种元素的质量不变，另一种元素在化合物中的相对质量成简单的整数比。道尔顿认为倍比定律既可以看作原子论的一个推论，又可以看作对原子论的一个证明。

1807年，汤姆逊在它的《化学体系》一书中详细地介绍了道尔顿的原子论。第二年道尔顿的主要化学著作《化学哲学的新体系》正式出版。书中详细记载了道尔顿的原子论的主要实验和主要理论。自此道尔顿的原子论才正式问世。

在科学理论上，道尔顿的原子论是继拉瓦锡的氧化学说之后理论化学的又一次重大进步，他揭示出了一切化学现象的本质都是原子运动，明确了化学的研究对象，对化学真正成为一门学科具有重要意义。此后，化学及其相关学科得到了蓬勃发展。在哲学思想上，原子论揭示了化学反应现象与本质的关系，继天体演化学说诞生以后，又一次冲击了当时僵化的自然观，对科学方法论的发展、辩证自然观的形成，以及整个哲学认识论的发展具有重要意义。

原子论建立以后，道尔顿名震英国乃至整个欧洲，各种荣誉纷至沓来。1816年，道尔顿被选为法国科学院院士；1817年，道尔顿被选为曼彻斯特文学哲学会会长；1826年，英国政府授予他金质科学勋章；1828年，道尔顿被选为英国皇家学会会员；此后，他又相继被选为柏林科学院名誉院士、慕尼黑科学院名誉院士、莫斯科科学协会名誉会员，还得到了当时牛津大学授予科学家的最高荣誉——法学博士称号。

1808 年，法国化学家吕萨克在原子论的影响下发现了气体反应的体积定律，实际上这一定律也是对道尔顿的原子论的一次论证，后来也得到了其他科学家的证实并应用于测量气体元素的原子量。但是吕萨克定律却遭到了道尔顿本人的拒绝和反对，他不仅怀疑吕萨克的实验基础和理论分析，还对他进行了严厉的抨击。1811 年，意大利物理学家阿伏伽德罗建立了分子论，使道尔顿的原子论与吕萨克定律在新的理论基础上统一起来。他也遭到了道尔顿无情的反驳。1813 年，瑞典化学家贝齐力乌斯创立了用字母表示元素的新方法，这种易写易记的新方法被大多数科学家接受，而道尔顿一直到死都是新元素符号的反对派。虽然道尔顿的后半生对科学贡献不大，甚至阻挠了别人的探索，人们还是给予了他深切的怀念。

二、阿伏伽德罗的分子论

原子学说成功地解释了不少化学现象。但是，在随后测量原子量的过程中，由于不知道分子式，人们遇到了很大的困难。随后意大利化学家阿伏伽德罗又于 1811 年提出了分子学说，进一步补充和发展了道尔顿的原子学说。他认为，许多物质往往不是直接以原子的形式存在的，而是以分子的形式存在，如氧气是以两个氧原子组成的氧分子，而化合物实际上都是分子。从此以后，化学由宏观层次进入微观层次，使化学研究建立在原子和分子水平的基础上。阿伏伽德罗还根据他的这条定律详细研究了测定分子量和原子量的方法，但他的方法长期不为人们所接受，这是由于当时科学界还不能区分分子和原子，分子假说很难被人理解，再加上当时的化学权威们拒绝接受分子假说的观点，致使他的假说默默无闻地被搁置了半个世纪之久，这无疑是科学史上的一大遗憾。

阿伏伽德罗提出分子假说受到了法国化学家盖・吕萨克提出的气体体积实验定律的启发。就在英国化学家道尔顿正式发表科学原子论的第二年（1808 年），法国化学家盖・吕萨克在研究各种气体在化学反应中体积变化的关系时发现，参加同一反应的各种气体，在同温同压下，其体积成简单的整数比。这就是著名的气体化合体积实验定律，常称为盖・吕萨克定律。盖・吕萨克是很赞赏道尔顿的原子论的，于是将自己的化学实验结果与原子论相对照，他发现原子论认为化学反应中各种原子以简单数目相结合的观点可以由自己的实验而得到支持，于是他提出了一个新的假说：在同温同压下，相同体积的不同气体含有相同数目的原子。他自认为这一假说是对道尔顿原子论的支持和发展，并为此而感到高兴。

没料到，当道尔顿得知盖・吕萨克的这一假说后，立即公开表示反对。因为道尔顿在研究原子论的过程中，也曾设想过这一假设，后来被他自己否定了。他认为不同元素的原子大小不会一样，其质量也不一样，因而相同体积的不同气体不可能含有相同数目的原子。更何况还有一体积氧气和一体积氮气化合生成两体积的一氧化氮的实验事实。若按盖・吕萨克的假说，n 个氧原子和 n 个氮原子生成了 $2n$ 个氧化氮复合原子，岂不成了一个氧化氮的复合原子由半个氧原子、半个氮原子结合而成？原子不能分，半个原子是不存在的，这是当时原子论的一个基本点。为此道尔顿当然要反对盖・吕萨克的假说，他甚至指责盖・吕萨克的实验有些靠不住。

盖・吕萨克认为自己的实验是精确的，不能接受道尔顿的指责，于是双方展开了学术争论。他们两人都是当时欧洲颇有名气的化学家，对他们之间的争论其他化学家没敢轻易表态，就连当时已很有威望的瑞典化学家贝采里乌斯也在私下表示，看不出他们争论的是与非。

就在这时，阿伏伽德罗对这场争论发生了浓厚的兴趣。他仔细地考察了盖・吕萨克和道尔顿的气体实验和他们的争执，发现了矛盾的焦点。1811 年，他写了一篇题为《原子相对质量的测定方法及原子进入化合物的数目比例的确定》的论文，在文中他首先声明自己的观点来源于盖・吕萨克的气体实验事实，接着他明确地提出了分子的概念，认为单质或化合物在游离状态下能独立存在的最小质点称作分子，单质分子由多个原子组成，他修正了盖・吕萨克的假说，提出："在同温同压下，相同体积的不同气体具有相同数目的分子。""原子"改为"分子"的一字之改，正是阿伏伽德罗假说的奇妙之处。由此可见，对科学概念的理解必须一丝不苟。对此他解释说，之所以引进分子的概念是因为道尔顿的原子概念与实验事实发生了矛盾，必须用新的假说来解决这一矛盾。例如，单质气体分子都是由偶数个原子组成这一假说恰好使道尔顿的原子论和气体化合体积实验定律统一起来。根据自己的假说，阿伏伽德罗进一步指出，可以根据气体分子质量之比等于它们在等温等压下的密度之比来测定气态物质的分子量，也可以由化合反应中各种单质气体的体积之比来确定分子式。阿伏伽德罗在 1811 年的著作中写道："盖・吕萨克在他的论文里曾经说，气体化合时，它们的体积成简单的比例。如果所得的产物也是气体的话，其体积也是简单的比例。这说明了在这些体积中所作用的分子数是基本相同的。由此必须承认，气体物质化合时，它们的分子数目是基本相同的。"阿伏伽德罗还反对当时流行的气体分子由单原子构成的观点，认为氮气、氧气、氢气都是由两个原子组成的气体分子。

最后阿伏伽德罗写道："总之，读完这篇文章，我们就会注意到，我们的结果和道尔顿的结果之间有很多相同之点，道尔顿仅仅被一些不全面的看法所束缚。这样的一致性证明我们的假说就是道尔顿体系，只不过我们所做的，是从它与盖・吕萨克所确定的一般事实之间的联系出发，补充了一些精确的方法而已。"这就是 1811 年阿伏伽德罗提出分子假说的主要内容和基本观点。分子论和原子论是个有机联系的整体，它们都是关于物质结构理论的基本内容。

然而在阿伏伽德罗提出分子论后的 50 年里，人们的认识却不是这样。原子这一概念及其理论被多数化学家所接受，并被广泛地运用来推动化学的发展，然而关于分子的假说却遭到冷遇。阿伏伽德罗发表的关于分子论的第一篇论文没有引起任何反响。当时，化学界的权威瑞典化学家贝采里乌斯的电化学学说很盛行，在化学理论中占主导地位。电化学学说认为同种原子是不可能结合在一起的。因此，英、法、德国的科学家都不接受阿伏伽德罗的假说。

1814年，阿伏伽德罗又发表了第二篇论文，继续阐述他的分子假说。也在这一年，法国物理学家安培，就是那个在电磁学发展中有重要贡献的安培也独立地提出了类似的分子假说，但仍然没有引起化学界的重视。已清楚地认识到自己提出的分子假说在化学发展中的重要意义的阿伏伽德罗很着急，在1821年他又发表了阐述分子假说的第三篇论文，在文中他写道："我是第一个注意到盖·吕萨克气体实验定律可以用来测定分子量的人，而且也是第一个注意到它对道尔顿的原子论具有意义的人。沿着这种途径我得出了气体结构的假说，它在相当大程度上简化了盖·吕萨克定律的应用。"在讲述了分子假说后，他感慨地写道："在物理学家和化学家深入地研究原子论和分子假说之后，正如我所预言，它将要成为整个化学的基础和使化学这门科学日益完善的源泉。"尽管阿伏伽德罗做了再三的努力，但是还是没有如愿，直到他1856年逝世，分子假说仍然没有被大多数化学家所承认。

在当时的化学界，测定各元素的原子量成为化学家最热门的课题。尽管采用了多种方法，但因为不承认分子的存在，化合物的原子组成难以确定，原子量的测定和数据呈现一片混乱，难以统一。于是部分化学家怀疑原子量到底能否测定，甚至原子论能否成立。不承认分子假说，在有机化学领域中同样产生了极大的混乱。分子不存在，分类工作就难于进行下去。例如，碳的原子量有定为6的，也有定为12的，水的化学式有写成HO的，也有写成H_2O的，醋酸竟可以写出19个不同的化学式。化学家讨论问题时有时用原子量，有时用分子量，有些化学家干脆认为它们是同义词，从而进一步扩大了化学式、化学分析中的混乱。

无论是无机化学还是有机化学，化学家对这种混乱的局面都感到无法容忍了，强烈要求召开一次国际会议，力求通过讨论，在化学式、原子量等问题上取得统一的意见。于是1860年9月，在德国卡尔斯鲁厄召开了国际化学会议。来自世界各国的140名化学家在会上争论很激烈，但还是没有达成协议。这时意大利化学家康尼查罗散发了他所写的小册子，希望大家重视研究阿伏伽德罗的学说。他在会议上慷慨陈词，回顾了50年来化学发展的历程，声言阿伏伽德罗在半个世纪以前已经解决了确定原子量的问题。他以充分的论据、清晰的条理、易懂的方法，很快使大多数化学家相信了阿伏伽德罗的学说是普遍正确的。成功的经验，失败的教训都充分证实了阿伏伽德罗的分子假说是正确的。康尼查罗论据充分，方法严谨，很有说服力。经过50多年曲折探索的化学家们此时已能冷静地研究和思考了，他们终于承认阿伏伽德罗的分子假说的确是扭转这一混乱局面的唯一钥匙。

阿伏伽德罗的分子论终于被确认，阿伏伽德罗的伟大贡献终于被发现，可惜此时他已溘然长逝了，没能亲眼看到自己学说的胜利。甚至没有为后人留下一张照片或画像。现在唯一的画像还是在他死后，按照石膏面模临摹下来的。

现在，阿伏伽德罗定律已为全世界科学家所公认。阿伏伽德罗常数是1摩尔(mol) 物质所含的分子数，其数值是 6.02214129×10^{23}，是自然科学的重要的基本常数之一。例如，1mol 铁原子，质量为 55.847g，其中含 6.02214129×10^{23} 个铁原子；1mol 水分子的质量为 18.010g，其中含 6.02214129×10^{23} 个水分子。

第三节　有机化学的兴起

一、有机化学概念的提出

（一）贝采里乌斯提出“有机化学”的概念

“有机化学”这一名词首次由贝采里乌斯提出。当时是作为“无机化学”的对立物而命名的。由于科学条件的限制，有机化学研究的对象只能是从天然动植物有机体中提取的有机物。因而许多化学家都认为，在生物体内由于存在所谓“生命力”，才能产生有机化合物，而在实验室里是不能直接由无机化合物合成的。

贝采里乌斯是有机化学研究领域的开创者。1806 年，他首先提出了“作为植物和动物物质的化学”——“有机化学”这一概念。1814 年，他证明了有机物同样遵守组成定律、倍比定律等化学计量定律。然后，他把在无机化学领域中所向披靡的电化学二元论推广到有机物中，提出了复合基学说：有机化学物是复合基的氧化物，复合基是这样的一些原子团，它们不含氧，能够不变地从一个化合物转移到另一个化合物中，并能作为一个整体与其他元素化合。贝采里乌斯给许多有机化合物提出的化学式都以氧化物的形式出现，以符合拉瓦锡的以氧为中心的二元论物质体系。在他看来，无机物和有机物组成的主要区别在于前者包含的是简单的基，后者包含的是复杂的基。他还设想可以将有机物的复合基游离出来，只是当时的实验条件尚未达到而已。

耐人寻味的是，一方面贝采里乌斯用无机化学的分析方法去开拓有机化学领域，另一方面他又认为植物和动物作为有机物质，最重要的特点是不能用无机元素在实验室中合成它们。1828 年，他的高足、德国化学家维勒人工合成了尿素，他虽然逐渐摆脱了“无机元素不能合成有机物”的观点，却始终挥不尽这种阴影，对“生命力论”仍抱有希望。但是，尿素与氰酸铵这两种化学组成一样而性质迥异的物质启发了他，他想到自己曾发现过的雷酸银和氰酸银，加上后来发现的酒石酸和葡萄酸也有类似的情况，于是他提出了有机化学中非常重要的“同分异构”的概念，表示化学组成相同而性质不同的物质。同分异构现象的发现，是物质组成与物质结构理论发展中迈出的重要一步，是有机化学结构理论的前奏。

贝采里乌斯还是研究“催化理论”的先驱。19 世纪初期，已积累了一些关于催化现象的实验资料。例如，在 1811 年，基尔霍夫发现了淀粉在稀酸中变成葡萄糖的反应；1814 年，他又研究了在麦芽的影响下，淀粉变成葡萄糖的反应。戴维在 1820 年发现了铂黑能使酒精在冷却中酸化成醋酸，但它自身不起任何反应。后来又有了在硫酸参加下酒精变成醚的反应的研究报告。他提出了对催化作用的看法：它们能引起这个反应物质的组分变成其他组分，同时它们自身根本不需要参加这个过程，尽管有时候它们也参加了。令人赞叹的是，他认为催化作用在有机界中起着非常重要的作用。他在预感催化作用对生物化学的巨大意义时写道：“在活的植物与动物的躯干里，无时无刻不在进行着组织与体液之间的催化过程。”这种远见卓识在现代生物化学中获得完全证实，生命活动离不开各种生物酶的催化作用。在酶的催化下，机体的新陈代谢才能有条不紊地进行。

贝采里乌斯作为化学教育家，他超越了前辈化学家的重要一点是，他培养了一批极有作为的青年化学家。他曾编著了三卷《化学教科书》，是当时最全面、最系统和最通俗的化学教科书，多年来一直是欧洲多所大学的标准教科书。在该书的第三卷中，贝采里乌斯因发表了精确的原子量表和阐述电化学二元理论而闻名遐迩。他被瑞典国王封为贵族。

（二）贝采里乌斯发现硒

1818 年，刚过不惑之年的贝采里乌斯为了分析铅是沉积物的组成，研究它们对硫酸生产的危害，同时也为了取得生产利润，为他的实验室筹措资金，他给瑞典的一家硫酸厂投了资，并承担了该厂的检验工作。但是不久，这家工厂就毁于一场大火，投资不但没有获得利润，连本钱也搭进去了，这使他十分沮丧。但他仍怀着极大的热情坚持不懈地分析着收集到的沉淀物的组成，在多次认真仔细的分析中，意外地发现了硒这个稀有的新元素，这是他从这次投资和检验工作中得到的最大的收获，是比金钱更贵重的回报。贝采里乌斯如获至宝，马上对硒展开了研究，很快就发现这一新元素与碲很相似。碲是 1700 年发现的，在拉丁文中碲（Teiius）是行星地球的意思。贝采里乌斯给他的宠儿起名硒。硒（Selenium）在古希腊语中是月亮女神的意思。他进一步认识到，硒与硫之间有更多的相似性，他在一部出版物中写道：“硒正好居于硫和碲之中间，并与硫的性质更接近。”“硒的性质介于金属与非金属之间。”

贝采里乌斯没有足够的时间去研究所有的硒化物，只能把有机硒化物的研究交给他的学生们去做，同时给予关注和指导。1847 年 1 月 23 日这天正是他的寿诞之日，他的学生维勒教授写来贺信，并向他报喜：“今天，您的一个小孙子、硒的孩子——硒巯基已经来到世界。”这指的是乙硒醇，它是被维勒的学生 C・西蒙制备出来的。但此后有机硒化学的发展是十分艰难的，甲硒醇这一系列的第一个同系物直到 1930 年后才见报道。贝采里乌斯曾指出：C－Se 键不如 C－S 键牢固，Se－Se 键也要比 S－S 键弱得多，化学的和物理的因素都能引起键的分解破坏，这会给有机硒化物的合成和分析工作带来极大的困难，利用硒化氢的强酸性（比硫化氢的酸性大 2000 倍，与甲酸接近）可能会做一些事情。但是硒化氢对于鼻黏膜的特殊刺激作用早已被贝采里乌斯领教过，他给这一不愉快的经历以生动的描述："我确信，没有一个化学家在经受这种气体一吹之后会忘记它!"维勒就乙硒醇的合成给贝采里乌斯的信中用了意为"地狱的"和"恶魔的"词来形容这种气味。硫化物的气味早已是"臭名昭著"的，而硒化物比它还要难闻得多，并且这种气味又极易穿透和附着在衣服、鞋袜、毛发和皮肤上。化学家为了研究工作可以尽量忍受，但他的家庭成员、邻居和朋友们却不能容忍。瑞德教授就有过亲身的经历，当他还是剑桥大学的一名青年助教时，他的教授建议他制备甲基乙基硒。瑞德很快发现在室内进行实验定会惹人讨厌，他把实验搬到楼顶上去做，以为这样"通风"最好，不会再遭人反对，不料气味很快扩散到整个剑桥，以致引起了全校的骚动，破坏了正在这里召开的达尔文诞生一百周年纪念会。气味源很快就被找到了，瑞德当然遭到了指责，但也得到了与会科学家们的同情与谅解。无奈的瑞德把他的实验搬到远离市区的一个沼泽地去做，工作和生活上的不便，瑞德都能克服，但公众对这一实验的恐惧和反对仍不能消除，尤其是招来了大批喜欢这种气味的蚊虫的包围和叮咬，干扰得他难以把实验进行下去。

20 世纪 50 年代以来，科学技术的发展对硒及硒化物的研究提出了新的要求。硒是优良的光电和半导体材料，大量应用在光电管、激光器、整流器的制造和无线电传真、电视技术上。这一时期，微量元素在生物学和医学上的作用已引起人们的高度重视。1936 年，在美国达科他州发现牛、羊等牲畜普遍患有土磷病。症状是脱毛，牙、蹄发软，并有不育和畸胎。经研究方知，当地的土壤中含硒量较高，硒被植物吸收，再被动物食入即引起中毒。有趣的是，不同类族的植物吸收硒的量的差异是很大的，一部分植物的生长是依赖于硒的，在无硒的土壤中是找不到它们的，而这样的"指示植物"又能维持一些寄生虫、昆虫幼虫的生长。这表明，硒对于植物学和动物学来说是十分重要的。

1950 年，人们发现低浓度的硒能防止实验动物的肝坏死，减少各种因营养不良引起的病症。世界不同地区都报道了用硒化物治疗家畜疾病的病例，这就促进了人们对硒化物用于医疗方面的研究。各国学者的研究都表明：硒对人体是一个十分重要的元素，它直接参加酶的代谢，缺硒可引起许多营养缺乏病的发生，导致肿瘤和心血管疾病发病率的提高。与心血管疾病有关的微量元素除了钒、铬之外，最主要的就是硒。中国学者对克山病的研究结果在这方面做出了重要贡献。美国学者的研究又证实，硒和维生素 E 共用可以抗癌，可以对抗 Pb、Hg、Cd、Ta 的毒性，硒化物的防辐射性远高于硫化物。

从贝采里乌斯发现硒至今已 200 年，硒是一种稀有而分散的元素，对它的研究工作的进展是艰难而缓慢的。这可能是它的稀缺、"奇臭"和毒性造成的。但硒在生理、生化等方面的独特的功能已引起生物化学、药学、公共卫生、医疗、保健等各个领域的科学家的高度重视，相信有更多的化学工作者会投身到硒化学的研究中。

二、有机化学之父——李比希

李比希最重要的贡献在于农业和生物化学，他创立了有机化学。因此被称为“有机化学之父”。作为大学教授，他发明了现代面向实验室的教学方法，因为这一创新，他被誉为历史上最伟大的化学教育家之一。他发现了氮对于植物营养的重要性，因此也被称为“肥料工业之父”。

当时化学界对于有机物的分析技术还相当落后，李比希改进并完善了由盖·吕萨克和泰纳尔提出的有机物燃烧分析法，使之根据产生的二氧化碳和水的量能够精确地确定碳和氢的含量。后来杜马又发明测定有机氮的好方法，这样就形成了完整的有机分析体系。1845年，李比希被封为男爵，但仍然从事化学的研究工作，并开始对生物化学产生了兴趣，对生命的活力是由体内食物氧化产生的能量提供的观点的建立起了积极作用。然而对发酵过程的理解却和贝采里乌斯犯了同样的错误。在对农业化学方面，他也是成功和失败并存。首先他正确地指出，土地肥力丧失的主要原因是植物消耗了土壤里的生命所必需的矿物成分，诸如钠、钙、磷等。他还是第一个主张用化肥代替天然肥料进行施肥的人。不过，他错误地认为植物所必需的氮是从大气中直接吸收的，所以在他的化肥配料表中没有加入氮化物。这一点后来被纠正了，从而使农业生产发生了巨大的飞跃。

李比希还是一位化学教育家，他从巴黎回国担任了吉森大学的化学教授，立即着手实施一项前所未有的计划，那就是改革德国传统的化学教育体制与教学方式，探索造就新一代化学家的方法。当时德国大学中的化学教育，通常是把化学知识混杂在自然哲学中讲授，而且没有专门的化学教学实验室，学生得不到实验操作的训练。李比希深知，作为一个真正的化学家仅有哲学思辨是不够的，化学知识只有从实验中获得。而这种实验训练在那时的德国大学中还得不到。于是李比希下决心借鉴国外化学实验室的经验，在吉森建立了一个现代化的实验室，让一批又一批的青年人在那里得到训练，从中培养出一批化学家。吉森实验室是一座供化学教学使用的实验室，它向全体学生开放，并在化学实验过程的同时进行讲授。吉森这个小地方也成为当时世界的化学中心，对19世纪德国成为化学强国起着重要作用。

李比希为实验室教学编制了一个全新的教学大纲，教学大纲规定：开始，学生在学习讲义的同时还要做实验，先使用已知化合物进行定性分析和定量分析，然后从天然物质中提纯和鉴定新化合物，以及进行无机合成和有机合成；学完这一课程后，在导师指导下进行独立的研究作为毕业论文项目；最后通过鉴定获得博士学位。李比希这种让学生在实验室中从系统训练逐步转入独立研究的教学体制，在他之前并未被人们认识到，而这为近代化学教育体制奠定了基础。

第四节　元素周期表的发现

宇宙万物是由什么组成的？古希腊人以为是水、土、火、气四种元素，古代中国则相信金、木、水、火、土五行之说。到了近代，人们才渐渐明白，元素多种多样，绝不止于四五种。18 世纪，科学家已探知的元素有 30 多种，如金、银、铁、氧、磷、硫等。到 19 世纪，已发现的元素已达 60 多种。

人们自然会问，没有发现的元素还有多少种？元素之间是孤零零地存在，还是彼此间有着某种联系呢？门捷列夫发现元素周期律，揭开了这个奥秘。

一、门捷列夫发现元素周期律

1834 年 2 月 7 日，伊万诺维奇·门捷列夫诞生于西伯利亚的托波尔斯克，父亲是中学校长。16 岁时，进入圣彼得堡师范学院自然科学教育系学习。毕业后，门捷列夫去德国深造，集中精力研究物理化学。1861 年回国，任圣彼得堡大学教授。

在编写无机化学讲义时，门捷列夫发现这门学科的俄语教材都已陈旧，外文教科书也无法适应新的教学要求，因而迫切需要有一本新的、能够反映当代化学发展水平的无机化学教科书。

这种想法激励着年轻的门捷列夫。当门捷列夫编写有关化学元素及其化合物性质的章节时，他遇到了难题。按照什么次序排列它们的位置呢？当时化学界发现的化学元素已达 63 种。为了寻找元素的科学分类方法，他不得不研究有关元素之间的内在联系。研究某一学科的历史，是把握该学科发展进程的最好方法。门捷列夫深刻地了解这一点，他迈进了圣彼得堡大学的图书馆，在数不尽的卷帙中逐一整理以往人们研究化学元素分类的原始资料。

门捷列大经常摆弄一些纸片。他在每一张卡片上都写上了元素名称、原子量、化合物的化学式和主要性质。门捷列夫把它们分成几类，然后摆放在一个宽大的实验台上，每天手拿元素卡片像玩纸牌那样，收起、摆开，再收起、再摆开，皱着眉头地玩“牌”。

1869 年 2 月底，门捷列夫终于在化学元素符号的排列中，发现了元素具有周期性变化的规律。到了 1869 年年底，门捷列夫已经积累了关于元素化学组成和性质的足够材料。门捷列夫发现：元素的原子量相等或相近的，性质相似相近；而且，元素的性质和它们的原子量呈周期性的变化。

门捷列夫激动不已。他把当时已发现的 60 多种元素按其原子量和性质排列成一张表，结果发现，从任何一种元素算起，每数到 8 个，这个元素就和第 1 个元素的性质相近，他把这个规律称为“八音律”。

作为元素周期表的制定人，俄国人门捷列夫的贡献不用多说了。他没得诺贝尔奖实在是评委们的失误。在1904年诺贝尔奖颁给了惰性气体元素的发现者之后，门捷列夫拿奖的呼声越来越高。于是在1905年他被第一次提名，但是最终没拿到奖。随后在1906年，门捷列夫再次被提名，在诺贝尔奖委员会的投票中，他以4∶1胜出，然而瑞典皇家科学院不接受这个结果，他们又召集了四名评委，重新组建了委员会，最终以5∶4的结果将诺贝尔奖授予了分离氟的亨利莫瓦桑。学界认为，在这次评选中，瑞典皇家科学院重要的成员，阿伦尼乌斯（Arrhenius公式的提出者）对阻碍门捷列夫起到了重要作用。这是因为，阿伦尼乌斯的离子解离理论在当时受到了俄国学界长期尖锐的批评。因此阿伦尼乌斯以门捷列夫的工作太老为借口否定了他的工作。随后在1907年，门捷列夫去世了，再也没有机会获奖了。

二、元素周期表的作用

其一，可以据此有计划、有目的地去探寻新元素，既然元素是按原子量的大小有规律地排列，那么，两个原子量悬殊的元素之间，一定有未被发现的元素，门捷列夫据此预言了类硼、类铝、类硅、类锆4个新元素的存在，不久，新元素陆续得到证实。以后，别的科学家又发现了镓、钪、锗等元素。迄今，人们发现的新元素的数量已经远远超过20世纪发现的数量。归根结底，都得益于门捷列夫的元素周期表。

其二，可以矫正以前测得的原子量，门捷列夫在编元素周期表时，重新修订了一大批元素的原子量，至少有17个。因为根据元素周期律，以前测定的原子量许多显然不准确。以铟为例，原以为它和锌一样是二价，所以测定其原子量为75，根据周期表发现铟和铝都是三价的，断定其原子量应为113。它正好在镉和锡之间的空位上，性质也合适。后来的科学实验，证实门捷列夫的猜想完全正确。最令人惊异的是，1875年法国化学家布瓦博德朗宣布发现了新元素镓，它的原子量是59。门捷列夫根据周期表，断定镓的性质与铝相似，原子量应为68，而且估计镓是由钠还原而得。一个根本没有见过镓的人，竟然对它的第一个发现者测定的数据加以纠正，布瓦博德朗感到非常惊讶，实验的结果，果然和门捷列夫判断极为接近，原子量为69，按门捷列夫提供的方法，布瓦博德朗新提纯了镓，原来不准确的数据是由于其中含有钠，这大大减少了它本身的原子量。

其三，有了周期表，人类在认识物质世界的思维方面有了新飞跃。例如，通过周期表，有力地证实了量变引起质变的定律，原子量变化，引起了元素的质变。再如，从周期表可以看出，对立元素（金属和非金属）之间在对立的同时，明显存在统一和过渡的关系。现在哲学上有一个定律，说事物总是从简单到复杂螺旋式上升。元素周期表正是如此，它把已发现的元素分成8个家族，每族划分5个周期，每个周期、每一类中的元素，都按原子量由小到大排列，周而复始。

元素周期律使人类认识到化学元素性质发生变化是由量变到质变的过程，把原来认为各种元素之间彼此孤立、互不相关的观点彻底打破了，使化学研究从只限于对无数个别的零星事实做无规律的罗列中摆脱出来，从而奠定了现代化学的基础。

思考题

1. 从拉瓦锡发现氧气的故事中，大家可以得到关于科学研究的哪些启示？
2. 阿伏伽德罗的分子论的主要观点是什么？
3. 元素周期表的作用是什么？

第五章 近代地质学的发展

地质学是一门探讨地球如何演化的自然哲学，是关于地球的物质组成、内部构造、外部特征、各层圈之间的相互作用和演变历史的知识体系，是研究地球及其演变的一门自然科学。地质学的产生源于人类社会对石油、煤矿、铁矿等矿产资源的需求，由地质学所指导的地质矿产资源勘探是人类社会生存与发展的根本源泉。随着社会生产力的发展，人类活动对地球的影响越来越大，地质环境对人类的制约作用也越来越明显。如何合理有效地利用地球资源、维护人类生存的环境，已成为当今世界所共同关注的问题。因此，地质学研究领域进一步拓展到人地相互作用。

地球自形成以来，经历了约46亿年的演化过程，进行了错综复杂的物理、化学变化，同时还受天文变化的影响，所以各个层圈均在不断演变。约在30多亿年前，地球上出现了生命现象，于是生物成为一种地质营力。最晚在距今200万年至300万年前，开始有人类出现。人类为了生存和发展，一直在努力适应和改变周围的环境。利用坚硬岩石作为用具和工具，从矿石中提取铜、铁等金属，对人类社会的历史产生过划时代的影响。随着社会生产力的发展，人类活动对地球的影响越来越大，地质环境对人类的制约作用也越来越明显。如何合理有效地利用地球资源、维护人类生存的环境，已成为当今世界所共同关注的问题。

人类对地质现象的观察和描述有着悠久的历史，但作为一门学科，地质学成熟得较晚。地质学的研究对象是庞大的地球及其悠远的历史，这决定了这门学科具有特殊的复杂性。它是在不同学派、不同观点的争论中形成和发展起来的。

地质学的发展经历了以下几个阶段：

萌芽时期（远古—1450）。人类对岩石、矿物性质的认识可以追溯到很早的时期。在我国，铜矿的开采在两千多年前已达到可观的规模；春秋战国时期成书的《山海经》《禹贡》《管子》中的某些篇章，古希腊泰奥弗拉斯托斯的《石头论》都是人类对岩矿知识的最早总结。

在开矿及与地震、火山、洪水等自然灾害的斗争中，人们逐渐认识到地质作用，并进行思辨、猜测性的解释。我国古代的《诗经》中就记载了“高岸为谷，深谷为陵”的关于地壳变动的认识；古希腊的亚里士多德提出，海陆变迁是按一定的规律在一定的时期发生的；沈括对海陆变迁、古气候变化、化石的性质等都做出了较为正确的解释，朱熹也比较科学地揭示了化石的成因。

奠基时期（1450—1750）。以文艺复兴为转机，人们对地球历史开始有了科学的解释。意大利的达·芬奇，丹麦的斯泰诺，英国的伍德沃德、胡克，等等，都对化石的成因做了论证。胡克还提出用化石来记述地球历史；斯泰诺提出地层层序律；在岩石、矿物学方面，李时珍在《本草纲目》中记载了200多种矿物、岩石和化石；德国的阿格里科拉对矿物、矿脉生成过程和水在成矿过程中的作用的研究，开创了矿物学、矿床学的先河，等等。

形成时期（1750—1840）。在英国工业革命、法国大革命和启蒙思想的推动和影响下，科学考察和探险旅行在欧洲兴起，旅行和探险使得地壳成为直接研究的对象，使得人们对地球的研究从思辨性猜测，转变为以野外观察为主。同时，不同观点、不同学派的争论十分活跃，关于地层以及岩石成因的水成论和火成论在18世纪末变得尖锐起来。

第一节　水成论与火成论之争

一、水成论

最早提出水成论见解的是英国人伍德沃德（Woodward，1665—1728）。伍德沃德早年学医，后因医学化学的关系，转为研究早期的矿物化学，并进行过一些地质考察。他考察了一些在水成作用下生成的地层及化石，形成了较系统的水成论见解。水成论的代表作是《地球自然历史试探》。

对于地质的变化原因，伍德沃德以《圣经》的摩西洪水为依据，论述了地质变化中的水成作用："那时整个地球被洪水冲得土崩瓦解，而我们现在看见的地层都是从混杂东西中沉积而成的，就像含土液体中的沉淀一样。"对于地层的变化过程，他认为，摩西洪水作用于地层变化的过程，基本上可分为两个过程，即破坏过程与沉积过程。在破坏过程中，摩西洪水不但毁灭了地球上大部分生物，而且粉碎了地表构造，使地表的岩石、土壤、杂物及各种无机物全部被冲击起来，整个地球就成了一片包括人体、生物遗体、岩石，以及各种杂物在内的沉渣泛起的汪洋。在水成作用下，地层变化的第二个过程是沉积过程，在摩西洪水的后期，洪水慢慢澄清。最重要的金属矿产、骨头化石先沉积到最底层；海生动物的遗骸沉积到白垩层；而最轻的人体和高等动物的遗骸则沉积在古沙土层。由于动植物遗体被卷入了整个沉积过程，因此在地层最深处也能见到生物化石。至于海生生物中的贝壳化石之所以在高山地层中出现，那是由于它们比较轻的缘故。

简言之，伍德沃德的水成论主要观点，即地层的不同是洪水造成的。洪水消灭了地球上的大部分生物，它们的遗体被卷进了沉积过程，逐渐变成了化石。其中，金属、矿物、骨头化石等重物质沉积在最底下的地层中；在它之上的是白垩层中较轻的海生动物化石；在最高地层的沙土或泥土中是人和高级动植物化石；而化石是《圣经》记载的摩西洪水的最可靠的历史见证。这种观点在18世纪广为流行。伍德沃德为代表的早期水成论，虽含有浓厚的神学色彩，但也确实含有一定的科学成分。因此，英国不少科学家也持有类同于水成论的见解，如牛顿、哈雷等。

后来，德国的魏纳（Wegener，1750—1817）把水成论推到登峰造极的地步。他认为，原始地球浸没在原始海洋中，所有的岩层都是在海水中经过结晶化、化学沉淀和机械沉淀堆积而成的。由于魏纳是当时著名的矿物学权威，加之教会的支持，于是水成论一度统治了地质学。

二、火成论

与水成论对立的是火成论。1740年，意大利威尼斯修道院院长莫罗（Anton Moro，1687—1764）首先提出了火成论。他认为，摩西洪水在地质学上并不是重要事件，岩层是由一系列火山爆发产生的熔岩流造成的，每一次火山爆发都把那里的动植物埋葬在新形成的地层中，所以才有后来发现的化石。大多考察过火山的地质学家都倾向于火成论。

1763年，法国地质学家德马列斯特（N. Desmarest）做了实地考察，他顺着玄武岩追索到火山口，证明玄武岩是岩浆岩，而不是水成岩。1795年，英国地质学家詹姆斯·赫顿（James Hutton，1726—1797）在他的《地球论》中，介绍了火成论。他认为，地质学上的诸现象是由各种力的作用而引起的，他尤其强调地球内热作用和地壳运动。这些思想具有革命性，为地质学发展奠定了基础，他本人也成为火成论的首领。

由于受到来自水成论和宗教两方面的反对，火成论处于受压迫地位，但是火成论并没有因此消沉，与水成论的斗争持续了半个世纪。一次，两派在英国爱丁堡附近山丘下讨论那里的地层结构时展开了一场大辩论，双方由互相指责、对骂，发展到拳打脚踢，演出了地质学史上一场著名的武斗闹剧。

水成论和火成论各强调一个方面，都不符合辩证法。事实上，地球上既有水成岩，又有火成岩（还有变质岩）。比较而言，火成论比水成论更加进步。

第二节　灾变说与渐变说之争

地质学史上第二次大争论是以居维叶为代表的灾变论和以赖尔为代表的渐变论之争。

一、灾变论

灾变论思想古已有之。亚里士多德认为，地球上曾发生过几次大的洪水，每两次大洪水之间，还有一次大火灾。瑞士博物学家波涅特（Charles Bonnet，

1720—1793）认为，世界上不断发生周期性大灾难，最后一次是摩西洪水。在大灾难中所有生物都被消灭，但胚种被保留下来。灾变过后，生物重新复活，并在生物阶梯上前进一步。他还预言，下一次灾变后，石头将有生命，植物将会走动，动物将有理性，在猴子和大象之间我们将会发现牛顿和莱布尼茨，人将变成天使。上述看法都是没有根据的臆说。

灾变论的代表人物和集大成者是法国地质学家、古生物学家和比较解剖学家居维叶（G. Cuvier，1769—1832）。他是古生物学的创始人，造诣很深，提出过著名的“器官相关律”。他可以根据“器官相关律”，凭借古动物的部分遗骸，确定该动物的整体结构，进行复原。他的学生为了验证他的学识和造诣，一天夜里装扮成一个头上长角、四肢有蹄、张着大口的怪兽爬到他的房间。居维叶瞧了一下，笑着说：“原来你是一头有角、有蹄的哺乳动物，根据器官相关律，你是只会吃草的动物，我又何必怕你呢?”说完，他便睡觉去了。他在研究巴黎盆地的不同地层结构时发现，地层越深，动物化石构造越简单，与现代生物差别越大。在解释这些现象时，他提出了系统的灾变论思想。他认为，地球表面经常发生突然的大陆、海底升出海面，严重干旱等大规模的变化，如海洋泛滥淹没大陆，这些灾变往往使大批生物灭绝。当这个地方的生物灭绝以后，其他地方的生物又迁移到这里，以后这个地方再次发生灾变，新迁移来的生物又被埋葬，如此循环往复，就形成了不同地层中不同类型的生物化石，而最近一次灾变就是《圣经》上说的摩西洪水。

居维叶的观点是有一定根据的，只是根据不够充分。但不能因此就说灾变论是完全错误的，至今还没有足够的事实能完全驳倒灾变论。据当今地质资料证明，地球上的生物集群性的灭绝不能不说与灾变有关。有的科学家认为，统治一时的恐龙之所以灭绝是由于6500万年前，在距地球1/10光年处一颗超新星爆发放出了铱造成的。据对意大利古比欧地区的岩石进行分析，金属铱的密度在恐龙消失的时间内骤然增加25倍，恐龙因适应不了这种环境而灭绝。也有人认为，恐龙灭绝是彗星撞击地球造成的。所以，对灾变论不能简单地否定。

居维叶本人是个迁徙论者，不是神创论者，他并没有从灾变论中引出上帝造物的结论。是他的弟子们把灾变论推向了极端，认为地球灾变时是一下子席卷全球的，每次灾变过后地球上的生物全部灭绝，后来的生物是上帝重新创造出来的。他的一个学生甚至推算出地球上共发生过27次大灾变，上帝也就依次造了27次生物，但由于上帝记忆力不好，每次创造生物时都会忘记前几次造出的生物的模样，所以每次造出的生物都不一样，于是才有了今天不同种类的生物。总之，对居维叶本人应当进行历史的、公正的评价，不能由于弟子们的过错把他的贡献一笔抹杀。

二、渐变论

和灾变论相对立的是渐变论。渐变论的创始人是英国的业余科学家赫顿，他既是火成论者，又是渐变论者。作为一个农场主，为了发展农业，他到荷兰、比利时和法国进行过考察，结果形成了地质渐变论思想。他认为，河谷是河流冲刷而成的，河流冲下的泥沙经过沉积变成平原，平原硬化变成岩石，而地层的变化都是现在仍在起作用的自然力造成的。

渐变论的代表人物是英国著名地质学家赖尔（Charles Lyell，1797—1875）。赖尔曾在牛津大学学习法律，但对地质学和生物学很感兴趣。他继承和发展了赫顿的渐变论思想。赖尔一生中进行过多次旅行，考察过欧洲北部的斯堪的那维亚半岛、南部的西西里岛，对英格兰、巴黎盆地的沉积层、法国奥弗涅地区的火山岩分布等都有深入了解，对整个欧洲的地质状况都很熟悉。1827 年，他在整理考察资料的基础上决心写一本《地质学原理——参照现在起作用的各种原因来解释地球表面过去发生的变化的尝试》。该书于 1830 年到 1833 年间出了 1～3 卷，截至他去世，共出了 12 版。该书是地质学领域的奠基著作，旨在阐明地球古老的历史。

《地质学原理》阐明了他的地质渐变论思想，其基本观点如下。第一，地球是缓慢进化来的，地球的年龄不像《圣经》记载的那样，只有几千年，而是以数千万年计算的，地球有自己实在的历史。第二，地球表面的变化是风、雨、河流、火山爆发、地震等自然力缓慢地综合作用的结果。第三，地壳的上升、下降运动的根本原因在于地球内部物理、化学、电力、磁力作用的结果。第四，较古老岩石与较新岩石的结构差别是历史造成的。第五，明确提出“现在是认识过去的钥匙”，创造了将今论古的历史比较法。

赖尔的地质渐变论具有重大意义。第一，它能说明水成论、火成论和灾变论无法说明的一些地质现象，把地质学推进到一个新高度。第二，它对古生物学、生物地质学、岩石学、矿床学及生物学等学科的发展产生了积极影响。第三，由于他坚持地壳的变化时自然力缓慢作用的结果，从而沉重打击了灾变论和神创论，把辩证法带进了地质学，打开了形而上学自然观的又一缺口，为辩证唯物主义自然观的创立提供了重要的科学依据。

赖尔的地质渐变思想并非尽善尽美，它有两个主要缺陷。第一，它只强调连续的渐变，忽略了间断的渐变。它把地质学定义为研究自然界中有机物和无机物所发生的连续变化的科学，带有片面性。第二，它一面承认地球、地壳是进化的，一面又坚持物种不变的观点，前后相互矛盾。这个矛盾直至他的《地质学原理》出到第 10 版时才纠正过来，当时他已经 69 岁。

思考题

1. 简述水成论与火成论的主要观点。
2. 简述灾变说与渐变说代表人物及其观点。

第三篇　现代自然科学的发展

近代自然科学取得了前所未有的大发展，大致可分为两个阶段。第一，兴起阶段。文艺复兴运动促使近代自然科学的兴起，实现了科学史上的一次革命。它冲破了神学与经院哲学的牢笼，推动了生产力的发展，为新的世界观和哲学观提供了坚实的依据。波兰科学家哥白尼开创性地提出了“太阳中心说”，意大利哲学家布鲁诺发展了他的学说。佛罗伦萨杰出的天文学家和物理学家伽利略用自制天文望远镜观察天体，证明并进一步发展了哥白尼的学说，并且在物理学上取得了重大成就。17 世纪近代数学建立，牛顿力学体系创立，近代化学创立，都体现了这个阶段的特点。第二，综合化阶段。19 世纪前期电磁感应现象的发现，综合了电和磁的关系，并取得了电磁关系研究的飞跃。“分子—原子”结构学说的确立，化学元素周期规律的发现，达尔文生物进化论的提出，都是各学科发展过程中综合化的表现。近代自然科学对生产的发展、技术的进步起着不可估量的作用。

综观近代自然科学的研究成果，我们会发现还遗留了许多重大理论问题有待解决。引力的本质是什么？以太是否存在？原子真的不可分割吗？生命的起源与本质是什么？进化与遗传的内部机制是什么……正是为了解决上一个世纪留下来的种种危机，20 世纪的自然科学经历了一系列的革命。以世纪之交的物理学革命为先导，在天文学、地质学和生物学领域均发生了重大的理论变革。在物理学领域，量子理论、相对论取代了牛顿力学成为物理世界更普适的基础理论。粒子物理学中的夸克模型，宇宙学中的大爆炸模型，分子生物学中的 DNA 双螺旋模型和地质学中的板块模型，电子计算机的发明和控制论、信息论、系统论的发展，等等，它们均代表了各自领域的一场理论革命，为一个更加伟大的科学时代拉开了序幕。

第一章　20世纪物理学革命与发展

1895年，物理学已经有了相当的发展，几个主要门类，牛顿力学、热力学和分子运动论、电磁学和光学，都已经建立了完整的理论，在应用上也取得了巨大成果。这时物理学家普遍认为，物理学已经发展到了极致，以后的任务无非是在细节上做些补充和修正而已，已没有太多的事可做了。面对经典物理学近乎完美的发展，有的物理学家表示："19世纪已经将物理大厦全部建成，今后物理学家只是修饰和完美这座大厦。"

1900年的4月，热力学的奠基人，著名的开尔文勋爵在一个科学报告会上做了一次名为《在热和光动力理论上空的19世纪乌云》的演讲。他在这篇演讲中提到，在光学和热学领域，各有一个实验现象还无法用牛顿经典理论来解释，因此称为笼罩在牛顿经典时空观下科学领域的两朵乌云。

第一节　物理学革命的序幕

19世纪是电磁学大发展的时期，电气照明也吸引了许多科学家的注意。人们竞相研究与低压气体放电现象有关的问题。1856年，德国盖斯勒放电管的发明为研究真空放电现象提供了实验手段；1859年，德国普吕克发现了放电管阴极发出的绿色辉光；1876年，德国戈尔茨坦指出绿色辉光是由阴极的某种射线引起的，并将其命名为"阴极射线"。从此引起了人们对阴极射线本性的研究。

围绕阴极射线的本性究竟是光波还是粒子，德国和英国科学家展开了争论，最终导致了物理学的三大实验发现——X射线、放射性、电子的发现。X射线的发现唤醒了沉睡的物理学界。它像一声春雷，引发了一系列重大发现，把人们的注意力引向更深入、更广阔的天地，从而揭开了现代物理学革命的序幕。

一、世纪之交物理学的三大发现

（一）X射线的发现

威廉·康拉德·伦琴（Wilhelm Rontgon，1845—1923）在发现X射线时，已经是五十岁的人了。当时他已担任维尔茨堡大学校长和该校物理研究所所长，是一位造诣很深，有丰硕研究成果的物理学教授。在此之前，他已经发表了几篇科学论文，其中包括热电、压电、电解质的电磁现象、介电常数、物性学，以及晶体方面的研究。他治学严谨、观察细致，并有熟练的实验技巧，仪器装置多为自制，实验工作很少靠助手。他对待实验结果毫无偏见，做结论时谨慎周密。特别是他正直、谦逊的态度，专心致志于科学工作的精神，深受同行和学生们的敬佩。

1895 年 11 月 8 日傍晚，伦琴在做阴极射线实验时，为了防止外界光线对放电管的影响，也为了不使管内的可见光漏出管外，他把房间全部弄黑，还用黑色硬纸给放电管做了个封套。为了检查封套是否漏光，他给放电管接上电源（茹科夫线圈的电极），看到封套没有漏光很满意。可是当他切断电源后，却意外地发现一米以外的一个小工作台上有闪光，闪光是从一块荧光屏上发出的（图 3-1-1）。

图 3-1-1　伦琴发现 X 射线时所使用的简陋实验室

这是一个不正常的现象。阴极射线只能在空气中行进几厘米，这是别人和他自己的实验早已证实的结论。于是他重复刚才的实验，把屏一步步地移远，直到 2 米以外仍可见到屏上有荧光。他取来不同的物品，包括书本、木板、铝片等，放在放电管和荧光屏之间，发现不同的物品效果很不一样：有的挡不住，有的起到一定的阻挡作用。伦琴认为这已不是阴极射线了。伦琴经过反复实验，确信这是种尚未为人所知的新射线，他发现新射线可穿透千页书、2～3 厘米厚的木板、几厘米厚的硬橡皮、1.5 毫米厚的铝板等。可是 1.5 毫米的铅板几乎就完全把该射线挡住了。

他深深地沉浸在对这一新奇现象的探究中，达到了废寝忘食的地步。平时一直帮他工作的伦琴夫人感到他举止反常，以为他有什么事情瞒着自己，甚至产生了怀疑。六个星期过去了，伦琴已经确认这是一种新的射线，才告诉了自己的亲人。1895 年 12 月 22 日，他邀请夫人来到实验室，用他夫人的手拍下了第一张人手 X 射线照片（图 3-1-2）。

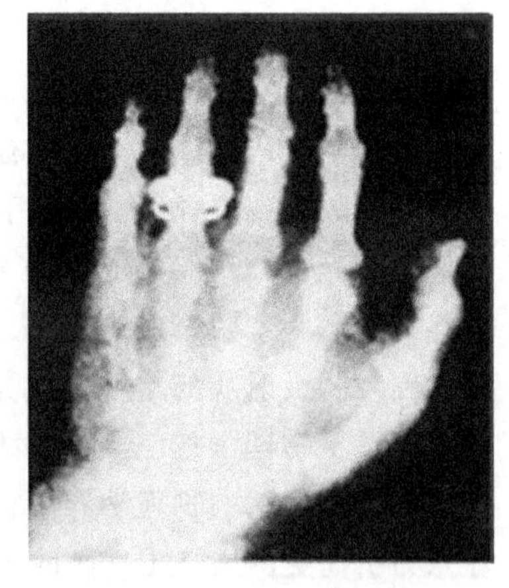

图 3-1-2　1985 年 12 月 22 日，伦琴首次拍摄到他妻子手的 X 射线照片，其无名指上戴着一枚戒指

1895 年年底，他以通信方式将这一发现公之于众，题为《一种新射线（初步通信）》。伦琴在他的通信中把这一新射线称为 X 射线，因为他当时确实无法确定这一新射线的本质。

1896年，在柏林的物理学年会上，伦琴当场进行了实验表演，立刻引起了参加会议的学者的重视。消息迅速传遍了全世界，很快，全世界刮起了一股X射线热。由于这一射线有强大的穿透力，能够透过人体显示骨骼和薄金属中的缺陷，在医疗和金属检测上有重大的应用价值，因此引起了人们的极大兴趣。

美国有一家医院就用伦琴发现的X射线为一位受枪伤的病人做子弹定位，顺利地取出了体内的子弹。三个月后，在维也纳，医生开始用X光拍片。一个月内，许多国家都竞相开展类似的试验。一股热潮席卷欧美，盛况空前。

X射线的发现对自然科学的发展更有极为重要的意义，它像一根导火线，引起了一连串的反应。许多科学家投身于X射线和阴极射线的研究，从而导致了放射性、电子，以及α、β射线的发现，为原子科学的发展奠定了基础。同时，由于科学家探索X射线的本质，发现了X射线的衍射现象，并由此打开了研究晶体结构的大门；根据晶体衍射的数据，可以精确地求出阿伏伽德罗常数。

在研究X射线的性质时，人们发现X射线具有标识谱线，其波长有特定值，和X射线管阳极元素的原子内层电子的状态有关，由此可以确定原子序数，并了解原子内层电子的分布情况。此外，X射线的性质也为波粒二象性提供了重要证据。伦琴因发现X射线荣获1901年首次颁发的诺贝尔物理学奖。这一发现宣布了现代物理学时代的到来，也使医学发生了革命。

X射线的发现过程，在物理学史上是一个必然性通过偶然性开辟道路的典型例证。在伦琴之前，英国克鲁克斯等人曾遇见过它，但均因疏忽而与重大发现擦肩而过。表面上看来，伦琴的发现纯粹是由于好运气。对伦琴发现X射线的伟大贡献，科学界做出了正确的评价。普鲁士科学院在祝贺伦琴获得博士学位50周年的贺信中写道："科学史表明，在每一个发现中通常都在成就和机遇之间存在一种特殊的联系，而许多不完全了解事实的人，可能会倾向于把这一特殊事例大部分归功于机遇。但是只要深入了解您独特的科学个性，谁都会理解这一伟大发现应归功于您这位摆脱了任何偏见、将完美的实验艺术和极端严谨自觉的态度结合在一起的研究者。"

随着社会的发展及科学技术的进步，生命科学越来越引起人们的关注，人类对于自身的奥妙探索的欲望不断增强。在现代医学中，X射线可以说是大行其道，无处不显示着它的重要性。像CT、核磁共振、介入放射等这些人们并不陌生的放射性检查，不断用于临床医学，极大地提高了疾病的诊断率。他们每天担负的工作就是通过X射线这双穿透的"法眼"来检查病人体内的各种异常。但是长期受X射线辐射对人体有伤害。在这样的趋势下，人们对X射线影像设备的成像质量要求越来越高，同时还要求尽可能地减少X射线的照射量，这就迫使X射线技术不断发展。

（二）放射性的发现

1896年1月20日，在法国科学院的会议上，著名物理学家亨利·庞加莱带来了伦琴的论文，并展示了X射线的照片。当时安东尼·亨利贝克勒尔也出席了会议，并对这些照片产生了兴趣，提出这些穿透性射线如何产生的问题。庞加莱说，X射线是由一束阴极射线打在放电管玻璃壁上，那里显示出荧光亮斑，X射线是由打在上面的阴极射线引起的。这个解释是正确的，但贝克勒尔错误地理解了它，认为荧光是射线的起因，因此发出荧光的物质可能会是X射线的天然来源。贝克勒尔推测X射线与荧光或磷光是由相同的原子振动产生的。

1896年2月，贝克勒尔把感光片包在黑纸里放到太阳下，再把荧光物质的晶体压在上面。他的设想是太阳光照射晶体产生荧光，如果荧光中有X射线，那么它就能穿透黑纸使底片曝光。结果底片冲洗后，上面有了阴影。X射线的辐射不仅能穿透黑纸，还会穿透一些金属，因而他误以为太阳光照射晶体产生了X射线。贝克勒尔打算用相同的晶体和底版，重复他的实验，进一步探索实验规律。然而接下来的几天，阳光断断续续地出现。于是他将底版暗盒和晶体一起放回黑暗的抽屉里，等待阳光重新出现。结果显影后的底版不是如他期待的那样是空白的，相反这张底版很黑，与有晶体在阳光下曝过光的一样。显然，这阴影与太阳无关，与荧光无关，而与晶体本身有关。原来贝克勒尔用的晶体是一种铀的化合物——硫酸双氧铀钾，这样他便发现了铀能自发辐射出能量。居里夫人在1898年把这种现象命名为放射性。

X射线和铀的放射性激发了居里夫人（Marie Curie，1867—1934）对放射线的研究兴趣。居里夫人首先证实了贝克勒尔关于铀化合物辐射的强度与化合物中铀的含量成正比的结论，但她不满足于局限在铀化合物上，决定对已知的各种元素进行普查。1898年7月，居里夫妇从铀矿中分离出放射性比铀强数百倍的物质。向巴黎科学院提交“论沥青铀矿中的一种新物质”，命名为“钋”（Polonium）。1898年12月，居里夫妇检测出了放射性更强的物质，并把它命名为“镭”。1902年，他们经过了无数次的结晶处理，终于成功地制出0.1克的镭。

因对放射线的研究，1903年居里夫人和她的丈夫、贝克勒尔分享了该年度的诺贝尔物理学奖；1911年，居里夫人又因发现两种新元素而获得诺贝尔化学奖。

1898年，欧内斯特·卢瑟福（E. Rutherford）通过吸收实验证明，铀辐射穿透力弱的称为α射线，穿透力强的称为β射线。1899年，贝克勒尔证实α射线能被磁场偏转，其行为与阴极射线相似。1900年，法国化学家维拉德（P. Villard）发现在铀辐射中还有另一种成分，穿透力更强，称为γ射线。从1902年起，卢瑟福和索第（F. Soddy）等人研究了射线和放射性物质的规律，终于导致原子核嬗变规律和原子核的发现。

研究发现，放射性不是少数几种元素才有的，原子序数大于82的所有元素，都能自发地放出射线，原子序数小于83的元素，有的也具有放射性。放射性物质发出的射线有三种：α射线、β射线、γ射线。其中α为He的原子核，β为高速运动的电子，γ为波长极短的光子。

（三）电子的发现

至此，科学家们仍在思考，阴极射线是什么呢？对于阴极射线的本质，有很多的科学家做出了大量的科学研究，主要有两种。电磁波说认为，这种射线的本质是一种电磁波的传播过程；粒子说认为，这种射线的本质是一种高速粒子流。在 19 世纪，关于阴极射线性质的这两个观点都十分流行，这两种流行观点也引发了争论，吸引了更多的科学家对阴极射线进行研究，从而使对阴极射线的研究工作不断进行。此外，19 世纪后半叶，物质的原子论已经稳固地建立起来，物质的带电性也很容易得到证明。但是，人们还不了解电和原子之间的真正关系。科学家们相信，研究气体导电现象，有助于认识这一关系。约瑟夫·约翰·汤姆逊在 19 世纪最后十年对气体放电及阴极射线的研究，就是在这个历史背景下进行的。关于阴极射线的性质，汤姆逊和多数英国物理学家持相同的观点，认为阴极射线是由带负电粒子组成的，而且带负电粒子可能以很大的速度运动。

第一步，通过实验检验射线是带负电的粒子流。汤姆逊把佩兰在 1895 年所做的将金属圆桶安装在阴极射线管中，用静电计测圆桶接收到电荷的实验中的阳极与外圆桶分开，并把外圆桶接地，将两个有裂缝的同轴置于一个与放电管连接的玻璃泡中，使圆桶裂缝与阴极射线的直线传播路径有一夹角，对阴极射线的径迹汤姆逊用玻璃泡上的磷光来表示。他的实验显示，当阴极射线不落在裂缝时，送至验电器的电荷是很小的；而当阴极射线被一磁体偏转从而落在裂缝时，就有大量的负电荷送至静电计。

汤姆逊于 1897 年以另一种方式重复了佩兰的实验。他将一块涂有硫化锌的小玻璃片，放在阴极射线所经过的路径上，看到硫化锌会发闪光。这说明硫化锌能显示出阴极射线的“径迹”。实验用无可辩驳的事实说明，负电荷总是与阴极射线走同一条路线。这种负电荷同阴极射线是牢不可分的。这就证实了阴极射线带有负电荷，从而不给反对者留下任何余地。

另一个重要实验是，汤姆逊证实了阴极射线被静电场偏转。汤姆逊发现在一般情况下，阴极射线是直线行进的，但让射线从放置在放电管内连接到蓄电池的两块平行金属板之间通过时，在高真空下，射线从平行金属板之间通过时，便发生了偏转。根据其偏折的方向，不难判断出带电的性质。与此同时，汤姆逊对赫兹之前失败的实验现象做了正确的解释。汤姆逊把有关阴极射线的现象综合考虑，他发现带负电的阴极射线的行为和带负电的物体行为完全相同，他在 1897 年得出结论：这些“射线”不是以太波，而是带负电的物质粒子。

接着，进一步做实验确定荷质比。既然阴极射线就是带负电的物质粒子。那么这些物质粒子到底是什么呢？它们是原子，分子，还是分得更细状态的物质呢？他要测量出这种“离子”的质量来，为此，他设计了一系列既简单又巧妙的实验。首先，单独的电场或磁场都能使带电体偏转，而磁场对粒子施加的力是与粒子的速度有关的。汤姆逊对粒子同时施加一个电场和磁场，并进行相应调节使电场和磁场所造成的粒子偏转互相抵消，让粒子仍做直线运动。这样，从电场和磁场的强度比值就能算出粒子运动速度。而速度一旦找到后，单靠磁偏转或者电偏转就可以测出粒子的电荷与质量的比值。汤姆逊用这种方法来测定“微粒”电荷与质量之比值。他发现这个比值和气体的性质无关，并且该值比起电解质中氢离子的比值（当时已知的最大量）要大得多。这说明这种粒子的质量比氢原子的质量要小得多，前者大约是后者的两千分之一。

由质量的值很小又可推出组成阴极射线的粒子体积很小；由于它的体积很小，所以有很好的穿透性，这就可以解释射线穿过金属箔的现象；由射线粒子的体积很小且与产生它的环境明显无关，可推测组成射线的粒子分布的广泛性。由于组成阴极射线的粒子在各种元素中普遍存在，所以它是原子的组成部分。这些是汤姆逊在 1897 年所做的工作。

美国的物理学家罗伯特·密立根在 1913 年到 1917 年的油滴实验中，精确地测出了新的结果，那种粒子的质量是氢原子的 1/1836。汤姆逊测得的结果肯定地证实了阴极射线是由电子组成的，人类首次用实验证实了一种“基本粒子”——电子的存在。“电子”这一名称是由物理学家斯通尼在 1891 年采用的，原意是定出的一个电的基本单位的名称，后来这一词被用来表示汤姆逊发现的“微粒”。

自从发现电子以后，汤姆逊就成为国际上知名的物理学者。在这之前，一般都认为原子是“不能分割的”的东西，汤姆逊的实验指出，原子是由许多部分组成的，这个实验标志着科学的一个新时代。人们称他是“一位最先打开通向基本粒子物理学大门的伟人”。汤姆逊对电子的发现是物理学发展史上的一个里程碑。自他的开拓性工作以来，人们提出各种各样的方法对电子电荷进行精确测量。

1897 年 4 月 30 日，汤姆逊正式宣布发现了电子。电子的发现具有革命性的意义，它结束了关于阴极射线本质的争论，打破了自古希腊以来人们关于原子不可分的观念，并以无可辩驳的事实展示：原子是可分的，电子是原子的组成部分，是比原子更小的粒子。这就激励并引导人类对原子结构进行探索，促进原子物理学的建立和不断向前发展。从此，人类意识到，原子并不是组成物质的最小单位，探索原子结构的序幕由此拉开……

由于汤姆逊的杰出贡献，1906 年他获得诺贝尔物理学奖。在直接测量电子电荷的方法中，罗伯特·安德鲁·密立根取得了巨大成功，他由于这一贡献和研究光电效应而荣获了 1923 年诺贝尔物理学奖。

二、原子结构与基本粒子的研究

（一）原子结构模型的演变

最早在公元前 5 世纪，古希腊哲学家德谟克利特提出古代原子学说，他认为万物都是由不可分割的原子构成的。1803 年，英国科学家道尔顿在德谟克利特的基础上做了进一步的完善，提出了近代原子学说。他补充了两点，原子不能被创造也不能被毁灭，原子在化学变化中保持本性不变。这就是道尔顿模型，又叫“原子球模型”。电子的发现打破了原子不可分的传统观念，标志着人类对物质微观结构认识的开始，物理学家开始了探索微观物质世界的进程——原子是一种什么粒子，它的构造怎样？

1904年，汤姆逊提出原子中还存在着电子，为保持原子呈电中性，原子中不可避免应该是分布着带正电的微粒，电子镶嵌其中。我们形象地称之为“葡萄干面包式”或“枣糕模型”。

1911年，卢瑟福做了著名的α粒子散射实验。简单地说，α粒子就相当于一个氦的原子核，当它轰击金箔时，有三种情况：一是大多数的粒子畅通无阻地通过了，说明原子核周围有大量的空间存在；二是极少数粒子发生偏转，同性相斥，证明原子核带正电；三是还有的是笔直地弹回，说明原子核的质量很大。所以说，卢瑟福的成就很伟大，他被称为近代原子核物理学之父。他还特别愿意分享，他的学生或者助手获得诺贝尔奖的也有很多。玻尔就是他的学生之一。玻尔虽然师从卢瑟福，但是他敢于质疑，他被称为量子力学之父。玻尔认为，原子核外电子在一系列的轨道上运动，这个关于电子分层的概念至今我们仍然使用。

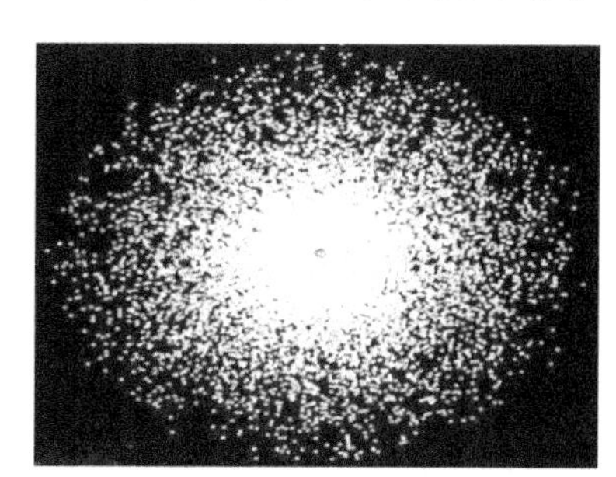

图 3-1-3　电子云

现代科学家们在实验中发现，电子在原子核周围有的区域出现的次数多，有的区域出现的次数少。电子在核外空间的概率分布图就像“云雾”笼罩在原子核周围，因而提出了“电子云模型”（图3-1-3）。电子云密度大的地方，表明电子在核外单位体积内出现的机会多，反之出现的机会少。

（二）质子与中子的发现

当卢瑟福指出原子由原子核与电子两部分组成后，科学家们就开始思考α射线、β射线、γ射线是来自电子还是来自原子核。1918年，卢瑟福把氢核作为基本粒子，并命名为质子。卢瑟福的学生莫塞莱注意到，原子核所带正电数与原子序数相等，但原子量却比原子序数大，这说明如果原子仅由质子和电子组成，它的质量将是不够的，因为电子的质量相比起来可以忽略不计。卢瑟福在1920年指出：“根据计算，原子核还应该有另外一种微粒存在。并且，这种微粒不带电，它几乎和质子一样重，和质子结合共同形成原子核。”1921年，美国的一位化学家威廉·哈金斯把这种微粒取名为中子。不过，这仅仅是一个设想，因为当时还没有在实验中找到它。卢瑟福的学生查德威克重复了α粒子轰击石蜡的实验，结果发现有一股高速粒子流逸出。查德威克让这些粒子流通过电磁场，没有发现任何偏转现象，表明“辐射”是不带电呈中性的。他还测量了该粒子的质量，确证了是电中性的。查德威克兴奋极了，认为这正是老师卢瑟福预言的不带电的粒子——中子。

1932 年 2 月 17 日，查德威克寄给《自然》杂志一封信，发表了这一结果，人们寻找已久的中子终于被发现了。中子的发现，为人类认识原子核的结构打开了大门。以后，人类对于中子的研究和应用，为核物理的飞跃发展提供了必要的条件。查德威克由于发现中子而获 1935 年度诺贝尔物理学奖。

研究表明，原子质量主要集中在原子核上。原子核体积很小，只占原子体积的几亿分之一（图 3-1-4，图 3-1-5）。

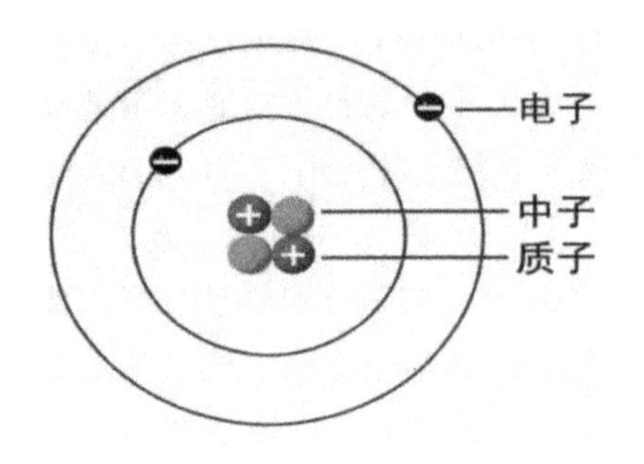

图 3-1-4 原子结构

图 3-1-5 如果把原子放大到跟你的小拇指指甲一样大的话，再依照这个比例放大你的手，你的手就大到可以握住整个地球了

（三）介子的发现及相互作用

原子核是由质子与中子组成的，那么是什么力量把质子与中子联系在一起的呢？当时人们只知道自然界有两种力——万有引力与电磁力。万有引力不能把质子与中子结合在一起，因为他们的质量太小；电磁力也不能，因为它对中子不起作用，而且还会使质子互相分开。因此，在稳定的原子核内部，必然还有一种新的、未知的力——核力。

1933 年，日本物理学家汤川秀树获悉意大利的费米用交换一对电子、中微子来解释核力，但并未成功。于是，汤川季树在 1934 年设想质子与中子交换的是一种新粒子。这种粒子与核子间相互作用力，约比电磁作用强几百倍，而这种强相互作用的力程只有厘米级。他推算这种粒子质量约为电子的二百倍，介于电子与核子之间，故称介子。

1936 年，美国物理学家安德森在宇宙射线中发现了一种带单位正电荷或负电荷的粒子，质量为电子的 206.77 倍，人们以为它就是汤川秀树预言的介子，把它叫作 μ 介子，后来发现这种粒子其实并不参与强相互作用，是一种轻子，所以改名 μ 子。1947 年，英国物理学家鲍威尔在宇宙射线中又发现了一种粒子，带单位正电荷或负电荷，质量为电子的 273 倍，与核子有很强的相互作用，平均寿命 2.60310×10^{-8} 秒，这正是汤川秀树预言的介子。根据汤川秀树的理论，人们能够描绘出原子内部变化不息的图景，并揭示自然界第三种基本相互作用——强相互作用力的存在。

华裔美国物理学家李政道、杨振宁于1956年提出了弱相互作用下的宇称不守恒定律，被认为深化了人类对微观世界的认识。另一位华裔美国物理学家吴健雄以其出色的实验证实了这一理论。

至此，人类知道了宇宙间共存在四种相互作用力，即引力、电磁力、强相互作用力、弱相互作用力。

（四）反粒子与夸克、层子模型

1932年，安德森在宇宙线实验中观察到，高能光子穿过重原子核附近时可以转化为一个电子和一个质量与电子相同但带有单位正电荷的粒子，从而发现了正电子。狄拉克对正电子的预言得到了实验的证实。

反粒子的存在是电子所特有的性质，如果所有的粒子都有相应的反粒子，首先检验的应该是是否存在质子的反粒子、中子的反粒子。

24年后的1956年，美国科学家张伯伦（Owen Chamberlain，1921—2006）等在加速器的实验中发现了反质子，即质量和质子相同，自旋量子数也是1/2，带一个单位负电荷的粒子，接着又发现了反中子。

到20世纪50年代末，被发现的基本粒子已有30种。这些粒子绝大多数是从宇宙射线中发现的。自1951年费米首次发现共振态粒子以来，至20世纪80年代已发现的共振态粒子有300多种。基本粒子的数目日益增多并已显出有内部结构的迹象，基本粒子的结构就成为理论物理学家必须解决的课题。1964年，美国物理学家默里·盖尔曼和G. 茨威格各自独立提出了中子、质子这一类强子是由更基本的单元——夸克（Quark）组成的（一些中国物理学家称其为“层子”）。夸克一词原指一种德国奶酪或海鸥的叫声。默里·盖尔曼当初提出这个模型时，并不企求能被物理学家承认，因而它就用了这个幽默的词。夸克有3种，上夸克（u）、下夸克（d）、奇夸克（s）。3种夸克都有与之相对应的反夸克u、d、s。

引入夸克这一概念，是为了能更好地整理各种强子，而当时并没有什么能证实夸克存在的物理证据。1964年，在氢气泡室实验中果然观测到了盖尔曼预言的新粒子，称为沃米格负（Ω－），并测得其质量为1672.45±0.29 MeV，与理论的预言完全一致。

虽然夸克模型取得了巨大成功，但科学家们对物质微观结构的研究并没有停止。1974年，美国华裔科学家丁肇中与美国科学家瑞奇特分别在实验中发现了一种新粒子，称为J/ψ粒子。它的质量为3.1 GeV（1 GeV＝1000 MeV），比三个质子还重，但寿命却出奇的长。要想解释它，只能假定存在一种新的夸克——粲夸克（Charm，第四种夸克），用字母c来表示，其质量为1.5 GeV。介子J/ψ由粲夸克与反粲夸克构成（c`c）。1977年，美国物理学家利昂·莱德曼（Leon M. Lederman）又发现了一种长寿命的新介子¡，它的质量为9.5 GeV，只能引入第五种夸克——取名为“美”（Beauty）或“底”（Bottom），用字母b代表。介子¡由底夸克和反底夸克构成。1994年，美国费米实验室的CDF组在质子-反质子对撞机上发现了一个最重的夸克，质量为 176 GeV，取名为顶夸克（Top），用字母 t 代表。科学家们相信这是最后一种夸克了，已经可以得出夸克的完整图像。

夸克模型中的夸克发展到了 6 种，它们的名字是上夸克、下夸克、奇夸克、粲夸克、顶夸克和底夸克，而且每种夸克还有 3 种颜色（红、绿和蓝）。

第二节　相对论的创立

19 世纪末 20 世纪初，经典物理学理论已经发展到相当完备的阶段。在光学和热学领域，各有一个实验现象无法用牛顿经典理论来解释，因此称为笼罩在牛顿经典时空观下科学领域的“两朵乌云”。物理学天空上的“两朵乌云”揭开了物理学革命的序幕：一朵乌云降生了量子论，紧接着另一朵乌云降生了相对论。量子论和相对论的诞生驱散了乌云，使整个物理学面貌为之一新。

一、爱因斯坦

阿尔伯特·爱因斯坦（Albert. Einstein，1879—1955），犹太裔物理学家，于 1879 年出生于德国乌尔姆市的一个犹太人家庭（父母均为犹太人），1900 年毕业于苏黎世联邦理工学院，入瑞士国籍。1905 年，爱因斯坦获苏黎世大学哲学博士学位，提出光子假设，成功解释了光电效应，因此获得 1921 年诺贝尔物理学奖，创立狭义相对论。这个当年被校长认为“干什么都不会有作为”的笨学生，经过艰苦的努力，成了现代物理学的创始人和奠基人，成了现代最杰出的物理学家。

1879 年 3 月 14 日，一个小生命降生在德国的一个叫乌尔姆的小城。父母为他起了一个很有希望的名字阿尔伯特·爱因斯坦。爱因斯坦慢慢地长大了，升入了慕尼黑的卢伊特波尔德中学。在中学里，他喜爱上了数学课，却对其余那些脱离实际和生活的课不感兴趣。孤独的他开始在书籍中寻找寄托，寻找精神力量。就这样，爱因斯坦在书中结识了阿基米德、牛顿、笛卡儿、歌德……书籍和知识为他开拓了一个更广阔的空间。视野开阔了，爱因斯坦头脑里思考的问题也就多了。

一天，他对经常辅导他数学的舅舅说：“如果我用光在真空中的速度和光一道向前跑，能不能看到空间里振动着的电磁波呢?”舅舅用异样的目光盯着他看了许久，目光中既有赞许，又有担忧。因为他知道，爱因斯坦提出的这个问题非同一般，将会引起出人意料的震动。此后，爱因斯坦一直被这个问题苦苦折磨着。1895 年秋天，爱因斯坦经过深思熟虑，决定报考瑞士苏黎世大学，可是他却失败了，因为他的外文不及格。落榜后的他没有气馁，参加了中学补习。一年以后，他获得了中学补习合格证书，并且考入了苏黎世综合工业大学。这时的他，已经在为自己的未来做准备了。他把精力全部用在课外阅读和实验室里。教授们看见他读和学习无关的书，做和考分无关的试验，非常不满，认为他“不务正业”。

爱因斯坦大学毕业时，正赶上经济危机爆发，由于他没有关系，没有钱，所以只好失业在家。为了生活，他只好到处张贴广告，靠讲授物理获得每小时3法郎的生活费。这段失业的时间，在学术上给了爱因斯坦很大的帮助。在授课过程中，他对传统物理学进行了反思，经过高度紧张兴奋的五个星期的奋斗，爱因斯坦写出了9000字的论文《论动体的电动力学》，狭义相对论由此产生。可以说，这是物理学史上的一次决定性的、伟大的宣言，是物理学向前迈进的又一里程碑。

尽管有许多人对此表示反对，甚至还有人在报上发表批评文章，但是，爱因斯坦得到了社会和学术界的重视。在短短的时间里，竟然有十几所大学给他授予了博士学位证书，法国、德国、美国、波兰等许多国家的著名大学也想聘请他做教授。爱因斯坦终于成了全世界公认的、当代最杰出的科学家。由"丑小鹅"变为"白天鹅"。当许多年轻人缠住他，要他说出成功的秘诀时，他信笔写下了一个公式：$A=x+y+z$。并解释道："A 表示成功，x 表示勤奋，y 表示正确的方法，那么 z 呢，则表示务必少说空话。"许多年来，爱因斯坦的这个神奇的成功等式一直被人们传颂着。

爱因斯坦是彻底的和平主义者，他天生反战。1914年（35岁）4月，爱因斯坦接受德国科学界的邀请，迁居到柏林。8月，爆发了第一次世界大战。他虽身居战争的发源地。生活在战争鼓吹者的包围之中，却坚决地表明了自己的反战态度。9月，爱因斯坦参与发起反战团体"新祖国同盟"，在这个组织被宣布为非法、成员大批遭受逮捕和迫害而转入地下的情况下，爱因斯坦仍坚持参加这个组织的秘密活动。10月，德国的科学界和文化界在军国主义分子的操纵和煽动下，发表了"文明世界的宣言"，为德国发动的侵略战争辩护，鼓吹德国高于一切，全世界都应该接受"真正德国精神"。在宣言上签名的有九十多人，都是当时德国有声望的科学家、艺术家和牧师等。就连能斯脱、伦琴、奥斯特瓦尔德、普朗克等都在上面签了字。当德国政府征求爱因斯坦签名时，他断然拒绝了，而同时他却毅然在反战的《告欧洲人书》上签上自己的名字。

1927年（48岁）2月，爱因斯坦在巴比塞起草的反法西斯宣言上签名。他参加了国际反帝大同盟，被选为名誉主席，并同法国数学家阿达马进行了关于战争与和平问题的争论，坚持无条件地反对一切战争。1930年（51岁）不满国际联盟在改善国际关系上的无所作为，提出辞职。5月，在"国际妇女和平与自由同盟"的世界裁军声明上签字。1932年（53岁）2月，对德国和平主义者奥西茨基被定为叛国罪在帕莎第纳提出抗议，号召德国人民起来保卫魏玛共和国，全力反对法西斯。1933年（54岁），德国纳粹政府查抄他在柏林的寓所，焚毁其书籍，没收其财产，并悬赏十万马克索取他的人头。爱因斯坦当时在普林斯顿大学任客座教授，得知消息后便加入美国国籍。1950年2月13日（71岁），发表电视演讲，反对美国制造氢弹。

二、狭义相对论

1905年，爱因斯坦完成了科学史上的不朽篇章《论动体的电动力学》，宣告了狭义相对论的诞生。它以光速不变原理和狭义相对性原理作为两条基本公设：

一是光速不变原理：在任何惯性系中，真空中的光速都相同。

二是相对性原理：在任何惯性参考系中，自然规律都相同。

这两条原理表面上看是不相容的，但只要放弃绝对时间的概念，那么这种表面上的不相容性就会消除。由这两条公设，根据静体的麦克斯韦的电磁场理论，就可以得到一个简单而又不自相矛盾的动体的电动力学。这样，爱因斯坦就从根本上解决了牛顿力学与麦克斯韦电磁场理论的矛盾，在新的、更高的基础上把两者统一起来了。公设是原则性的，还要推导出具体的、可供检验的结论，才能构成完整的科学学说或理论。

第一，狭义相对论的时空观是一次大变革，它把原来认为是毫无联系的时间、空间和物质的运动联系起来了，揭示了它们之间的依赖关系在高速运动的情况下，物体的长度会缩短。尺子的长度就是在一惯性系中“同时”得到两个端点的坐标值差。由于“同时”的相对性，不同惯性系中测量的长度也不同。相对论证明，在尺子长度方向上运动的尺子比静止的尺子短，这就是所谓的“尺缩效应”，当速度接近光速时，尺子缩成一个点。时钟会变慢，即“钟慢效应”。可以通俗地理解为，运动的钟比静止的钟走得慢，而且运动速度越快，钟走得越慢，接近光速时，钟就几乎停止了。物体的质量随物体运动的速度而变化。

$$m=\frac{m_0}{\sqrt{1-\frac{v^2}{c^2}}}$$

式中 m_0 是物体静止时的质量，m 则是以速度 v 运动时的质量。也就是说，物体的质量、空间、时间都是相对的，都随物体运动状态的变化而变化。

第二，狭义相对论把原来认为独立存在的时间与空间联结为一个统一的“世界”——四维时空连续区。并具体揭示了时间与空间内在联系的具体形式，即时空变换关系式。在狭义相对论中，空间和时间并不相互独立，而是一个统一的四维时空整体，不同惯性参考系之间的变换关系式与洛伦兹变换在数学表达式上是一致的。

第三，狭义相对论成功地解释了多普勒效应、光行差以及迈克耳逊-莫雷实验等。

第四，爱因斯坦根据狭义相对论推导出了著名的质量能量关系，用公式可表示为：$E=mc^2$。

第五，导出了能量与动量的关系：$E^2=p^2c^2+m_0{}^2c_0^4$ 并把动量守恒和能量守恒这两定律统一起来。

以上结论与实验事实相符，但只有运动速度很大时，效应才显著。在一般情况下，相对论效应极其微小，因此经典力学可认为是相对论力学在低速情况下的近似。

爱因斯坦自 1905 年关于相对论的第一篇论文问世后的短短几年里，就把狭义相对论的基本原理应用到各个领域，建立了相对论电动力学和动力学的体系。在《相对性：狭义相对性的本质》中，他对狭义相对论取得的成果做了一个概括的说明："狭义相对论导致了人们对空间和时间物理概念的清楚理解，而且由此认识到运动着的量杆和时钟的行为。它在原则上取消了绝对同时性概念，从而也取消了牛顿所理解的超距作用概念。它指出在处理同光速相比不是小到可忽略的运动时，运动定律必须加以修改。它把动量守恒和能量守恒这两条定律统一成一条定律，而且指出了质量同能量的等效性。从形式的观点来看，狭义相对论的成就可以表征如下，它指出了普适常数 C（光速）在自然规律中所起的作用，并且表明以时间为一方，空间坐标作为另一方，两者进入自然规律的形式之间存在着密切的联系。"一百多年来，狭义相对论的结论已得到大量事实的验证。相对论早已成为人类最宝贵的科学财富，成为现代科学最重要的成果。

三、广义相对论

广义相对论是爱因斯坦于 1915 年以几何语言建立而成的引力理论，综合了狭义相对论和牛顿的万有引力定律，将引力描述成因时空中的物质与能量而弯曲的时空，以取代传统对于引力是一种力的看法。

（一）创立背景

正当全世界为狭义相对论所震动、惊讶、争论和陶醉时，人们对相对论及其发现者佩服得五体投地时，爱因斯坦本人却冷静地看到了自己理论的缺陷。首先，作为相对论基础的惯性系，现在无法定义了。牛顿认为存在绝对空间，所有相对于绝对空间静止和做匀速直线运动的参考系都是惯性系。爱因斯坦的相对论认为不存在绝对空间，牛顿定义惯性系的方法显然不适用了。一个建议是，把惯性系定义为不受力的物体在其中保持静止或匀速直线运动的参考系。但是，什么叫不受力呢？也许有人会说，物体在惯性系中，保持静止或匀速直线运动的状态，就叫不受力。读者一下就会看出，这里存在一个逻辑上的循环。定义"惯性系"要用到"不受力"，定义"不受力"又要用到"惯性系"。这样的定义方式，在物理学中是不被接受的。爱因斯坦注意到的另一个缺陷是，万有引力定律写不成相对论的形式。相对论容纳不了万有引力定律。

狭义相对论完全废除了以太概念，即电磁运动的绝对空间，但却仍然没有对经典力学把绝对空间当作世界绝对惯性结构的理由做出解释，也没有为具有绝对惯性结构的力学提供新的替换。也就是说，惯性系的存在，对于力学和电磁学都是必不可少的。狭义相对论紧紧地依赖于惯性参考系，它们是一切非加速度的标准，它们使一切物理定律的形式表达实现了最简化。惯性系的这种特权在很长时间里保持着一种神秘性。为了满足狭义相对论而修改牛顿引力（平方反比）理论的失败，导致了广义相对论的兴起。

狭义相对论没有谈到万有引力问题，这不是爱因斯坦的疏忽，而是因为牛顿的引力理论同狭义相对论是不相容的。比如，引力理论认为引力是超距作用，即引力作用传播的速度为无限大，这显然同狭义相对论的讯号传递的速度以光速为极限的观念相矛盾。所以爱因斯坦在对牛顿的动力学定律（主要是第二定律）进行改造以后，就开始改造万有引力定律。此外，狭义相对论已指出速度具有相对的意义，那么加速度是否具有相对的意义呢？狭义相对论否定了一个绝对特殊优越的参考系，却肯定了惯性系这一类特殊优越的参考系，这是十分不和谐的。在题为《广义相对论的来源》的报告中，爱因斯坦说："当我通过狭义相对论得到了一切所谓惯性系对于表示自然规律的等效时，就自然地引起了这样的问题：坐标系有没有更进一步的等效性呢？换个提法，如果速度概念只能有相对的意义，那么我们还应当固执着把加速度当作一个绝对的概念吗？"解决这个难题可能有两条出路：第一条出路是从理论上说明惯性系特殊优越的原因，第二条路是取消惯性系这种特殊优越的地位。牛顿、马赫等人在第一条路上没有走通，所以爱因斯坦决定选择第二条路，即不仅承认物理规律对惯性系有效，而且还承认对非惯性系也同样有效。于是，他在创立狭义相对论之后，又经过十年的艰苦探索，把狭义相对论的原理推广到加速领域，创立了广义相对论。

（二）广义相对论的基本原理

爱因斯坦提出广义协变性原理和等效原理作为广义相对论的基本原理。他采用弯曲时空的黎曼几何来描述引力场，给出引力场中的物理规律，进而提出引力场方程，奠定了广义相对论的理论基础。

等效原理是广义相对论最重要的基本原理。这个原理的实验依据是由匈牙利物理学家厄缶所做的著名的厄缶实验精确证明的引力质量和惯性质量的等价性。所谓惯性质量，是指由牛顿第二定律 $F=ma$ 所决定的物体在一定力的作用下获得加速度时的那种质量，它是物体惯性大小的量度。而引力质量则是指由万有引力定律所决定的表征物体吸引能力大小的那种质量。对这一事实，经典力学只能承认它，但不能解释它。爱因斯坦认为，惯性质量和引力质量的定义是完全不同的，但它们的数值却完全相同，这绝不是偶然的，其中必有更深一层的理由。只有把这种相等都归结为两个概念真正本质上的相同之后，科学才有充分理由来规定这种数值上的相等。

等效原理的得出是通过爱因斯坦升降机完成的。让一个观察者登上一个密闭的电梯，当电梯静止时，观察者受到地球引力场的作用，他的脚对地板的压力等于他的体重，即等于 mg；当电梯向上以加速度 a 开动时，他感到脚下的压力增大，即自己的体重增加了，变为 $m(g+a)$；当电梯又以匀速运动上升时，情况又恢复正常，即他对地板的压力又恢复为 mg；当上升的电梯欲停止时，在减速过程中，他感到脚下压力减轻，即自己的体重变为 $m(g-a)$。这样一个过程，对于电梯内的观察者而言，他虽然感觉不到自身的运动，但能感觉到作用力的变化，他可以认为，电梯开动时加速度的效应，等价于地球引力场的增加，而欲停止时的减速效应则等价于地球引力场的削弱。由此，一个加速度为 a 的参考系（电梯）即非惯性系等价于一个静止参考系（地球）即惯性系内存在一个附加的强度为 a 的均匀引力场。这种等价性意味着两者在物理观察上的不可分辨性。考虑下列情况，其意义则更加明显：封闭在电梯中的观察者无论如何是判断不出他是处在一个以加速度 a 向上运动的非惯性系中，还是处于一个内部有强度为 g 的引力场的惯性系中，因为他所感觉的物理效应都是地板对他的支持力。总之，对于观察者来说，用一个非惯性系 S'，与用内部存在均匀引力场的惯性系 S 来描述的物理过程的规律，是完全等效的，这就是所谓的等效原理。爱因斯坦认为，这个等价性的重要推论是：在自由下落的升降机里，由于升降机以及其中所有的仪器都以同样的加速度下降，因而无法检验外引力场的效应。换句话说，自由下落升降机的惯性力和引力互相抵消了。不过，在真实的引力场和惯性力场之间并不存在严格的相消。比如，真实的引力场会引起潮汐现象，而惯性力场却并不导致这种效应。但是，在自由下落的升降机里，除引力以外，一切自然定律都保持着在狭义相对论中的形式而这正是真实引力场的重要本质。如果把自由下落的升降机称为局部惯性系，那么，等效原理就可以比较严格地叙述为：在真实引力场中的每一时空点，都存在着一类局部惯性系，其中除引力以外的自然定律和狭义相对论中的完全相同。接着爱因斯坦认识到，惯性质量同引力质量相等，这意味着引力场给物体的加速度与物体的本性无关，引力场间的牛顿方程为：惯性质量×加速度＝引力强度×引力质量。由此方程可知，只有当惯性质量同引力质量相等时，加速度才同物质的本性无关，而在引力场中的同一地点，一切物体的加速度都是相同的，它同物体的本性无关。

爱因斯坦认为，运动的相对性原理必须进一步推广，即自然定律对于任何参考系而言都应具有相同的数学形式。这一思想被爱因斯坦提升为广义相对论的一条基本原理——广义协变原理。广义协变原理的结论是，物理定律必然在任意参照系下，都具有相同的形式。这就是说，它们必须在任意坐标系的变换下，保持形式不变。

接着，爱因斯坦又利用等效性原理与广义协变原理通过纯理论方式考察了引力场的性质。他的思路是这样的：先假定已知惯性系 S 中某一物理过程的时空进程，根据广义协变原理，由于物理规律的不变性，即可推知相对 S 做加速运动的参照系 S' 中的物理过程的时空进程，再根据等效性原理，S' 中必然存在一个引力场。因此，可以利用从理论上考察那些惯性系中的物理过程，获得关于引力场中物理过程的进程。此时，引力场对物理过程的影响就全部弄清楚了。等效原理及广义协变原理表明，在自然过程面前，惯性系不具有任何特殊的地位。令人惊叹的是，这一重要结论的得出又是那样的自然与简单。爱因斯坦以他那一贯思考问题的方式，即只是从普通的经验与常见的事实出发，通过严密的思考，其间没有掺杂任何复杂的东西，最后得出令人惊奇的结论，其过程确实绝妙无比。爱因斯坦也认为产生等效性原理的想法是他“一生中最令人愉快的思维”。

（三）广义相对论

广义相对论场的表述形式是，在一个任意的引力场中，对于每个无穷小的点域可以规定一个没有引力场的局部坐标系。在这种惯性系的意义上可以认为，对于无穷小的点域来说，狭义相对论的结果在一级近似上是成立的。在每个时间—空间点上有无限多个这种局部惯性系，它们之间由洛伦兹变换联系起来。洛伦兹变换的性质就使无限接近的两个点事件的“间隔”保持不变。为了表述有限的时间—空间区域，需要用四维坐标以 4 个数 x_1、x_2、x_3、x_4 单值地表示每个时间—空间点，并且考虑四维流形的连续性。这样，广义相对性原理的数学表达式可以理解为，表述普遍自然规律的方程组对于所有的坐标系都是相同的。按照广义相对论中，纯引力场中的质点运动定律要用短程线方程来表示。实际上，短程线是数学上最简单的曲线，在特殊情况下是直线。因此，必须把伽利略惯性定律转换到广义相对论中。

上述这些思想形成了把牛顿理论作为一级近似包含在内的引力理论，它可以计算出同观测结果相符合的水星轨道的运动、光线在太阳引力场中的偏转和光谱线的红移。为了使广义相对论的基础趋于完善，还必须在这个理论中引进电磁场，它也应当是用来构成物质的基本材料。麦克斯韦电磁场方程可以应用在广义相对论中。如果假设这些方程不包含 $g_{\mu\nu}$ 的高于一阶的导数，并且是以通常的麦克斯韦的形式用于局部惯性系中。用麦克斯韦方程表述的电磁项来补充引力场方程，这样就包括了电磁场的引力作用。

在广义相对论建立之初，爱因斯坦曾提出了三个预测并先后得到了实验验证。

其一，是水星近日点的进动。水星近日点的进动是每世纪 5599 秒，牛顿力学可以通过金星的摄动等因素，解释了其中的 5556.5 秒，还有 42.5 秒得不到解释。1859 年，勒维烈受到海王星发现的鼓舞，他猜想可能在水星以内还有一颗小行星，这颗小行星对水星的引力导致两者的偏差。可是，经过多年的搜索，始终没有找到这颗小行星。1882 年，纽康姆经过重新计算，得到水星近日点的多于进动值为每百年 43 角秒。他认为可能是水星因发出黄道光的弥漫物质使水星的运动受到阻尼。但是，这又不能解释为什么其他几颗星也有类似的多余进动。纽康姆于是怀疑引力是否服从平方反比定律。后来，还有人用电磁理论来解释水星近日点进动的反常现象，都未成功。

1915 年，爱因斯坦根据广义相对论把行星的绕日运动看成是它在太阳引力场中的运动，由于太阳的质量造成周围空间发生弯曲，使行星每公转一周近日点进动为：$\varepsilon=24\pi^2a^2/T^2c^2\ (1-e^2)$。对于水星，计算出 $\varepsilon=43''$/百年，刚好与纽康姆的结果相符合，解决了牛顿引力理论多年未解决的悬案。这个结果当时成了广义相对论最有力的一个证据。

其二，是光谱线的引力红移。广义相对论指出，在强引力场中时钟要走得慢些，因此从巨大质量的星体表明发射到地球上的光线，会向光谱的红端移动。爱因斯坦 1911 年在《引力对光传播的影响》一文中就讨论了这个问题。他以 Φ 表示太阳表面与地球之间的引力势差，ν_0、ν 分别表示光线在太阳表面和到达地球时的频率，得：$(v_0-v)/v=-\Phi/c^2=2\times10^{-6}$。爱因斯坦指出，这一结果与法布里等人的观测相符，而法布里当时原来还以为是其他原因的影响。1925 年，美国威尔逊山天文台的亚当斯观测了天狼星的伴星天狼 A。这颗伴星即白矮星，其密度比铂大 2000 倍。观测它发出的谱线，得到的频移与广义相对论的预期基本相符。

其三，是光线在引力场中的弯曲。1911 年，爱因斯坦在《引力对光传播的影响》一文中讨论了光线经过太阳附近时由于太阳引力的作用会产生弯曲。他推算出偏角为 0.83″，并且指出这一现象可以在日全食进行观测。1914 年，德国天文学家弗劳德领队去克里木半岛准备对当年八月间的日全食进行观测，但正值第一次世界大战爆发，观测未能进行。幸亏这样，因为爱因斯坦当时只考虑到等效原理，计算结果小了一半。1916 年，爱因斯坦用完整的广义相对论对光线在引力场中的弯曲重新做了计算。他不仅考虑到太阳引力的作用，还考虑到太阳质量导致空间几何形变，光线的偏角为 $\alpha=1.75''R_0/r$，其中 R_0 为太阳半径，r 为光线到太阳中心的距离。1919 年日全食期间，英国皇家学会和英国皇家天文学会派出了由爱丁顿等人率领的两支观测队分赴西非几内亚湾的普林西比岛和巴西的索布拉尔两地观测。经过比较，两地的观测结果分别为 $1.61''\pm0.30''$ 和 $1.98''\pm0.12''$。把当时测到的偏角数据跟爱因斯坦的理论预期比较，基本相符。

严格而美妙的数学物理体系，高深难懂的黎曼几何和张量分析，精密神奇的实验验证，再加上爱因斯坦发表狭义相对论和光子说的巨大影响，使广义相对论一下就得到了科学界的承认。爱因斯坦的威望也达到了一生中的顶峰。实际上广义相对论的建立比狭义相对论要漫长得多。最初，爱因斯坦企图把万有引力纳入狭义相对论的框架，几经失败使他认识到此路不通。反复思考后他产生了等效原理的思想。爱因斯坦曾回忆这一思想产生的关键时刻："有一天，突破口突然找到了。当时我正坐在伯尔尼专利局办公室里，脑子忽然闪现了一个念头，如果一个人正在自由下落，他决不会感到自己有质量。我吃了一惊，这个简单的理想实验给我的印象太深了。它把我引向了引力理论。……"从 1907 年发表有关等效原理的论文开始，爱因斯坦单独奋斗了 9 年才把广义相对论的框架大体建立起来。1905 年发表狭义相对论时，有关的条件已经成熟，洛伦兹、庞加莱等一些人都已接近狭义相对论的发现。而 1915 年发表广义相对论时，爱因斯坦则远远超前于那个时代所有的科学家，除他之外，没有任何人接近广义相对论的发现。所以爱因斯坦自豪地说："如果我不发现狭义相对论，5 年以内肯定会有人发现它。如果我不发现广义相对论，50 年内也不会有人发现它。"法国物理学家曾经这样评价爱因斯坦："在我们这一时代的物理学家中，爱因斯坦将位于最前列。他现在是、将来也还是人类宇宙中最有光辉的巨星之一”“按照我的看法，他也许比牛顿更伟大，因为他对于科学的贡献，更加深入地进入了人类思想基本要领的结构中。”

第三节　量子力学的创立

一、量子理论的诞生

物体加热时会产生辐射，科学家们想知道这是为什么。为了研究的方便，他们假设了一种本身不发光、能吸收所有照射其上的光线的完美辐射体，称为“黑体”。关于理想黑体，不论其组成材料如何，在相同的温度下发出的光谱都一样。因此，理想黑体对于人们研究热辐射有很大的理论意义和实际意义。

奥地利的维恩和英国的瑞利、金斯为了总结热辐射规律，推导出两个公式，但这两个公式的计算结果总是与实验结果不相符合。1900 年，为了解决热辐射理论上的疑点，德国物理学家普朗克提出了量子假说：辐射像物质一样，是由具有能量的基本单位量子来实现的。当年的 12 月 14 日，他将这一假说报告了德国物理学会，宣告了量子理论（简称量子论）的诞生。普朗克因发现能量量子而对物理学的进展做出了重要贡献，并在 1918 年荣获诺贝尔物理学奖。

二、量子论的发展

（一）量子论的初期

慕尼黑的物理学教授菲利普·冯·约利曾劝说普朗克不要学习物理，他认为，“这门科学中的一切都已经被研究了，只有一些不重要的空白需要被填补，把一生奉献给物理学，实在是太可惜了”，这也是当时许多物理学家所坚持的观点，但是普朗克回复道：“我并不期望发现新大陆，只希望理解已经存在的物理学基础，或许能将其加深。”

1900 年，普朗克为了克服经典理论解释黑体辐射规律的困难，引入了能量子概念，为量子理论奠下了基石。瑞利-金斯的公式在长波区和实验结果符合，而当波长接近紫外时，计算出的能量为无限大，即“紫外灾难”。普朗克认为物体在发射辐射和吸收辐射时，能量是不连续的，这种分离变化不是随意的，它有最小的能量单元，该单元称为能量子或者量子。物体发射和吸收的能量只能是能量子的整数倍。

爱因斯坦针对光电效应实验与经典理论的矛盾，提出了光量子假说，并在固体比热问题上成功地运用了能量子概念，为量子理论的发展打开了局面。爱因斯坦认为，能量的不连续性可以推广到辐射的空间传播过程。光在传播时，能量不连续地分布于空间，由分离的能量子组成，这些能量子称为光量子。爱因斯坦认为他的光量子理论是波动及发射理论的一种融合。1909 年，他进一步指出光不仅具有粒子性而且具有波动性，即光具有波粒二象性。

1913 年，玻尔在卢瑟福有核模型的基础上运用量子化概念，提出玻尔的原子理论，对氢光谱做出了满意的解释，使量子论取得了初步胜利。随后，玻尔、索末菲和其他物理学家为发展量子理论花了很大力气，却遇到了严重困难。旧量子论陷入困境。

（二）量子论的建立

1923 年，德布罗意提出了物质波假说，将波粒二象性运用于电子之类的粒子束，把量子论发展到一个新的高度。

1925 年到 1926 年，薛定谔率先沿着物质波概念成功地确立了电子的波动方程，为量子理论找到了一个基本公式，并由此创建了波动力学。几乎与薛定谔同时，海森伯写出了以“关于运动学和力学关系的量子论的重新解释”为题的论文，创立了解决量子波动理论的矩阵方法。

德布罗意于 1924 年提出，微观粒子也具有波动性，根据光波与光子之间的关系，把微观粒子的粒子性质（能量 E 和动量 p）与波动性质（频率 ν 和波长 λ）用所谓德布罗意关系联系起来了，即 $E=h\nu$，$p=h/\lambda$。

1925 年 9 月，玻恩与另一位物理学家约丹合作，将海森伯的思想发展成为系统的矩阵力学理论。不久，狄拉克改进了矩阵力学的数学形式，使其成为一个概念完整、逻辑自洽的理论体系。1926 年，薛定谔发现波动力学和矩阵力学从数学上是完全等价的，由此统称为量子力学，而薛定谔的波动方程由于比海森伯的矩阵更易理解，成为量子力学的基本方程。此方程适用于一切微观低速物理现象，原子结构、元素周期律、分子结构、化学反应、原子分子光谱、激光、超导、晶体管、介观纳米物理、原子激光……

（三）量子论的思想

量子论是现代物理学的两大基石之一。量子论给我们提供了新的关于自然界的表述方法和思考方法。量子论揭示了微观物质世界的基本规律，为原子物理学、固体物理学、核物理学和粒子物理学奠定了理论基础。它能很好地解释原子结构、原子光谱的规律性、化学元素的性质、光的吸收与辐射等。

通过对量子论建立整个过程的了解，我们知道科学研究需要严谨求实的科学态度，扎实的基础，厚积广薄，切莫急功近利！科学研究有其自身的规律：先基础，后突破，成就以基础为前提，在成就突破过程中完善和丰厚研究者的基础。基本功扎实的程度直接决定了突破的可能性和成就的分量；反之，从成就的分量也可以一目了然地看出研究者基本功的扎实程度。

量子论蕴含着科学的否定观，量子力学在低速微观领域中对牛顿力学的否定，用事实证实了这一点，即客观、扬弃和创新。

第四节　现代物理学的发展前沿

一、原子核物理学

（一）核物理发展史

原子核物理学又称核物理学，是20世纪新建立的一个物理学分支。它研究原子核的结构和变化规律，射线束的产生、探测和分析技术，以及同核能、核技术应用有关的物理问题。它是一门既有深刻理论意义，又有重大实践意义的学科。

核物理学的发展历史可追溯到1896年贝可勒尔发现天然放射性，这是人们第一次观察到核变化。这一重大发现通常被作为核物理学的开端。此后的40多年，人们主要从事放射性衰变规律和射线性质的研究，并且利用放射性射线对原子核做了初步的探讨，这是核物理发展的初期阶段。1911年，卢瑟福等人利用α射线轰击各种原子，观测α射线所发生的偏折，从而确立了原子的核结构，这一成就为原子结构的研究奠定了基础。1919年，卢瑟福等又发现用α粒子轰击氮核会放出质子，这是首次用人工实现的核蜕变（核反应）。此后用射线轰击原子核来引起核反应的方法逐渐成为研究原子核的主要手段。在初期的核反应研究中，最主要的成果是1932年中子的发现和1934年人工放射性核素的合成。中子的发现为核结构的研究提供了必要的前提，中子核反应成为研究原子核的重要手段。在20世纪30年代，人们还通过对宇宙线的研究发现了正电子和介子，这些发现是粒子物理学的先河。

20世纪40年代前后，核物理进入一个大发展的阶段。1939年，哈恩和斯特拉斯曼发现了核裂变现象；1942年，费米建立了第一个链式裂变反应堆，这是人类掌握核能源的开端。在20世纪30年代，人们最多只能把质子加速到一百万电子伏特的数量级，而到20世纪70年代，人们已能把质子加速到四千亿电子伏特，并且可以根据工作需要产生各种能散度特别小、准直度特别高或者流强特别大的束流。

20世纪40年代以来，粒子探测技术也有了很大的发展。半导体探测器的应用大大提高了测定射线能量的分辨率。核电子学和计算技术的飞速发展从根本上改善了获取和处理实验数据的能力，同时也大大扩展了理论计算的范围。所有这一切，开拓了可观测核现象的范围，提高了人们观测的精度和理论分析的能力，从而大大促进了核物理研究和核技术的应用。

通过大量的实验和理论研究，人们对原子核的基本结构和变化规律有了较深入的认识。基本弄清了核子（质子和中子的统称）之间相互作用的各种性质，对稳定核素或寿命较长的放射性核素的基态和低激发态的性质已积累了较系统的实验数据。并通过理论分析，建立了各种适用的模型。通过核反应，已经人工合成了17种原子序数大于92的超铀元素和上千种新的放射性核素。这种研究进一步表明，元素仅仅是在一定条件下相对稳定的物质结构单位，并不是永恒不变的。

天体物理的研究表明，核过程是天体演化中起关键作用的过程，核能就是天体能量的主要来源。人们还初步了解到在天体演化过程中各种原子核的形成和演变的过程。在自然界中，各种元素都有一个发展变化的过程，都处于永恒的变化之中。

通过高能和超高能射线束和原子核的相互作用，人们发现了上百种短寿命的粒子，即重子、介子、轻子和各种共振态粒子。庞大的粒子家族的发现，把人们对物质世界的研究推进到一个新的阶段，建立了一门新的学科——粒子物理学，也称为高能物理学。各种高能射线束也是研究原子核的新武器，它们能提供某些用其他方法不能获得的关于核结构的知识。

（二）核物理的应用

核物理研究之所以受到人们重视，和它具有广泛而重要的应用价值是密切相关的。几乎没有一个核物理实验室不在从事核技术的应用研究。有些设备甚至主要从事核技术应用工作。

同位素示踪核技术应用主要为核能源的开发服务，如提供更精确的核数据和探索更有效地利用核能的途径等。另外，同位素的应用是核技术应用最广泛的领域。同位素示踪已应用于各个科学技术领域，同位素药剂应用于某些疾病的诊断或治疗，同位素仪表在各工业部门用作自动生产线监测或质量控制装置。

加速器及同位素辐射源已应用于工业辐照加工、食品保藏和医药消毒、辐照育种、辐照探伤，以及放射医疗等方面。为了研究辐射与物质的相互作用及辐照技术，已经建立了辐射物理、辐射化学等边缘学科，以及辐照工艺等技术部门。

由于中子束在物质结构、固体物理、高分子物理等方面的广泛应用，人们建立了专用的高中子通量的反应堆来提供强中子束。中子束也应用于辐照、分析、测井及探矿等方面。中子的生物效应是一个重要的研究方向，快中子治癌已取得一定的疗效。

离子束的应用是越来越受到关注的一个核技术方面。大量的小加速器是为了提供离子束而设计的，离子注入技术是研究半导体物理和制备半导体器件的重要手段。离子束已经广泛地应用于材料科学和固体物理的研究工作。离子束也是用来进行无损、快速、痕量分析的重要手段，特别是质子微米束，可用来对表面进行扫描分析。其精度是其他方法难以比拟的。

在原子核物理学诞生、壮大和巩固的全过程中，通过核技术的应用，核物理和其他学科及生产、医疗、军事等部分建立了广泛的联系，并为它们提供了有力的支持；核物理基础研究又为核技术的应用不断开辟新的途径。核基础研究和核技术应用的需要，推进了粒子加速技术和核物理实验技术的发展；而这两门技术的新发展，又有力地促进了核物理的基础和应用研究。

二、凝聚态物理

(一)起源与发展

凝聚态物理学起源于固体物理学和低温物理学的发展。19世纪,随着人们对晶体的认识逐渐深入,法国物理学家奥古斯特·布拉维于1840年导出了三维晶体的14种排列方式,即布拉维点阵。1912年,德国物理学家冯·劳厄发现了X射线在晶体上的衍射,开创了固体物理学的新时代,从此,人们可以通过X射线的衍射条纹研究晶体的微观结构。

英国著名物理学家法拉第曾在低温下液化了大部分当时已知的气体。1908年,荷兰物理学家海克·卡末林·昂内斯将最后一种难以液化的气体氦气液化,创造了人造低温的新纪录−269℃,并且发现了金属在低温下的超导现象。超导的理论和实验研究在20世纪获得了长足进展,临界转变温度最高纪录不断刷新,超导研究已经成为凝聚态物理学中最热门的领域之一。

(二)研究对象及未来发展趋势

凝聚态物理学是当今物理学最大也是最重要的分支学科之一,是研究由大量微观粒子(原子、分子、离子、电子)组成的凝聚态物质的微观结构、粒子间的相互作用、运动规律及其物质性质与应用的科学。

凝聚态物理的研究对象除了晶体、非晶体与准晶体等固体物质外,还包括稠密气体、液体,以及介于液体与固体之间的各种凝聚态物质,内容十分广泛。其研究层次,从宏观、介观到微观,进一步从微观层次统一认识各种凝聚态物理现象;物质维数,从三维到低维和分数维;结构从周期到非周期和准周期,完整到不完整和近完整;外界环境从常规条件到极端条件和多种极端条件交叉作用,等等。形成了比固体物理学更深刻更普遍的理论体系。经过半个世纪的发展,凝聚态物理学已成为物理学中最重要、最丰富和最活跃的分支学科,在诸如半导体、磁学、超导体等许多学科领域中的重大成就已在当代高新科学技术领域中起关键性作用,为发展新材料、新器件和新工艺提供了科学基础。前沿研究热点层出不穷,新兴交叉分支学科不断出现,是凝聚态物理学科的一个重要特点;与生产实践密切联系是它的另一重要特点,许多研究课题经常同时兼有基础研究和开发应用研究的性质,研究成果可望迅速转化为生产力。

当今凝聚态物理学已成为物理学最活跃的前沿领域,它不仅突破了传统固体物理学的限制,使研究对象日益多样化和复杂化,由于许多有价值的发现出现在相互交叉的学科领域,它在促进交叉学科的发展方面,也显现出了强大的活力。它的实验手段、理论概念与技术不断地向着化学物理、生物、地球物理、天文、地质等领域渗透,从DNA晶体结构到地球板块驱动力的研究,从量子电子器件的机理到新材料的研制,无一不与凝聚态物理学有关。凝聚态物理在物理学乃至整个自然科学中,正在显示出日益强大的影响力。凝聚态物理将会有更大的发展前途。

思考题

1. 简述世纪之交物理学的三大发现，结合你对本章的学习，思考对这三大发现做出重大贡献的科学家的共同科学思想是什么？

2. 谈谈你对于爱因斯坦提出的广义相对论和狭义相对论的理解。

3. 什么是量子性？浅谈量子论的思想。

4. 根据你的理解，谈谈物理学的未来发展趋势。

第二章　现代生物学的创立与发展

20 世纪生物学最重大的成就是分子生物学的诞生，它将人类认识生物界的水平延深至分子层次。借助先进的物理和化学方法，分子生物学重新找到了生命现象的统一基础，并逐步揭示了生命遗传和进化的奥秘。孟德尔遗传学的重新发现，拉开了 20 世纪人类解开遗传之谜的序幕。

第一节　20 世纪遗传学的创立与发展

一、现代遗传学的诞生

（一）孟德尔发现遗传定律

1822 年 7 月 20 日，格雷戈尔·孟德尔（1822—1884）出生在奥地利的一个贫寒的农民家庭，父亲和母亲都是园艺家（外祖父是园艺工人）。孟德尔童年时受到园艺学和农学知识的熏陶，对植物的生长和开花非常感兴趣。

1840 年，他考入奥尔米茨大学哲学院，主攻古典哲学，同时他还学习了数学。当时学校需要教师，当地的教会看到孟德尔勤奋好学，就派他到首都维也纳大学去念书。1843 年大学毕业以后，21 岁的孟德尔进了修道院，并在当地教会办的一所中学教书，教的是自然科学。由于他专心备课，认真教课，所以很受学生的欢迎。后来，他又到维也纳大学深造，受到相当系统和严格的科学教育和训练，也受到杰出科学家们的影响，如多普勒、依汀豪生、恩格尔等。这些为他后来的科学实践打下了坚实的基础。孟德尔经过长期思索认识到，理解那些使遗传性状代代恒定的机制更为重要。

1856 年，从维也纳大学回到布鲁恩不久，他就开始了长达 8 年的豌豆实验。他首先从许多种子商那里弄来了 34 个品种的豌豆，从中挑选出 22 个品种用于实验。22 个品种都具有某种可以相互区分的稳定性状，如高茎或矮茎、圆粒或皱粒、灰色种皮或白色种皮等。

孟德尔通过人工培植这些豌豆，对不同代的豌豆的性状和数目进行细致入微的观察、计数和分析。运用这样的实验方法需要极大的耐心和严谨的态度。他酷爱自己的研究工作，经常向前来参观的客人指着豌豆十分自豪地说：“这些都是我的儿女。”

八个寒暑的辛勤劳作，孟德尔发现了生物遗传的基本规律，并得到了相应的数学关系式。人们分别称他的发现为“孟德尔第一定律”（孟德尔遗传分离规律）和“孟德尔第二定律”（基因自由组合规律），它们揭示了生物遗传奥秘的基本规律。

（二）遗传定律的内容

第一，显性法则的发现。孟德尔将高茎种子培育成的植株的花朵上，授以矮茎种子培育成的植株的花粉。与此相反，在矮茎植株的花朵上授以高茎植株的花粉。两者培育出来的下一代都是高茎品种。

第二，分离定律的发现。接下来孟德尔将这批高茎品种的种子再进行培植，第二年收获的植株中，高矮茎均有出现，高茎与矮茎两者比例约为3∶1。

孟德尔除了对豌豆茎高进行实验以外，还根据豌豆种子的表皮是光滑还是含有皱纹等几种不同的特征指标进行了实验，得到了类似的结果。表皮光滑的豆子与皱纹豆子杂交后，次年收获的种子均为光滑表皮。将下一代的种子再进行播种，下一年得到了光滑表皮与皱纹表皮两种，比例也为3∶1。此外，孟德尔还将种子的颜色黄、绿两色作为区别标准进行了杂交试验，也得出了同样的结果。

第三，独立分配定律的发现。孟德尔将豌豆高矮茎、有无皱纹等包含多项特征的种子杂交，发现种子有各自特点的遗传方式没有相互影响，每一项特征都符合显性原则和分离定律，这被称为独立分配定律。

（三）结论被埋没

孟德尔根据实验数据进行了深入的理论证明。可是，伟大的孟德尔的思维和实验太超前了。孟德尔宣读他的成果时，尽管与会者绝大多数是布鲁恩自然科学协会的会员，其中既有化学家、地质学家和生物学家，也有生物学专业的植物学家、藻类学家。然而。他们实在跟不上孟德尔的思维。孟德尔用心血浇灌的豌豆所告诉他的秘密，时人不能与之共识，一直被埋没了35年之久。豌豆的杂交实验从1856年至1864年共进行了8年。孟德尔将其研究的结果整理成论文《植物杂交试验》发表，但未能引起当时学术界的重视，其原因有三个。

第一，在孟德尔论文发表前7年（1859年），达尔文的名著《物种起源》出版了。这部著作引起了科学界的轰动，几乎全部的生物学家转向生物进化的讨论。这一点也许对孟德尔论文的命运起了决定性的作用。

第二，当时的科学界缺乏理解孟德尔定律的思想基础。首先，那个时代的科学思想还没有包含孟德论文所提出的命题：遗传的不是个体的全貌，而是一个个性状。其次，孟德尔论文的表达方式是全新的，他把生物学和统计学、数学结合了起来，使得同时代的博物学家很难理解论文的真正含义。

第三，有的权威出于偏见或不理解，把孟德尔的研究视为一般的杂交实验，和别人做的没有多大差别。

孟德尔晚年曾经充满信心地对他的好友布鲁恩高等技术学院大地测量学教授尼耶塞尔说："看吧，我的时代来到了。"这句话成为伟大的预言。直到孟德尔逝世后 16 年，豌豆实验论文正式出版后 34 年，他从事豌豆试验后 43 年，预言才变成现实。

（四）孟德尔定律的二次发现

随着 20 世纪雄鸡的第一声啼鸣，来自荷兰阿姆斯特丹大学的教授狄夫瑞斯、德国土宾根大学的教授科伦斯及奥地利维也纳农业大学的讲师切尔迈克，三位学者于 1900 年分别同时发现了孟德尔的业绩。1900 年，成为遗传学史乃至生物科学史上划时代的一年。从此，遗传学进入了孟德尔时代。通过摩尔根、艾弗里、赫尔希和沃森等数代科学家的研究，已经使生物遗传机制——这个使孟德尔魂牵梦绕的问题建立在遗传物质 DNA 的基础之上。

随着科学家破译了遗传密码，人们对遗传机制有了更深刻的认识。人们已经开始向控制遗传机制、防治遗传疾病、合成生命等更大的造福于人类的工作方向前进。然而，所有这一切都与圣托马斯修道院那个献身于科学的修道士的名字相连。

二、现代遗传学的三个里程碑

（一）第一个里程碑

19 世纪中叶，由孟德尔在 1865 年根据长期豌豆杂交试验的结果首先提出的遗传因子颗粒性概念。通过对研究结果的反复试验和数学分析，孟德尔提出了两个至今仍被认为是正确的基本遗传法则，即分离法则定律和自由组合法则（定律）。

（二）第二个里程碑

在 1900 年，孟德尔的两条经典遗传规律分别被三位欧洲植物学家所重新发现，加之由于细胞减数分裂和动植物受精机理的确认，特别是在摩尔根的领导下，一批科学家以果蝇作为遗传研究的材料，在广泛和深入的研究基础上，提出了第三条经典遗传规律，即连锁和交换规律，也就是通常所说的孟德尔式的遗传因子，叫作基因。

（三）第三个里程碑

1953 年，詹姆斯·杜威·沃森和弗朗西斯·哈利·克里克两人在与晶体物理学家的通力合作下，首先发现和提出了脱氧核糖核酸（DNA）结构模型。在所有的化合物中，只有这么一种是双螺旋式的，这种双螺旋式结构化合物的发现，使人们终于弄清了细胞分裂的底细，以及基因和性状之间的化学联系。1973 年，DNA 重组技术的出现，使基因可以在不同物种的生物间相互转移，从而开辟了一个崭新的高技术领域，被称为遗传工程，这一工程在当今的农业、医学和工业等领域已显示了不可估量的广阔前景。

至此，DNA 被确定为有生命的物质，成为遗传科学的第三个里程碑，在今日的遗传学界，则又称之为分子遗传学阶段。

三、现代遗传学的发展

（一）细胞遗传的时期

1900年到1941年遗传学的研究进入了细胞遗传时期。1905年，英国贝特逊依据古希腊的“生殖”一词给遗传学正式定名。同时，也将孟德尔最初提出的控制一对相对性状的遗传因子定名为等位基因。1903年，沃尔特·萨顿发现了染色体行为与遗传因子的行为一致，于是提出了染色体是遗传因子的载体的观点。1909年，丹麦遗传学家约翰逊提出了用基因一词代替了孟德尔的遗传因子。1910年左右，美国遗传学家托马斯·亨利·摩尔根及其同事根据对普通果蝇的研究，确定了染色体上的分散单位在染色体上呈直线排列，提出了基因的连锁交换规律，发现并提出了伴性遗传。

（二）微生物遗传及生化遗传学时期

1941年到1960年，遗传学的研究进入了微生物遗传及生化遗传学时期。英国医生生物化学家加德罗根据对人体的一种先天性代谢疾病尿黑酸症的研究，认为单基因发生突变后产生一种不具有功能的产物从而导致了代谢障碍。但是这一观点当时并不受欢迎，直至1941年比德尔和他的老师泰特姆对红色面包霉的生物突变型进行研究才发现并肯定了加罗德的工作，明确了“一种基因一种酶的理论”。基因是什么呢？早期推断是蛋白质。1928年，格里菲斯以小鼠为实验材料研究了肺炎双球菌是如何使人患肺炎的，从中发现了转化因子为DNA。由于格里菲斯没有将DNA与其他物质分离而令人质疑，所以艾弗里在格里菲斯的基础上进行了肺炎双球菌的转化实验，证明了DNA才是使细菌产生稳定遗传变化的物质。但是人们却质疑艾弗里的结论，因为DNA的纯度再高也不过是2%而已。所以赫尔希和蔡斯以T2噬菌体为实验材料进行了噬菌体侵染实验，证明了遗传物质为DNA而非蛋白质。

（三）分子遗传学时期

伴随着科学研究工具的进步，遗传学的研究也趋于完善。1951芭芭拉·麦克林托克发现了跳跃基因；1953年，沃森和克里克通过分析DNA的衍射图谱创建了DNA的双螺旋模型结构并提出了中心法则：遗传学开始进入分子遗传学时期。DNA双螺旋的建立为分子遗传学奠定了分子学基础。1961年雅各布和莫诺德发现了乳糖操纵子；1953年尼伦伯格和科兰纳对遗传密码的破译都使分子遗传学的研究进一步向前迈进。1975年反转录酶DNA合成酶，以及限制性酶的发现促进了基因工程的发展。1972年DNA重组技术的建立，1977年DNA测序技术的发展，等等，使分子遗传学实现了现代生产化。遗传学的研究逐渐趋向成熟，遗传学的理论知识体系越来越成熟，而且出现了各种各样的遗传学研究方向，以及遗传学各个方面的分支学科，遗传学各个体系的知识理论基础也越趋完善。

第二节 DNA 双螺旋与基因工程的诞生

一、DNA 双螺旋结构的提出与意义

（一）DNA 双螺旋的发现

DNA 的结构起源要上溯到在富兰克林和威尔金斯之前的阿斯特伯里，他在 20 世纪 40 年代通过 X 射线结晶衍射图认为，DNA 分子是多聚核苷酸分子的长链排列。然而阿斯特伯里所发现的 DNA 图片极其不清楚，并不能真实反映 DNA 清晰的图像。

接力棒随后传到了英国的威尔金斯和富兰克林小组。在 20 世纪 40 年代末，威尔金斯的研究小组测定了 DNA 在较高温度下的 X 射线衍射，纠正了阿斯特伯里发现的缺陷，而且初步认识到 DNA 是一个螺旋形的结构。但是后来随着研究的发展，威尔金斯似乎再也无法深入在更深层面了解 DNA 的真实结构。这时富兰克林这位具有非凡才能的物理化学家加盟了威尔金斯小组。她凭着独特的思维，设计了更能从多方面了解物质不同现象的实验方法，如获取在不同温度下的 DNA 的 X 射线衍射图。把这些各种局部的结构形状汇总，DNA 的衍射图片越来越清晰，越来越全面。

1951 年，美国的沃森代表导师卢里亚前往意大利参加生物大分子结构会议。就在这个时候，威尔金斯和富兰克林关于 DNA 的 X 射线晶体衍射图分析报告吸引了沃森，这可以说是沃森研究 DNA 结构的启蒙。博士毕业后，沃森被导师推荐到欧洲。在英国的卡文迪什实验室，他与克里克相遇并共同研究 DNA 的结构。虽然受到威尔金斯和富兰克林的报告的启发，但是 DNA 具体是一个什么样的螺旋结构，是双链、三链还是四链的，说实话，沃森和克里克心中并没有谱。

在 1953 年 2 月 14 日与威尔金斯的讨论中，威尔金斯出示了一幅富兰克林于 1951 年 11 月在研究时获得的非常清晰的 DNA 晶体衍射照片。威尔金斯出示照片是为了证明沃森与克里克思路的错误，反过来，这张照片像一簇火花突然点燃了沃森头脑中蓄势已久的思维干柴，思维之火蓬勃燃烧。沃森不禁要叫出来：上帝！DNA 链只能是双链的才会显示出这样漂亮而清晰的图！果然，把核酸和糖放在外侧，碱基置于中间后，1953 年 2 月 28 日，沃森和克里克重新摆弄出了正确的 DNA 双螺旋结构。这距他看到富兰克林那张清晰的照片只有两周的时间。1953 年 4 月 25 日，《自然》杂志发表了沃森与克里克的 DNA 双螺旋结构假说的短文，并配有威尔金斯和富兰克林的两篇文章，以支持沃森和克里克的假说。后来鲍林和其他科学家的研究也从不同方面证明了 DNA 双螺旋结构。

（二）DNA 双螺旋结构发现的意义

DNA 双螺旋的结构的发现，开启了分子生物学时代。DNA 双螺旋结构被发

现后，极大地震动了学术界，启发了人们的思想。从此，人们立即以遗传学为中心开展了大量的分子生物学研究。首先是围绕着4种碱基怎样排列组合进行编码才能表达出20种氨基酸为中心开展实验研究。1967年，遗传密码全部被破解，基因从而在DNA分子水平上得到新的概念。它表明，基因实际上就是DNA大分子中的一个片段，是控制生物性状的遗传物质的功能单位和结构单位。在这个单位片段上的许多核苷酸不是任意排列的，而是以有含义的密码顺序排列的。一定结构的DNA，可以控制合成相应结构的蛋白质。蛋白质是组成生物体的重要成分，生物体的性状主要是通过蛋白质来体现的。因此，基因对性状的控制是通过DNA控制蛋白质的合成来实现的。在此基础上相继产生了基因工程、酶工程、发酵工程、蛋白质工程等，这些生物技术的发展必将使人们利用生物规律造福于人类。现代生物学的发展，越来越显示出它将要上升为带头学科的趋势。

二、基因工程

基因工程（Genetic Engineering）又称基因拼接技术和DNA重组技术。基因工程是在分子生物学和分子遗传学综合发展的基础上于20世纪70年代诞生的一门崭新的生物技术科学。所谓基因工程是在分子水平上对基因进行操作的复杂技术，是将外源基因通过体外重组后导入受体细胞内，使这个基因能在受体细胞内复制、转录、翻译的操作。

这个定义表明，基因工程具有以下几个重要特征。首先，外源核酸分子在不同的寄主生物中进行繁殖，能够跨越天然物种屏障，把来自任何一种生物的基因放置到新的生物中，而这种生物可以与原来生物毫无亲缘关系，这种能力是基因工程的第一个重要特征。其次，一种确定的DNA小片段在新的寄主细胞中进行扩增，这样就能实现用很少量的DNA样品“复制”出大量的DNA，而且是大量没有污染任何其他DNA序列的、绝对纯净的DNA分子群体。科学家将改变人类生殖细胞DNA的技术称为“基因系治疗”（Germlinetherapy），通常所说的“基因工程”则是针对改变动植物的生殖细胞。无论称谓如何，改变个体生殖细胞的DNA都将可能使其后代发生同样的改变。

DNA重组技术是基因工程的核心技术。重组，顾名思义，就是重新组合，即利用供体生物的遗传物质，或人工合成的基因，经过体外切割后与适当的载体连接起来，形成重组DNA分子，然后将重组DNA分子导入受体细胞或受体生物内构建转基因生物，该种生物就可以按人类事先设计好的蓝图表现出另外一种生物的某种性状。

1968年，科学家第一次从大肠杆菌中提取出了限制性内切酶。这种限制性内切酶能够在DNA上识别特定的核苷酸序列，并在特定切点上切割DNA分子。20世纪70年代以来，人们已经分离提取了400多种限制性内切酶。从此，人们可随心所欲地在DNA分子长链进行切割了。

1976 年，5 个实验室的科学家几乎同时发现并提取出一种酶，称为 DNA 连接酶。从此，DNA 连接酶就成了“黏合”基因的“分子黏合剂”。

化学合成目的基因是 20 世纪 70 年代以来发展起来的一项新技术。应用化学合成法可在短时间内合成目的基因。科学家们已相继合成了人的生长激素释放抑制素、胰岛素、干扰素等蛋白质的编码基因。

生物学家在了解遗传密码是 RNA 转录表达以后，还想从分子的水平去干预生物的遗传。1973 年，美国斯坦福大学的科恩教授，把两种质粒上不同的抗药基因“裁剪”下来，“拼接”在同一个质粒中。当这种杂合质粒进入大肠杆菌后，这种大肠杆菌就能抵抗两种药物，且其后代都具有双重抗菌性，科恩的重组实验拉开了基因工程的大幕。

第三节　人类基因组计划

一、人类基因组计划

人类基因组计划（Human Genome Project，简称 HGP）是由美国科学家于 1985 年率先提出，于 1990 年正式启动的。美国、英国、法国、德国、日本和我国科学家共同参与了这一预算达 30 亿美元的人类基因组计划。按照这个计划的设想，要揭开组成人体 2.5 万个基因的 30 亿个碱基对的秘密。人类基因组计划与曼哈顿原子弹计划和阿波罗计划并称为三大科学计划，被誉为生命科学的“登月计划”。

人类基因组计划是一项规模宏大，跨国跨学科的科学探索工程。其宗旨在于测定组成人类染色体（指单倍体）中所包含的 30 亿个碱基对组成的核苷酸序列，从而绘制人类基因组图谱，并且辨识其载有的基因及其序列，达到破译人类遗传信息的最终目的。基因组计划是人类为了探索自身的奥秘迈出的重要一步，是继曼哈顿计划和阿波罗登月计划之后，人类科学史上的又一个伟大工程。2005 年，人类基因组计划的测序工作已经完成。其中，2001 年人类基因组工作草图的发表（由公共基金资助的国际人类基因组计划和私人企业塞雷拉基因组公司各自独立完成，并分别公开发表）被认为是人类基因组计划成功的里程碑。

二、HGP 研究内容

HGP 的主要任务是为人类的 DNA 测序，此外还有测序技术、人类基因组序列变异、功能基因组技术、比较基因组学、伦理研究、生物信息学和计算生物学等研究内容。

（一）遗传图谱

遗传图谱又称连锁图谱（Linkage Map），它是以具有遗传多态性（在一个遗传位点上具有一个以上的等位基因，在群体中的出现频率皆高于1%）的遗传标记为“路标”，以遗传学距离（在减数分裂事件中两个位点之间进行交换、重组的百分率，1%的重组率称为1cM）为图距的基因组图。遗传图谱的建立为基因识别和基因定位创造了条件。

（二）物理图谱

物理图谱是指有关构成基因组的全部基因的排列和间距的信息，它是通过对构成基因组的DNA分子进行测定而绘制的。绘制物理图谱的目的是把有关基因的遗传信息及其在每条染色体上的相对位置线性而系统地排列出来。DNA物理图谱是指DNA链的限制性酶切片段的排列顺序，即酶切片段在DNA链上的定位。DNA是很大的分子，由限制酶产生的用于测序反应的DNA片段只是其中的极小部分，这些片段在DNA链中所处的位置关系是首先解决的问题，故DNA物理图谱是顺序测定的基础，为指导DNA测序的蓝图。广义地说，DNA测序从物理图谱制作开始，它是测序工作的第一步。

（三）序列图谱

随着遗传图谱和物理图谱的完成，测序就成为重中之重的工作。DNA序列分析技术是一个包括制备DNA片段化及碱基分析、DNA信息翻译的多阶段过程。通过测序我们可以得到基因组的序列图谱。

（四）基因图谱

基因图谱是在识别基因组所包含的蛋白质编码序列的基础上绘制的结合有关基因序列、位置及表达模式等信息的图谱。在人类基因组中鉴别出2%～5%长度的全部基因的位置、结构与功能，最主要的方法是通过基因的表达产物mRNA反追到染色体的位置。

三、HGP对人类的重要意义

（一）对人类健康的深远影响

人类基因组计划极大地促进了相关药物与疫苗的研究与开发，为疾病的治疗和预防提供了更多的有效工具。在人类基因组计划启动后，新的生物药物及疫苗开发和上市的速度极大地提高了，其提高速度与人类基因组计划所产生的基因数据增长速度成正相关性。

人类基因组计划带动了诊断与检测产品及方法的研究开发。能够对成人遗传疾病（乳腺癌、遗传性糖尿病等）进行筛选和诊断，并根据结果进行有效治疗。

人类基因组计划促进预测及预防医学的发展。鉴于当前慢性病（高血压、心脏病等）的发病频率很高，人们急需了解如何预防此类疾病，方法之一就是通过基因诊断与检测了解一个人的基因型，并预计他患病的可能性，从而营造适当的外部环境，达到预防的目的。

人类基因组计划有助于实现个体化医疗与个体化健康。在不久的将来，技术的发展与成本的降低使得测定每个人的基因组成为可能。依据每个人的基因组信息，可以清楚每个人罹患某种疾病的风险，清楚其对不同药物的反应情况，真正做到因人而异，对症下药，实现个体化医疗，并提出个体化的健康方案和相关建议。

（二）给中医药研究带来新的思考

中医已经存在了几千年，但其科学性始终没有得到真正的确认，中医药学是否具有独立的学术地位始终没有得到正视和承认。而人类基因组研究的方法学内容与中药的整体观、辩证观有许多相似之处，显示出研究思路与方法相互渗透的可能性。如何将现代生物学的研究成果引入中医现代化研究中值得探讨。

（三）研究方法对当代科学研究的启示

当代科学研究倡导全球范围内的合作。人类基因组计划是人类历史上第一次由全世界各国不分大小，不分强弱，所有科学家一起执行的科研项目。而之后开展的国际空间站计划、“伽利略”计划、全球地球观测系统计划等，都在各国紧密合作下取得了良好的进展。当代科学研究中政府和国家作用日益明显。

（四）人类基因组的商业意义

比尔·盖茨曾预言，超过他的下一个世界首富必定出自基因领域。以塞莱拉（Celera）公司为代表的商业因素的加入使染料基因组计划的完成时间一再被提前，而公司得到的好处就是以其先进的、巨大的数据库为生物医药等企业服务，收取可观的费用，并争取时间使基因研究成果转化为市场产品方面的多项专利，从而谋取巨利。另外，人类基因组计划完成的消息使全世界股市中基因概念股表现抢眼，美国纳斯达克生物科技类股票指数上扬 40%，华尔街生物科技类股票市值在其后的 12 个月里翻了一倍。

虽然人类基因组计划的意义不言而喻，但仍有人断言，人类基因组计划完成之日（当人类的奥秘彻底揭开之时，人类基因组计划只是序幕），就是人类灭亡之时。这话虽然太极端，但绝不是耸人听闻，人类之间安全的原因之一就是他的奥秘还不为人所知。一旦人类的奥秘被彻底揭开，人类自身就极易被操纵，各种生物武器就会“应运而生”。所以联合国大会通过的“人类基因和权利的全球宣言”就包含了相关内容并要求各国共同遵守。

第四节　生物技术

一、什么是生物技术

生物技术（Biotechnology），是指人们以现代生命科学为基础，结合其他基础科学的原理，采用先进的科学技术手段，按照预先的设计改造生物体或加工生物原料，为人类生产出所需产品或达到某种目的。生物技术是人们利用微生物、动植物体对物质原料进行加工，以提供产品来为社会服务的技术。它主要包括发酵技术和现代生物技术。因此，生物技术是一门新兴的、综合性的学科。

现代生物技术综合基因工程、分子生物学、生物化学、遗传学、细胞生物学、胚胎学、免疫学、有机化学、无机化学、物理化学、物理学、信息学及计算机科学等多学科技术，可用于研究生命活动的规律和提供产品，从而为社会服务。

二、生物技术的应用前景

（一）农牧业

现代生物技术越来越多地运用于农业中，使农业生产力大为提高，产品也达到了高质和高效。基于对植物、动物基因学和蛋白质学的认识，利用动植物中的特定基因，可以实现用更少的土地种植和收获更多的作物，并减少农药的使用。应用转基因技术将有特殊经济价值的基因引入植物体内，从而获得高产、优质、抗病虫害的转基因农作物新品种，还可以改善食品的营养和口感等。此外，引入特定的基因，还可以改变动植物的品质。例如，在西红柿中植入抗成熟的基因，可以延长西红柿的保存期限，在水稻中介入产生维生素 A 的基因，可以提高稻米的营养价值。转基因动物育种技术的进步，不仅可提高畜牧业的生产效率，还可拓展新的用途，为发展高效益农业创造条件。

关于转基因作物大豆、玉米、油菜和棉花的生产，2001 年，世界上转基因植物的种植面积已达 5300 万公顷。生物技术应用于农作物和花卉的生产，可以提高产量、改良品质和获得抗逆植物，还能使它们快速繁殖，甚至还能延缓植物的成熟，从而延长植物食品的保藏期。生物技术在培育抗逆作物中发挥了重要作用。例如，用基因工程方法培育抗虫害作物，无须施用农药，可提高种植的经济效益，又可保护环境。中国的转基因抗虫棉品种已被广泛推广，创造了巨大的效益。

目前已经在转基因烟草中表达出了乙型肝炎疫苗。研究人员可以利用转基因动物生产药用蛋白，如培育出多种转基因动物，它们的乳腺能特异性地表达外源目的基因，因此从奶中能获得所需的蛋白质药物。

植物转基因存在的问题主要是转基因作物是否对人类健康有害，转基因植物是否会对生态环境产生威胁，是否会破坏生物多样性等。

为了获得高产优质的畜禽产品和提高畜禽的抗病能力，也可以引入生物技术。生物技术可加快畜禽的繁殖和生长速度，可改良畜禽的品质，提供优质的肉、奶、蛋产品。在培育抗病的畜禽品种，减少饲养业的风险方面，生物技术也有所作为。

现代生物技术的发展，对解决当今世界面临的人口与食物、能源与资源、环境与健康等重大问题，已开始发挥重大作用，并显示出诱人的前景。生物技术在医药卫生、农林牧渔，以及轻工食品等领域的应用，开辟了传统产业技术改造的新途径，并将导致新兴产业的形成和产业结构的转变，具有极大的经济潜力。而且，由于它发展的不平衡性，可能会改变不同国家间的经济力量对比情况，因此也引起了各国政府的关注。

（二）生物医药

运用生物技术能对一些过去难以确切诊断的疾病做出诊断与治疗，以基因疗法最为突出。在提供药物、基因治疗和器官移植中，利用基因工程能大量生产一些稀少且昂贵的药物，以减轻患者的负担。这些珍贵药物包括生长抑素、胰岛素和干扰素等。

基因治疗是一种应用基因工程技术和分子遗传学原理对人类疾病进行治疗的新疗法。世界上第一例成功的基因治疗是对一位 4 岁的美国女孩进行的，由于体内缺乏腺苷脱氨酶而完全丧失免疫功能，她只能在无菌室生活，否则会由于感染而死亡。经治疗，这个女孩可进入普通小学上学。

此外，器官移植技术向异种移植方向发展，将人的基因转移到另一个物种上，再将此物种的器官取出来置入人体，代替人生病的器官。也可以利用克隆技术，制造出完全适合于人体的器官，来替代人体“病危”的器官。

基因疗法是人为且有目的地对人体 DNA 或 RNA 进行处理，它可分为三方面，体内细胞跟踪、预防疾病和治疗疾病。除了生物诊断技术，生物技术对医药研制的贡献在于对体内微量的生物活性物质的研究和大量生产用于疾病的治疗。

（三）能源与环保

生物技术能提高不可再生能源的开采率，还能开发更多可再生能源，如提高石油开采的效率，生物技术为新能源的利用开辟了道路。自然界中有取之不尽的植物纤维素资源，运用生物技术能将植物中的纤维素降解，进而转化为酒精，纤维素降解技术会成为能源技术的新方向。美国科学家利用基因工程培育出一种能同时降解 4 种烃类的“超级工程菌”，这种细菌几小时就能吃完泄漏的海上浮油。

通过生物技术构建新型生物材料，是现代新材料发展的重要途径之一。首先，生物技术能使一些废弃的生物材料变废为宝。例如，利用生物技术可以从虾、蟹等甲壳类动物的甲壳中获取甲壳素，甲壳素是制造手术缝合线的极好材料，它柔软，可加速伤口愈合，还能被人体吸收而免于拆线。其次，生物技术为大规模生产一些稀缺生物材料提供了可能。例如，蜘蛛丝是一种特殊的蛋白质，其强度大、可塑性高，可用于生产防弹背心、降落伞等用品。利用生物技术可以生产蛛丝蛋白，得到可与蜘蛛丝媲美的纤维。最后，利用生物技术可开发出新的材料类型。例如，一些微生物能产出可降解的生物塑料，避免了“白色污染”。

思考题

1. 简述现代遗传学的诞生过程。
2. 什么是生物技术，简要论述生物技术主要包括哪几个领域？
3. 什么是 DNA 双螺旋结构，它是如何被发现的？
4. 什么是基因工程？它包括哪些步骤？
5. 简述人类基因重组计划的意义。

第三章　现代化学理论的发展

19世纪的化学积累了60多种元素和55万种化合物的大量实验材料和数据，从中总结出了定比定律、倍比定律、当量定律和分子结构和原子价理论，为道尔顿创建原子论打下了基础。概括19世纪的化学有三大理论成就：

第一，经典原子分子论，包括建筑在定比、倍比和当量定律基础上的道尔顿原子论。

第二，门捷列夫的化学元素周期律。

第三，C. M. 古尔德贝格和P. 瓦格提出的化学反应的质量作用定律，是宏观化学反应动力学的基础。

中国科学院院士高松说："20世纪，化学最大的贡献是解决了吃饭、穿衣问题。被誉为20世纪最重大发明之一的高压催化合成氨技术使粮食生产发生了革命性变革。""在各种新材料中，人们已经看到了化学的贡献。2008年北京奥运会三大比赛场馆之一的水立方，就是新型高分子薄膜材料及其多层膜形成技术的作品。"

现代化学的发展可谓日新月异，内容繁多，用途广泛，引人入胜。无论在实验方面、理论方面还是应用方面，都频频获得新成果，使人应接不暇。随着现代科学技术的进步，许多精密仪器应运而生，为化学的分析和检测提供了极有力的工具，从而提高了现代化学发展的速度。

第一节　化学键理论的建立与量子化学的发展

一、化学键理论的建立历程

（一）化学键的早期认识

世界上的元素只有100多种，目前已知化合物已超过1000万种了。元素是怎样形成化合物的，这是化学家共同关心的问题。

最早化学家假设原子和原子之间是用一个神秘的钩钩住的，这种设想至今仍留下痕迹，化学键的"键"字就有钩的意思。

化学键的概念是在研究原子间的化学结合过程中产生的。19世纪初，瑞典化学家 J. J. 贝采利乌斯（1779—1848）提出了一种建立在正负电相互吸引的观念基础上的电化二元说，从而使亲和力说更加系统化。把原子间的化学结合归结为原子间的静电作用。

贝采利乌斯为化学的发展做出了重要贡献。他以氧作标准测定了四十多种元素的原子量；用化学元素拉丁文名称的开头字母作为化学元素符号，并公布了当时已知元素的原子量表；发现和首次制取了硅、钍、硒等好几种元素，首先使用“有机化学”的概念；发现了“同分异构”现象并提出了“催化”概念。他的卓著成果，使他成为19世纪一位化学权威，他与约翰·道尔顿、安托万·拉瓦锡一起被称为现代化学之父。

早年，凯库勒在前人工作的基础上发展了类型论，认为分子的性质主要由苯环类型决定，并试图建立一个有机物整体的类型学说。1857—1858，他提出了有机物分子中碳原子为四价，而且可以互相结合成碳链的思想，为现代结构理论奠定了基础。他的另一重大贡献是在1865年发表《论芳香族化合物的结构》一文，第一次提出了苯的环状结构理论。这一理论极大地促进了芳香族化学的发展和有机化学工业的进步。充分体现了基础理论研究对于技术和经济进步的巨大推动作用。

1874年，荷兰化学家 J. H. 范霍夫（1852—1911）提出了关于分子的空间立体结构的假说，不仅能够解释旋光异构现象，而且还能解释诸如顺丁烯二酸和反丁烯二酸、顺甲基丁烯二酸和反甲基丁烯二酸等另一类非旋光异构现象。分子的空间结构假说的诞生，立刻在整个化学界引起了巨大的反响，一些学者看到了新假说的深刻含义，纷纷称赞范霍夫这一创举。

（二）化学键的现代发展

20世纪20年代，在 N. H. D. 玻尔的原子结构理论的基础上，人们对价键的实质有了新的认识，形成了原子价的电子理论。该理论包括离子键理论和共价键理论。离子键理论是1916年由美国化学家 W. 柯塞尔（1888—1956）提出的。柯塞尔考察大量的事实后得出结论：任何元素的原子都要使最外层满足8电子稳定结构。柯塞尔的理论能解释许多离子化合物的形成，但无法解释非离子型化合物。同年，G. N. 刘易斯（1875—1946）发展了柯塞尔的理论，提出了共价键的电子理论：两种元素的原子可以相互共用一对或多对电子，以便达到稀有气体原子的电子结构，这样形成的化学键叫作共价键。但这个理论不能解释共价键的方向性、氧分子的顺磁性等，也无法解释两个原子为什么共享一对电子时能相互结合。1923年，美国化学家柯塞尔和刘易斯的理论叫原子价电子理论，它只能定性地描述分子的形成，化学家更需要对化学键做定量阐述。

1927年，W. H. 海特勒和 F. 伦敦用量子力学处理氢分子，用近似方法计算出氢分子体系的波函数和能量获得成功，提出氢分子成键理论。这是用量子力学解决共价键问题的首例。该理论认为两个氢原子结合成一个氢分子。现代价键理论是将这一成果推广到其他分子体系而形成的。它认为共价键由一对自旋反平行的耦合电子组成，并根据原子轨道最大重叠原理，得出分子中的电子只处于与化学键相连接的两个原子之间的区域内。L. 鲍林进而提出共振论对此做了补充，认为分子在若干价键结构间共振。1928 年，美国化学家 R. S. 穆利肯和 F. 洪德等人提出分子轨道理论，将分子看作一个整体，认为形成化学键的电子在整个分子区域内一定的分子轨道上运动。

1930 年，鲍林更提出原子成键的杂化理论（杂化轨道理论）。1932 年，洪德把单键、多键分成 δ 和 Π 键两类。δ 键指在沿着连接两个原子核的直线（对称轴）上电子云有最大重叠的共价键，这种键比较稳定。Π 键指沿电子云垂直于这条直线方向上结合而成的键，比较活泼。从而使价键理论进一步系统化，经典的化合价和化学键有机地结合在一起了。

由于上述的价键理论对共轭分子、氧气分子的顺磁性等事实不能有效解释，因此 20 世纪 30 年代后又产生一种新的理论——分子轨道理论。分子轨道理论于 1932 年首先由美国化学家马利肯提出。他用的方法跟经典化学相距很远，一时不被化学界接受，后经密立根、洪德、休克尔、伦纳德等人努力，使分子轨道理论得到充实和完善。它把分子看作一个整体，原子化合成分子时，由原子轨道组合成分子轨道，原子的电子属于分子整体。分子轨道就是电子云占据的空间，它们可相互重叠成键。20 世纪 30 年代后，美国化学家詹姆斯又使分子轨道理论计算程序化，能方便地用计算机处理，使分子轨道理论价值大大提高了。接着，美国化学家伍德沃德、霍夫曼发现分子轨道对称守恒原理和福田谦一等创立前沿轨道理论，使分子轨道理论大大地向前推进了一步。

现代化学键理论不只对若干化学现象做了解释，而且也在指导一些应用，如在寻找半导体材料、抗癌药物等方面起着关键性的作用。在 20 世纪 90 年代，现代价键理论已进入生命微观世界，使人们能从理论上认识酶、蛋白质、核酸等生命物质，从而进一步揭开生命的秘密。此外，近年来现代价键理论已向动态发展，如化学反应进行中电子的变化情况，如何定量描述等。

现代化学键理论是在量子力学的基础上形成的，它使电价理论不能解释的问题获得满意的解释。这种理论目前还在进一步发展中。化学键理论的建立和发展，日益揭示出关于原子或原子团结合形成分子的机理，大大丰富了人类对原子—分子层次上的物质组成和物质结构的知识，加深了人们对物质及其运动规律的认识。它的研究成果已被用来指导探索新化学反应和合成具有特殊性能的新材料。在这方面的一个突出的事例是 20 世纪 70 年代初，科学家们根据化学键和键能关系的考虑，按照预定的设想，成功地合成了第一个惰气化合物——六氟铂酸氙。这一成果不但表明了人类对物质结构及其性质认识的深化，也打破了统治化学界长达 70 年之久的惰气不能参加化学反应的形而上学观念。

二、量子化学的发展

20 世纪物理学的进展，对化学的发展不论在理论上和实验上都提供了巨大的支持和有力的手段，使化学学科因此进入了一个全新的发展阶段。

1926 年和 1927 年，物理学家海森堡和薛定谔各自发表了物理学史上著名的测不准原理和薛定谔方程，自此，展现在物理学家面前的是一个完全不同于经典物理学的新世界，同时也为化学家提供了认识物质化学结构的新理论工具。1927 年，物理学家海特勒和伦敦将量子力学处理原子结构的方法应用于氢气分子，成功地定量阐释了两个中性原子形成化学键的过程，他们的成功标志着量子力学与化学的交叉学科——量子化学的诞生。

虽然量子力学以及量子化学的基本理论早在 1930 年代就已经基本成型，但是所涉及的多体薛定谔方程形式非常复杂，至今仍然没有精确解法，而即便是近似解，所需要的计算量也是惊人的。例如，一个拥有 100 个电子的小分子体系，在求解 RHF 方程的过程中仅仅双电子积分一项就有 1 亿个之多。这样的计算显然是人力所不能完成的，因而在此后的数十年中，量子化学进展缓慢，甚至为从事实验的化学家所排斥。

1953 年，美国的帕里瑟、帕尔和英国的约·翰波普使用手摇计算器分别独立地实现了对氮气分子的 RHF 自洽场计算，虽然整个计算过程耗时整整两年，但是成功向实验化学家证明了量子化学理论确实可以准确地描述分子的结构和性质，并且为量子化学打开了计算机时代的大门，因而这一计算结果有着划时代的意义。

1952 年，日本化学家福井谦一提出了前线轨道理论，1965 年，美国有机化学家伍德瓦尔德（R. B. Woodward）和量子化学家霍夫曼（R. Hoffmann）联手提出了有机反应中的分子轨道对称性守恒理论。福井、伍德瓦尔德和霍夫曼的理论使用简单的模型，以简单分子轨道理论为基础，回避高深的数学运算而以一种直观的形式将量子化学理论应用于对化学反应的定性处理，通过他们的理论，实验化学家得以直观地窥探分子轨道波函数等抽象概念。福井和霍夫曼因此获得了 1981 年度的诺贝尔化学奖。

第二节　20 世纪化学的大发展

20 世纪人类对物质需求的日益增长以及科学技术的迅猛发展，极大地推动了化学的发展。化学学科不仅形成了完整的理论体系，而且在理论的指导下，化学实践为人类创造了丰富的物质财富。从 19 世纪经典化学到 20 世纪现代化学的飞跃，从本质上说是从 19 世纪的道尔顿原子论、门捷列夫元素周期表等在原子层次上的认识和研究，进步到 20 世纪在分子层次上的认识和研究。例如，对组成分子化学键的本质、分子的强相互作用和弱相互作用、分子催化、分子的结构与功能关系的认识，以至1900多万种化合物的发现与合成，对生物分子的结构与功能关系的研究促进了生命科学的发展。另一方面，化学过程工业以及与化学相关的国计民生各个领域，如粮食、能源、材料、医药、交通、国防，以及人类的衣食住行用等，在这100年中发生的变化是有目共睹的。

一、20世纪化学大发展的主要内容

（一）放射性和铀裂变的重大发现

20世纪在能源利用方面一个重大突破是核能的释放和可控利用。仅此领域就产生了6项诺贝尔奖。首先是居里夫妇从19世纪末到20世纪初先后发现了放射性比铀强400倍的钋，以及放射性比铀强200多万倍的镭，这项艰巨的化学研究打开了20世纪原子物理学的大门，居里夫妇因此而获得了1903年诺贝尔物理学奖。1906年居里不幸遇车祸身亡，居里夫人继续专心于镭的研究与应用，测定了镭的原子量，建立了镭的放射性标准，同时制备了20克镭存放于巴黎国际度量衡中心作为标准，并积极提倡把镭用于医疗，使放射治疗得到广泛应用，造福了人类。为表彰居里夫人在发现钋和镭，开拓放射化学新领域，以及发展放射性元素的应用方面的贡献，1911年居里夫人被授予了诺贝尔化学奖。20世纪初，卢瑟福从事关于元素衰变和放射性物质的研究，提出了原子的有核结构模型和放射性元素的衰变理论，研究了人工核反应，因此而获得了1908年的诺贝尔化学奖。居里夫人的女儿和女婿约里奥-居里夫妇用钋产生的α射线轰击硼、铝、镁时发现产生了带有放射性的原子核，这是第一次用人工方法创造出放射性元素，为此约里奥-居里夫妇荣获了1935年的诺贝尔化学奖。在约里奥-居里夫妇研究的基础上，费米用慢中子轰击各种元素获得了60种新的放射性元素，并发现中子轰击原子核后，会被原子核捕获得到一个新原子核，且不稳定，核中的一个中子将放出一次β衰变，生成原子序数增加1的元素。这一原理和方法的发现，使人工放射性元素的研究迅速成为当时的热点。物理学介入化学，用物理方法在元素周期表上增加新元素成为可能。费米的这一成就使他获得了1938年的诺贝尔物理学奖。1939年，哈恩发现了核裂变现象，震撼了当时的科学界，成为原子能利用的基础，为此，哈恩获得了1944年诺贝尔化学奖。1939年，费里施在裂变现象中观察到伴随着碎片有巨大的能量，同时约里奥-居里夫妇和费米测定了铀裂变时还放出中子，使链式反应成为可能。至此释放原子能的前期基础研究已经完成。从放射性的发现开始，然后发现了人工放射性，再后又发现了铀裂变伴随能量和中子的释放，以至核裂变的可控链式反应。于是，1942年，在费米领导下成功地建造了第一座原子反应堆，1945年美国在日本投下了原子弹。核裂变和原子能的利用是20世纪初至20世纪中叶化学和物理界具有里程碑意义的重大突破。

（二）化学键和现代量子化学理论

在分子结构和化学键理论方面，莱纳斯·卡尔鲍林的贡献最大。他长期从事

X一射线晶体结构研究，寻求分子内部的结构信息，把量子力学应用于分子结构，把原子价理论扩展到金属和金属间化合物，提出了电负性概念和计算方法，创立了价键学说和杂化轨道理论。1954年，由于他在化学键本质研究和用化学键理论阐明物质结构方面的重大贡献，他荣获了诺贝尔化学奖。此后，莫利肯运用量子力学方法，创立了原子轨道线性组合分子轨道的理论，阐明了分子的共价键本质和电子结构，1966年荣获诺贝尔化学奖。另外，1952年福井谦一提出了前线轨道理论，用于研究分子动态化学反应。1965年，罗伯特·伯恩斯·伍德沃德和约琴夫·霍夫曼提出了分子轨道对称守恒原理，用于解释和预测一系列反应的难易程度和产物的立体构型。这些理论被认为是认识化学反应发展史上的一个里程碑，为此，福井谦一和霍夫曼共获1981年诺贝尔化学奖。1998年，科恩因发展了电子密度泛函理论，波普尔因发展了量子化学计算方法而共获诺贝尔化学奖。化学键和量子化学理论的发展足足花了半个世纪的时间，让化学家由浅入深，认识分子的本质及其相互作用的基本原理，从而让人们进入了分子的理性设计的高层次领域，创造了新的功能分子，如药物设计、新材料设计等，这也是20世纪化学的一个重大突破。

（三）合成化学的发展

创造新物质是化学家的首要任务。一百年来合成化学发展迅速，许多新技术被用于无机和有机化合物的合成，如超低温合成、高温合成、高压合成、电解合成、光合成、声合成、微波合成、等离子体合成、固相合成、仿生合成，等等。发现和创造的新反应、新合成方法数不胜数。现在，几乎所有的已知天然化合物，以及化学家感兴趣的具有特定功能的非天然化合物都能够通过化学合成的方法来获得。在人类已拥有的1900多万种化合物中，绝大多数是化学家合成的，几乎又创造出了一个新的自然界。合成化学为满足人类对物质的需求做出了极为重要的贡献。纵观20世纪，合成化学领域共获得10项诺贝尔化学奖。1912年格林亚德因发明格氏试剂，开创了有机金属在各种官能团反应中的新领域而获得诺贝尔化学奖。1928年，狄尔斯和阿尔德因发现双烯合成反应而获得1950年诺贝尔化学奖。1953年，齐格勒和纳塔发现了有机金属催化烯烃定向聚合，实现了乙烯的常压聚合而荣获1963年诺贝尔化学奖。人工合成生物分子一直是有机合成化学的研究重点。到1965年，有机合成大师伍德沃德由于其有机合成的独创思维和高超技艺，先后合成了奎宁、胆固醇、可的松、叶绿素和利血平等一系列复杂有机化合物而荣获诺贝尔化学奖。获奖后他又提出了分子轨道对称守恒原理，并合成了维生素 B_{12} 等。

（四）高分子科学和材料

20世纪人类文明的标志之一是合成材料的出现。人们在合成橡胶、合成塑料和合成纤维这三大合成高分子材料化学中具有突破性的成就，这也是化学工业的骄傲，在此领域曾有3项诺贝尔化学奖。1920年，施陶丁格（H. Staudinger）提出了高分子这个概念，创立了高分子链型学说，以后又建立了高分子黏度与分子量之间的定量关系，为此而获得了1953年的诺贝尔化学奖。1953年，齐格勒（Ziegler）成功地在常温下用（C_2H_5）$_3$$AlTiCl_4$作催化剂将乙烯聚合成聚乙烯，从而发现了配位聚合反应。1955年，纳塔（Natta）将齐格勒催化剂改进为－$TiCl_3$和烷基铝体系，实现了丙烯的定向聚合，得到了高产率、高结晶度的全同构型的聚丙烯，使合成方法、聚合物结构、性能三者联系起来，成为高分子化学发展史中一座里程碑。为此，齐格勒和纳塔共获1963年诺贝尔化学奖。

（五）化学动力学与分子反应动态学

研究化学反应是如何进行的，揭示化学反应的历程和研究物质的结构与其反应能力之间的关系，是控制化学反应过程的需要。科学家们在这一领域相继获得过三次诺贝尔化学奖。1956年，尼古位依·尼古拉那维奇·谢苗诺夫和欣谢尔伍德因在化学反应机理、反应速度和链式反应方面的开创性研究获得了诺贝尔化学奖。另外，艾根提出了研究发生在千分之一秒内的快速化学反应的方法和技术，罗德尼·罗伯特·彼特和诺里什提出和发展了闪光光解法技术用于研究发生在十亿分之一秒内的快速化学反应，对快速反应动力学研究做出了重大贡献，他们三人共获了1967年诺贝尔化学奖。分子反应动态学，亦称态－态化学，从微观层次出发，深入原子、分子的结构和内部运动过程、分子间相互作用和碰撞过程来研究化学反应的速率和机理。李远哲和赫施巴克首先发明了获得各种态信息的交叉分子束技术，并利用该技术$F+H_2$的反应动力学，对化学反应的基本原理做出了重要贡献，被称为分子反应动力学发展中的里程碑，为此李远哲、赫施巴克和迈克尔·波兰尼共获了1986年诺贝尔化学奖。1999年，艾哈迈德·泽维尔因利用飞秒光谱技术研究过渡态的成就获诺贝尔化学奖。

二、现代化学发展对社会生活的影响

恩格斯说："化学既是关于自然的科学，又是关于人的科学。在当代科学的发展趋势中，它们正在走向统一。因此，现代化学不仅是认识生命过程与进化的手段，也是人类生存的手段和获得解放的手段。"当前，随着社会的化学化和化学的社会化趋势广泛而深入的发展，现代化学正在成为"一门满足社会需要的中心科学"，创造着现代物质文明和精神文明，深刻地影响着人的全面发展。

（一）对现代生命科学和生物技术的重大贡献

研究生命现象和生命过程、揭示生命的起源和本质是当代自然科学的重大研究课题。20世纪生命化学的崛起给古老的生物学注入了新的活力，人们在分子水平上向生命的奥秘打开了一个又一个通道。蛋白质、核酸、糖等生物大分子和激素、神经递质、细胞因子等生物小分子是构成生命的基本物质。从20世纪初开始，生物小分子（如血红素、叶绿素、维生素等）的化学结构与合成研究就多次获得诺贝尔化学奖，这是化学向生命科学进军的第一步。1955年，文森特·迪维

尼奥因首次合成多肽激素催产素和加压素而荣获了诺贝尔化学奖。1958年，弗雷德里克·桑格因对蛋白质特别是牛胰岛素分子结构测定的贡献而获得诺贝尔化学奖。1953年，沃森和克里克提出了DNA分子双螺旋结构模型，这项重大成果对于生命科学具有划时代的贡献，它为分子生物学和生物工程的发展奠定了基础，为整个生命科学带来了一场深刻的革命。沃森和克里克因此而荣获1962年诺贝尔医学奖。1965年，我国化学家人工合成结晶牛胰岛素获得成功，标志着人类在揭示生命奥秘的历程中迈进了一大步。20世纪化学与生命科学相结合产生了一系列在分子层次上研究生命问题的新学科，如生物化学、分子生物学、化学生物学、生物有机化学、生物无机化学、生物分析化学等。在研究生命现象的领域里，化学不仅提供了技术和方法，而且还提供了理论。

（二）对人类健康的贡献

利用药物治疗疾病是人类文明的重要标志之一。20世纪初，由于对分子结构和药理作用的深入研究，药物化学迅速发展，并成为化学学科中一个重要领域。1909年，德国化学家艾里希合成出了治疗梅毒的特效药物胂凡纳明。20世纪30年代以来，化学家从染料出发，创造出了一系列磺胺药，使许多细菌性传染病特别是肺炎、流行性脑炎、细菌性痢疾等长期危害人类健康和生命的疾病得到控制。青霉素、链霉素、金霉素、氯霉素、头孢菌素等类型抗生素的发明，为人类的健康做出了巨大贡献。据不完全统计，20世纪化学家通过合成、半合成或从动植物、微生物中提取而得到的临床有效的化学药物超过2万种，常用的就有1000余种，而且这个数目还在快速增加。

（三）对国民经济和人类日常生活的贡献

利用化学反应和过程来制造产品的化学过程工业（包括化学工业、精细化工、石油化工、制药工业、日用化工、橡胶工业、造纸工业、玻璃和建材工业、钢铁工业、纺织工业、皮革工业、饮食工业等）在发达国家中占有最大的份额。这个数字在美国超过30%，而且还不包括诸如电子、汽车、农业等要用到化工产品的相关工业的产值。发达国家从事研究与开发的科技人员中，化学、化工专家占一半左右。世界专利发明中有20%与化学有关。

人类衣、食、住、行、用无不与化学所掌管之成百化学元素及其所组成之万千化合物和无数的制剂、材料有关。房子是用水泥、玻璃、油漆等化学产品建造的，肥皂和牙膏是日用化学品，衣服是合成纤维制成并由合成染料上色的。饮用水必须经过化学检验以保证质量，食品则是由施用化肥和农药的粮食作物制成的。车辆上的油漆是化学品，车厢内的装潢通常使用特种塑料或经化学制剂处理过的皮革制品，汽车的轮胎是由合成橡胶制成的，燃油和润滑油是含化学添加剂的石油化学产品，蓄电池是化学电源，尾气排放系统中用来降低污染的催化转化器装有用铂、铑和其他一些物质组成的催化剂，它可将汽车尾气中的氧化氮、一氧化碳和未燃尽的碳氢化合物转化成低毒害的物质。飞机则需要用质强量轻的铝合金来制造，还需要特种塑料和特种燃油。书刊、报纸是用化学家所发明的油墨和经化学方法生产出的纸张印制而成的。摄影胶片是涂有感光化学品的塑料片，它们能被光所敏化，所以在曝光时和用显影药剂冲洗时，它们就会发生特定的化学反应。彩电和电脑显示器的显像管是由玻璃和荧光材料制成的，这些材料在电子束轰击时可发出不同颜色的光。VCD 光盘是由特殊的信息存储材料制成的。甚至参加体育活动时穿的跑步鞋、溜冰鞋、运动服、乒乓球、羽毛球排等也都离不开现代合成材料和涂料。

三、化学发展带给人类社会的不利影响

现代化学的发展，除了造福于人类的一面之外，还有危及人类生存的一面。地球的资源储量是有限的，尤其是矿产资源如石油、天然气和煤。它们既是人类的主要物质资源，又是主要的生产原料。人类的不合理开发势必造成对生态环境的严重破坏，这已经成为全世界有识之士的共识。由于人类对资源消耗的急剧增加，使得人类生存环境受到严重破坏。最典型的实例就是由于大量燃烧化学燃料，向大气排放大量的二氧化碳而产生的地球温室效应。温室效应已经引起了地球上一系列的气候反常，并且随着向大气排放的二氧化碳量的增加，这种反常还将加剧。

另外，世界上每年有大量的化工冶金产品、上百亿吨废物倾倒入土地、江河、海洋之中，滥用化学肥料、农药和除草剂等，造成土壤和水系环境严重恶化，这些既会直接危害人类，又会扩散破坏生物圈，长期地影响着人类的生存。

四、绿色化学的实现

化学在为人类创造财富的同时，给人类也带来了危难。而每一门科学的发展中都充满着探索与进步，由于科学中的不确定性，化学家在研究过程中不可避免地会合成出未知性质的化合物，只有经过长期应用和研究才能熟知其性质，这时新物质可能已经对环境或人类生活造成了影响。

绿色化学是对传统化学的挑战，是对传统化学思维方式的更新和发展。因此，绿色化学的研究内容是从反应原料、反应条件、转化方法或开发绿色产品等角度进行研究，打破传统的化学反应，设计新的对环境友好的化学反应。包括使用无毒无害的原料，利用可再生资源，新型催化剂的开发研究，不同反应介质的研究，寻找新的转化方法，设计对人类健康和环境安全的化学产品。

实现绿色化学有如下途径。

（一）快速有效的筛选

在化合物的筛选过程中，可以应用组合化学技术，对不同的分子结构单元进行组合合成，得到成千上万个产物以满足下一步高通量筛选系统（HTS）的需要，目前通过改进的组合化学已可以得到各纯度较高的单一化合物供 HTS 筛选之用。

首先建立一个已知的有机合成反应尽可能全的资料库，确定目标产物后，第一步找出一切可以产生目标产物的反应，第二步把这些反应的原料作为中间目标产物找出一切可产生它们的反应，依次类推下去，直到得出一些反应路线正好使用我们预定的原料。在搜索过程中，计算机按我们制定的评估方法自动比较可能的反应途径，随时排除不适合的，以便最终找到廉价、物美、不浪费资源、不污染环境的最佳途径。所以，将组合化学技术和计算机辅助设计技术应用到化学合成中，是一种经济、快速的策略，为绿色化学的实现提供了极大的可能性。

（二）开发绿色反应，提高原子利用率

在化学合成特别是有机合成中，减少废物的关键是提高选择性问题，即选择最佳反应途径，使反应物原子尽可能多地转化为产物原子，最大限度地减少副产物，才会真正减少废物的生成。对于大宗基本有机原料的生产来说，选择原子经济反应十分重要。国外公司已成功开发了新的合成路线——固体氧化物催化剂合成的无废水工艺，事实证明其能够达到零废水排放、零硝酸盐排放，并且没有或很少 NO_x 释放。同时，新合成路线大大减少了水和能量的消耗。由此可见，对于已在工业上应用的原子经济反应，也还需要从环境保护和技术经济等方面继续研究并加以改进。

（三）采用无毒无害的原料

为使制得的中间体具有进一步转化所需的官能团和反应性，在现有化工生产中仍使用剧毒的光气和氢氰酸等作为原料。为了人类健康和社区安全，需要用无毒无害的原料代替它们来生产所需的化工产品。在代替剧毒氢氰酸原料方面，从无毒无害的二乙醇胺原料出发，经过催化脱氢，可开发安全生产氨基二乙酸钠的新工艺，这改变了过去的以氨、甲醛和氢氰酸为原料的二步合成路线，避免了使用剧毒氢氰酸原料。在生产一种橡胶防降解剂化学品家族的关键中间体 4-ADPA 过程中，已开发了一个新的环境友好路线——使用碱性促进剂实现氢对芳环的亲核取代反应，替代了传统的氯化反应，不仅消除了大量剧毒氯气的储存、使用和处理，也大大减少了废物的排放。

（四）利用可再生的资源合成化学品

生物质是可再生性资源，利用生物质代替当前广泛使用的矿物质资源可大大减轻对资源和环境的压力，是保护环境的一个长远的发展方向。据报道以葡萄糖为原料，通过酶反应可制得乙二酸、邻苯二酚和对苯二酚等。这样就不需要从传统的苯开始来制造乙二酸。由于苯是已知的致癌物质，以经济和技术上可行的方式，从合成大量的有机原料中去除苯是具有竞争力的绿色化学目标。

（五）开发和生产绿色产品

绿色产品，或指环境友好产品，是指产品在使用过程中和使用后不会危害生态环境和人体健康，产品具有合理的使用功能及使用寿命，产品易于回收、利用和再生，报废后易于处置，在自然环境条件下易于降解。例如，日常生活中使用的包装材料，可以进行再利用，目前大量使用的聚苯乙烯发泡塑料快餐盒，使用以后成为垃圾，在自然条件下，需数百年方能降解，对环境带来严重的影响。为了加速它的自然降解，我们生产时可以在其中加入光敏剂、化学助剂等，使其在使用后几个月内即分解成无害物质。

开发和应用绿色化学工艺，已成为现代化学工业的发展趋势和前沿技术，是实现可持续发展的关键。曾为人类文明做出过不可磨灭贡献的有机化学化工，在21世纪，依然面临着新的机遇和挑战。有机化学应该发展“理想的”合成方法，即强调实用的、环境友好的、资源可持续利用的合成方法，它从简单易得的原料出发，在温和的条件下经过简单的步骤，快速、高选择性地转化为目标分子。这就需要化学家从理念、原理、方法等方面进行改革和创新，环境友好的“洁净”的反应介质等绿色化学原理对有机化学化工的发展将有更重要的指导意义。而绿色化学有待在理论、实践领域中进行更深入的研究发展，其发展必然会推动人类社会的进步，相信随着科学的进步和人们绿色意识的提高，人类赖以生存的地球环境会变得更加美好。

绿色化学给化学家提出了一项新的挑战，国际上对此很重视。1996年，美国设立了“绿色化学挑战奖”，以表彰那些在绿色化学领域中做出杰出贡献的企业和科学家。绿色化学将使化学工业改变面貌，为子孙后代造福。

人类面临许多世界性问题，如人口爆炸、粮食危机、能源短缺、资源耗竭、环境污染、生态失去平衡等。这些问题不是某个国家的问题，而是同在一个地球上生活的人类的共同问题，它把全人类的命运紧紧地联系在了一起。由于化学在解决这些问题中能发挥积极而有效的作用，因而化学便具有了全人类价值。人的价值是人类发展的重要标志，化学在为人类谋福利中，将会促进人类健康水平的提高。化学对人类社会发展的作用有好的一面，也有坏的一面。这并不是化学科学本身的问题，而是由于不恰当的应用所造成的。因此，人们在化学实践中必须充分认识到保护生态环境的重要性，积极主动地解决应用化学知识的过程中存在的问题。只有这样，才能在地球这个大家庭里建立人类持久的幸福。

思考题

1. 20世纪化学大发展包括哪些方面？
2. 化学发展对社会生活有哪些影响？
3. 绿色化学的实现途径有哪些？

第四章　现代数学、地质学、系统科学简介

第一节　现代数学的发展

一、西方现代数学的发展过程

18、19 世纪之交，数学学科的发展已经达到丰沛茂密的境地，似乎数学的宝藏已经挖掘殆尽，再没有多大的发展余地了。然而，这只是暴风雨前夕的宁静。19 世纪 20 年代，数学革命的潮涌终于来临了，数学开始了一连串本质上的变化，从此数学的发展又迈入了一个新的时期——现代数学时期。

19 世纪前半叶，数学领域出现了两项革命性的发现——非欧几何与不可交换代数。

大约在 1826 年，人们发现了与欧几里得几何——按照古希腊数学家欧几里得的《几何原本》构造的几何学不同的、但也是正确的几何，非欧几何，这是由罗巴契夫斯基首先提出的。非欧几何的出现，改变了人们认为欧氏几何是唯一的几何学的观点，它的革命思想不仅为新几何学开辟了道路，而且是 20 世纪相对论产生的前奏和准备。后来证明，非欧几何所导致的思想解放对现代数学和现代科学有着极为重要的意义，因为人类终于开始突破感官的局限而深入探讨自然的更深刻的本质。从这个意义上说，为确立和发展非欧几何贡献了一生的罗巴契夫斯基不愧为现代科学的先驱者。

在 1843 年，英国数学家哈密顿发现了一种乘法交换律不成立的代数——四元数代数。不可交换代数的出现，改变了人们认为存在与一般的算术代数不同的代数是不可思议的观点，它的革命思想打开了近代代数的大门。

1854 年，黎曼推广了空间的概念，开创了几何学一片更广阔的领域——黎曼几何学。非欧几何学的发现还促进了公理方法的深入探讨，研究可以作为基础的概念和原则，分析公理的完全性、相容性和独立性等问题（图 3-4-1）。

此外，由于对一元方程根式求解条件的探究，人们引进了群的概念。19 世纪 20 到 30 年代，阿贝尔（1802－1829，挪威数学家）和伽罗华（1811—1832，法国数学家）开创了近世代数的研究。近世代数是相对古典代数来说的，古典代数的内

罗巴契夫斯基（1792—1856，俄国伟大的数学家）　　波恩哈德·黎曼（1826—1866，德国数学家、物理学家）

图 3-4-1　西方著名的数学家代表

容是以讨论方程的解法为中心的。群论之后，多种代数系统（环、域、格、布尔代数、线性空间等）被建立。这时，代数学的研究对象扩大为向量、矩阵等，并渐渐转向代数系统结构本身的研究。

上述两大事件和它们引起的发展，被称为几何学的解放和代数学的解放。

19 世纪还发生了第三个有深远意义的数学事件：分析的算术化。1874 年，魏尔斯特拉斯（1815—1897，德国数学家）提出了一个引人注目的例子，要求人们对分析基础做更深刻的理解。他提出了被称为“分析的算术化”的著名设想，实数系本身最先应该严格化，然后分析的所有概念应该由此数系导出。他和后继者们使这个设想基本上得以实现，使今天的全部分析可以从表明实数系特征的一个公设集中推导出来。

现代数学家们的研究，远远超出了把实数系作为分析基础的设想。欧几里得几何通过其分析的解释，也可以放在实数系中。如果欧氏几何是相容的，则几何的多数分支是相容的。实数系（或某部分）可以用来解群代数的众多分支，可使大量的代数相容性依赖于实数系的相容性。事实上，可以说，如果实数系是相容的，则现存的全部数学也是相容的。19 世纪后期，狄德金（1831—1916）、康托尔（1845—1918）和皮亚诺（1858—1932）三位德国数学家的辛勤工作，使得这些数学基础已经建立在更简单、更基础的自然数系之上，即他们证明了实数系（由此导出多种数学）能从确立自然数系的公设集中导出。20 世纪初期，证明了自然数可用集合论概念来定义，因而各种数学能以集合论为基础来讲述。

拓扑学开始是几何学的一个分支，但是直到 20 世纪的第二个四分之一世纪，它才得到了推广。拓扑学可以粗略地定义为对于连续性的数学研究，科学家们认识到：任何事物的集合，不管是点的集合、数的集合、代数实体的集合、函数的集合或非数学对象的集合，都能在某种意义上构成拓扑空间。拓扑学的概念和理论，已经成功地应用于电磁学和物理学的研究。

20 世纪有许多数学著作曾致力于仔细考察数学的逻辑基础和结构，这反过来导致公理学的产生，即对于公设集合及其性质的研究。许多数学概念经受了重大的变革和推广，并且像集合论、近世代数学和拓扑学这样深奥的基础学科也得到广泛发展。一般（或抽象）集合论导致的一些意义深远而困扰人们的悖论，迫切需要得到处理。逻辑本身作为在数学上利用已承认的前提去得出结论的工具，被认真地检查，从而产生了数理逻辑。逻辑与哲学的多种关系，导致数学哲学的各种不同学派的出现。

20世纪40到50年代，世界科学史上发生了三件惊天动地的大事，即原子能的利用、电子计算机的发明和空间技术的兴起。此外还出现了许多新的情况，促使数学领域发生急剧的变化。首先是现代科学技术研究的对象日益超出人类的感官范围以外，向高温、高压、高速、高强度、远距离、自动化发展，这些测量和研究都不能依赖于感官的直接经验，越来越多地要依靠理论计算的指导。其次是科学实验的规模空前扩大，一个大型的实验，要耗费大量的人力和物力，为了减少浪费和避免盲目性，迫切需要精确的理论分析和设计。再次是现代科学技术日益趋向定量化，各个科学技术领域，都需要使用数学工具。数学几乎渗透到所有的科学部门中去，从而形成了许多边缘数学学科，如生物数学、生物统计学、数理生物学、数理语言学等。

上述情况使得数学发展呈现出一些比较明显的特点，可以简单地归纳为三个方面：计算机科学的形成，应用数学出现众多的新分支，纯粹数学有若干重大的突破。

1946年，第一台电子计算机诞生以后，由于电子计算机应用广泛、影响巨大，围绕它很自然要形成一门庞大的科学。粗略地说，计算机科学是对计算机体系、软件和某些特殊应用进行探索和理论研究的一门科学。计算数学可以归入计算机科学之中，但它也可以算是一门应用数学。

计算机的设计与制造的大部分工作，通常是计算机工程或电子工程的事。软件是指解题的程序、程序语言、编制程序的方法等。研究软件需要使用数理逻辑、代数、数理语言学、组合理论、图论、计算方法等很多的数学工具。目前电子计算机的应用已达数千种，还有不断增加的趋势。但只有某些特殊应用才归入计算机科学之中，如机器翻译、人工智能、机器证明、图形识别、图像处理等。

应用数学和纯粹数学（或基础理论）从来就没有严格的界限。大体上说，纯粹数学暂时不考虑在其他知识领域或生产实践上的直接应用，它间接地推动有关学科的发展或者在若干年后才发现其直接应用；而应用数学，可以说是纯粹数学与科学技术之间的桥梁。

20世纪40年代以后，涌现出了大量新的应用数学科目，内容的丰富、应用的广泛、名目的繁多都是史无前例的，如对策论、规划论、排队论、最优化方法、运筹学、信息论、控制论、系统分析、可靠性理论等。这些分支所研究的范围和互相间的关系很难划清，也有的因为用了很多概率统计的工具，又可以看作概率统计的新应用或新分支，还有的可以归入计算机科学之中，等等。

20 世纪 40 年代以后，基础理论也有了飞速的发展，出现许多突破性的工作，解决了一些带根本性质的问题。在这个过程中引入了新的概念、新的方法，推动了整个数学学科的前进。例如，希尔伯特（1862—1943，德国著名数学家）1990 年在国际教学家大会上提出的尚待解决的 23 个问题中，有些问题得到了解决。20 世纪 60 年代以来，还出现了如非标准分析、模糊数学、突变理论等新兴的数学分支。此外，近几十年来经典数学也获得了巨大进展，如概率论、数理统计、解析数论、微分几何、代数几何、微分方程、因数论、泛函分析、数理逻辑等等。

二、中国现代数学的发展

中国古代数学有着光辉灿烂的传统，在漫长的发展过程中，不仅诞生了许多杰出的数学家，也涌现出了一批世界经典数学名著，中国古代数学以其丰富的内容和独特的风格在世界上独占鳌头长达一千多年。

但从明代以后，中国的数学开始落后于西方的数学，几乎陷于停顿，而此时西方数学正值黄金发展时期，诞生了一批伟大的数学家，如笛卡儿、费马、牛顿、莱布尼茨、拉格朗日等。直到鸦片战争的一声炮响，惊醒了天朝大国的酣梦，世人们重新睁眼看世界，大批有识之士开始第二次大规模引进西方先进的数学理论，首先是英人在上海设立墨海书馆，介绍西方数学。第二次鸦片战争后，曾国藩、李鸿章等开展“洋务运动”，也主张介绍和学习西方数学，组织翻译了一批近代数学著作。在这些译著中，创造了许多数学名词和术语。在翻译西方数学著作的同时，中国学者也进行了一些研究，写出一些著作，这期间的代表人物就是为中国数学做出重大贡献的学者李善兰和华蘅芳。

李善兰创立了二次平方根的幂级数展开式，研究各种三角函数，反三角函数和对数函数的幂级数展开式（现称“自然数幂求和公式”），这是李善兰，同时也是 19 世纪中国数学界最重大的成就。

华蘅芳出生于世宦门第，少年时酷爱数学，遍览了当时的各种数学书籍。青年时游学上海，与著名数学家李善兰交往，李氏向他推荐西方的代数学和微积分。1861 年为曾国藩擢用，和同乡好友徐寿一同到安庆的军械所，绘制机械图并造出中国最早的轮船“黄鹄”号。他曾三次被奏保举，受到洋务派器重，一生与洋务运动关系密切，成为这个时期有代表性的科学家之一。

李善兰的《尖锥变法解》《考数根法》，华蘅芳的《决疑数学》等，都是会通中西学术思想的研究成果。由于输入的近代数学需要一个消化吸收的过程，加上清末统治者十分腐败，在太平天国运动的冲击下，在帝国主义列强的掠夺下，国事糜烂人们无暇顾及数学研究。直到 1919 年五四运动以后，中国近代数学的研究才真正开始（图 3-4-2）。

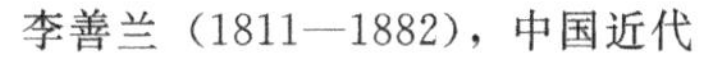

李善兰（1811—1882），中国近代著名的数学家、天文学家、力学家和植物学家

华蘅芳（1833—1902），字若汀，中国清末数学家、科学家、翻译家和教育家

图 3-4-2　中国著名的数学家代表

1912 年前后，海外大量的留学人员回国，随着这批人员的回归，各地大学的数学教育有了起色。1912 年北京大学建立数学系，1920 年天津南开大学创建数学系，1921 年和 1926 年东南大学（今南京大学）和清华大学建立数学系，不久武汉大学、齐鲁大学、浙江大学、中山大学陆续设立了数学系，到 1932 年各地已有 32 所大学设立了数学系或数理系。1930 年，熊庆来（1893—1969，中国现代数学先驱）在清华大学首创数学研究部，开始招收研究生。20 世纪 30 年代出国学习数学的还有江泽涵（1902—1994，数学家，数学教育家）、陈省身（1911—2004，美籍华裔数学大师）、华罗庚（1910—1985，数学家）、苏步青（1902—2003，中国著名的数学家、中国微分几何学派创始人）等人，他们都成为中国现代数学发展的骨干力量。

1935 年，中国数学会成立大会在上海召开，共有 33 名代表出席。1936 年，《中国数学会学报》和《数学杂志》相继问世，这些标志着中国现代数学研究的进一步发展。中华人民共和国成立以前的数学研究集中在纯数学领域，人们在国内外共发表论著 600 余部。在分析学方面，熊庆来的亚纯函数与整函数论研究是其中的代表，另外还有泛函分析、变分法、微分方程与积分方程的成果；在数论与代数方面，华罗庚等人的解析数论、几何数论和代数数论，以及近世代数研究取得令世人瞩目的成果。在几何与拓扑学方面，江泽涵的代数拓扑学，陈省身的纤维丛理论和示性类理论等研究也取得了开创性的成果。

我国于 1949 年 11 月成立中国科学院，1951 年 3 月《中国数学会学报》复刊（1952 年改为《数学学报》），1951 年 10 月《中国数学杂志》复刊（1953 年改为《数学通报》）。1951 年 8 月，中国数学会召开了中华人民共和国国成立后的第一次全国大会，讨论了数学发展方向和各类学校数学教学改革问题。

中华人民共和国成立后，数学研究取得了长足进步。除了在数论、代数、几何、拓扑、函数论、概率论与数理统计、数学史等学科继续取得新成果外，还在微分方程、计算技术、运筹学、数理逻辑与数学基础等分支有所突破，有许多论著达到世界先进水平，同时培养和成长起一大批优秀数学家。

但到20世纪60年代后期，中国的数学研究基本停止，教育瘫痪、人才流失、对外交流中断，后经多方努力状况略有改变。1970年，《数学学报》恢复出版，并创刊《数学的实践与认识》。1973年，陈景润（1933—1996，当代数学家）在《中国科学》上发表《大偶数表示为一个素数及一个不超过二个素数的乘积之和》的论文，在哥德巴赫猜想的研究中取得突出成就。此外，中国数学家在函数论、马尔可夫过程、概率应用、运筹学、优选法等方面也有一定创见。1978年11月，中国数学会召开第三次代表大会，标志着中国数学的复苏。1978年恢复全国数学竞赛，1985年中国开始参加国际数学奥林匹克竞赛。1981年陈景润等数学家获国家自然科学奖励。1983年国家首批授予18名中青年学者以博士学位，其中数学工作者占2/3。1985年庆祝中国数学会成立50周年年会上，确定了中国数学发展的长远目标。1986年中国第一次派代表参加国际数学家大会，加入国际数学联合会，吴文俊（1919—2017，数学家）应邀做了关于中国古代数学史的45分钟演讲。中国近十几年来数学研究硕果累累，发表论文专著的数量成倍增长，质量不断上升。

2002年，中国北京成功举办了第24届国际数学家大会，这一切标志着中国数学发展水平与地位的提高，同时又吹响了新世纪中国数学赶超世界先进水平的进军号角！

第二节　现代地质学的发展

进入20世纪以来，社会和工业的发展，使得石油地质学、水文地质学和工程地质学陆续形成独立的分支学科。在地质学各基础学科稳步发展的同时，由于各分支学科的相互渗透，数学、物理、化学等基础科学与地质学的结合，新技术方法的采用，导致了一系列边缘学科的出现，尤其是航空、航天、计算机、深部钻探等高科技手段技术的应用，使得地质学获得更加有利的发展机遇。

地质学，作为古老的五大自然科学基础学科之一，是一门探讨地球如何演化的自然哲学。是关于地球的物质组成、内部构造、外部特征、各层圈之间的相互作用和演变历史的知识体系。地质学的产生源于人类社会对石油、煤炭、金属、非金属等矿产资源的需求，由地质学所指导的地质矿产资源勘探是人类社会生存与发展的根本源泉。人类在创造自己美好的生活的过程中，逐渐了解赖以生存的地球，后来一些先驱者成为有意识地研究地球的地学者。数千年来，无数地学先辈历尽险阻的考察及卓越的思考，逐渐使大量的关于地球的知识和理论集中起来形成了地质学。

随着社会生产力的发展，人类活动对地球的影响越来越大，地质环境对人类的制约作用也越来越明显。如何合理有效地利用地球资源、维护人类生存的环境，已成为当今世界所共同关注的问题。

现代地质学的发展主要有以下特点。

第一，地质学观察和研究的范围和领域将日益扩大。在空间上，我们不但能通过直接或间接的方法逐步深入了解岩石圈内部，而且对月球、太阳系部分行星及其卫星的某些地质特征，也将有更多了解。陆地深钻技术将超过现有的10000余米水平，洋壳和位于大陆坡底的巨厚沉积层的秘密将进一步被揭示，石油开发的边界会继续扩大。同时，新型自容式潜艇建成后，也将使观察深度约达到6000米，除少数特别深的海沟外，海底的其他主要部分都有可能被人观察到。在时间上，继35亿年以前底栖微生物群的发现，以及其他古生物迹象的证实，将会加深人们对地球（尤其是地壳）的了解。同时与人类社会最接近的一段时间（第四纪）的地质史的研究也将更精细。

第二，地质学研究的精度和深度随着多学科的合作不断加深。数学、物理学、化学、生物学、天文学等其他学科的发展和向地质学的进一步渗透，先进技术在地质工作中的使用，同精细、深入的野外地质工作相结合，会使人们有可能对更多的地质现象和规律做出科学的解释，进行更深入和本质性的研究。

第三，实验与模拟成为地质学研究的重要手段，实验地质学的发展使地质学的研究从以野外观察、描述、归纳为主，发展到归纳与演绎并重的阶段。实验技术的进一步改进，计算机模型的应用，使得一些极端地质条件可以在实验室中获得，如高温高压环境，从而可以模拟更为复杂的多种可变因素的地质作用，并把时间因素也纳入模拟实验之中。

第四，全球构造理论不断得到补充、修正，完善板块构造理论树立了全新的地球观，开创了地质学的新时代。但是，板块构造理论也不是没有缺陷的，以海洋地质为主要证据的板块理论，对大陆构造历史的解释存在局限性。尤其是各大陆的有关不同地质历史时期的新资料将在很大程度上检验和发展板块构造说，进而会产生一些新的理论和学说。

第五，资源与环境是地质学服务社会的重要方面，其中有关矿产资源和新能源的研究，仍处于最重要的地位，因而研究将继续深入。海底含油气地层，以及洋底多金属结核和现代成矿作用等的形成机理研究会有新的进展，从中国以及各大洲的成矿带、成矿区的区域地质发展历史全过程出发，按不同成矿时代分别研究区域成矿的规律性，尤其是不同地质背景下所形成的矿组或跨矿组的成矿系列的发生、发展规律，也将取得新的成就。非金属矿床、放射性矿床、地热资源以及其他矿产的综合利用将显著发展。同时，由于区域成矿研究的需要，将进一步加强区域地质的综合研究，并促进地层学、古生物学、沉积学、构造地质学、地质年代学，以及区域岩浆活动研究、变质地质研究等向新的水平发展。

第六，人类的生存与发展不仅需要资源，更需要良好的环境。人类赖以生存的自然环境是地球长期演化的结果，这种演化的地质过程可能是缓慢的、难以察觉的，也可以是急剧的、灾难性的。人类必须适应自然环境的这种动态平衡过程。然而，更为严峻的是，人类在资源开发、经济发展的过程中，对自然环境愈来愈强的干扰，直接导致了生存环境的恶化。矿产资源与地下水的开采、废弃物质的排放、工业化与城市化形成的人口与建筑的高度集中等，都会产生一系列环境地质问题。加强环境地质调查研究，积极参与人类生存质量的改善与管理，是当前地质学应用新的广阔领域。为保障人类良好的生存环境，解决干旱半干旱地区和沼泽地区的水文地质问题、工程地质问题的研究将不断扩大。环境地质学，包括环境地质调查研究，微量测试技术和环境保护的地质措施等的研究日趋重要。

第七，国际合作成为现代地质学研究的必然趋势。地球是一个整体，区域地质过程是在全球的背景条件下进行的，区域地质作用也对全球环境有所影响。板块构造理论建立起新的全球构造观念，更显示出地质学全球宏观研究的重要性。因此，地质学界以及整个地球科学界，从 20 世纪 70 年代以来，通过国际合作，推动了大量多学科、全球性的调查与研究计划。例如，1968 年到 1983 年执行的“深海钻探计划”及后续的“大洋钻探计划”证实了海底扩张，揭示了海洋的历史、古环境、古气候、古生物的演化，调查了海底火山喷发、沉积作用与海底矿产分布，创立了“古海洋学”（图 3-4-3）。

图 3-4-3　“深海钻探”和“大洋钻探”

1973 年设立的“国际地质对比计划”目的在于通过国际性研究解决有关地质问题，发现潜在的矿物和能源资源，确定世界范围内的岩石地层单位与地质时代之间的关系，促进新技术和研究设备的应用，向发展中国家传播科学知识和研究手段。1994 年其目标调整为更多地着重以科学新发展和新观念来了解控制人类生存条件的事件与作用过程，并更名为“国际地质对比计划——地学为社会服务”。1990 年至 2000 年的“国际减轻自然灾害十年”针对地震、风暴（热旋风、飓风、龙卷风、台风）、海啸、洪水、滑坡、火山、自然大火等灾害开展整体研究，特别强调对自然灾害的预防与人类社会的应变策略。由此可见，国际合作已经成为人类全面认识地球，改善全球环境的必由之路。

总之，地质学必须加强基础研究，如矿物学、岩石学、地层学、古生物学等具有奠基意义的学科的研究，以提高对各种地质体、地质现象及其形成、演化的认识，同时还要充分吸收和利用其他科学技术的新成果，包括社会科学的研究成果，以更全面、本质地认识地球历史和构造，为科学的发展，为人类更合理、有效地开发和利用地球资源，维护生存环境，做出应有的贡献。

一、地球的圈层构造

（一）地球的外部圈层

地球外圈可进一步划分为三个基本圈层，即大气圈、水圈、生物圈（图 3-4-4）。

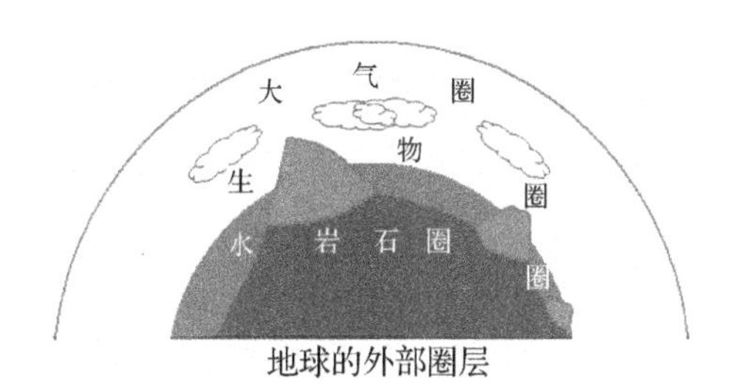

图 3-4-4　地球外部圈层

1. 大气圈

地球大气圈，是地球外圈中最外部的气体圈层，它包围着海洋和陆地。大气圈没有确切的上界，在 2000～16000 千米高空仍有稀薄的气体和基本粒子，基本粒子主要成分中氮占 78%，氧占 21%，其他是二氧化碳、水汽、惰性气体、尘埃等，占 1%。在地下，土壤和某些岩石中也会有少量空气，它们也可认为是大气圈的一个组成部分。

大气圈是地球的重要组成部分，并有重要的作用：大气可以供给地球上生物生活所必需的碳、氢、氧、氮等元素；大气可以保护生物的生长，使其避免受到宇宙射线的危害，防止地球表面温度发生剧烈的变化和水分的散失，如若没有大气圈，地球上将不会存在水分。一切天气的变化，如风、雨、雪、雹等都发生在大气圈中，大气是地质作用的重要因素。大气与人类的生存和发展关系密切，大气容易遭受污染，它的环境的质量直接关系着人类健康。

2. 水圈

水圈是地球外圈中作用最为活跃的一个圈层，也是一个连续不规则的圈层。它与大气圈、生物圈和地球内圈的相互作用，直接关系到影响人类活动的表层系统的演化。水圈也是外动力地质作用的主要介质，是塑造地球表面最重要的角色。它指地壳表层、表面和围绕地球的大气层中存在着的各种形态的水，包括液态、气态和固态的水。

水圈是地球构成有机界的组成部分，对地球的发展和人类生存有很重要的作用：水圈是生命的起源地，没有水也就没有生命。水是多种物质的储藏床，是改造与塑造地球面貌的重要动力。水是最重要的物质资源与能量资源，水资源的多寡和水质的优劣直接关系着经济发展与人类生存。

3. 生物圈

生物圈是指地球上所有生态系统的统合整体，是地球的一个外层圈，其范围大约为海平面上下垂直约 10 千米。它包括地球上有生命存在和由生命过程变化和转变的空气、陆地、岩石圈和水。从地质学的广义角度上来看，生物圈是结合所有生物以及它们之间的关系的全球性的生态系统，包括生物与岩石圈、水圈和空气的相互作用。生物圈是一个封闭且能自我调控的系统。地球是整个宇宙中唯一已知的有生物生存的地方。一般认为生物圈是从 35 亿年前生命起源后演化而来。

（二）地球的内部圈层

地球内圈可进一步划分为三个基本圈层，即地壳（圈）、地幔（圈）、地核（圈）。此外，在上地幔的顶部还存在一个软流层，它是岩浆发育的地方，位于地面以下平均深度约 60～400 千米处，共厚 300 多千米（图 3-4-5）。

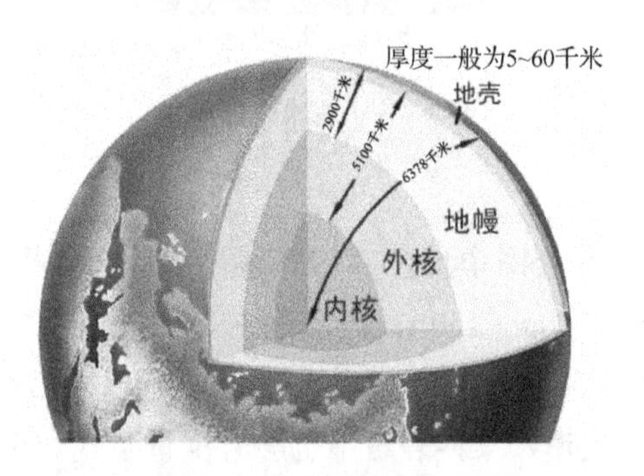

图 3-4-5　地球的内部分层

内部圈层划分的依据是什么？答案就是地震波（图 3-4-6）。

图 3-4-6　地震波

地震时，地球内部物质受到强烈冲击而产生波动，称为地震波。它主要分为纵波和横波。由于地球内部物质不均一，地震波在不同弹性、不同密度的介质中，其传播速度和通过的状况也就不一样。例如，纵波在固体、液体和气体介质中都可以传播，速度也较快；横波只能在固体介质中传播，速度比较慢。地震波在地球深处传播时，如果传播速度突然发生变化，这变化发生的所在面，称为不连续面。根据不连续面的存在，人们间接地知道地球内部具有圈层结构。

（三）内部圈层组成结构

1. 地壳

地壳厚度各处不一，大陆地壳平均厚度约 35 千米，高大山系地区的地壳较厚，欧洲阿尔卑斯山的地壳厚达 65 千米，亚洲青藏高原某些地方超过 70 千米，而北京地壳厚度与大陆地壳平均厚度相当，约 36 千米。大洋地壳很薄，如大西洋南部地壳厚度为 12 千米，北冰洋为 10 千米，有些地方的大洋地壳的厚度只有 5 千米左右，整个地壳平均厚度约 17 千米。一般认为，地壳上层由较轻的硅铝物质组成，叫硅铝层，大洋底部一般缺少硅铝层；下层由较重的硅镁物质组成，称为硅镁层。大洋地壳主要由硅镁层组成。

2. 地幔

地幔介于地壳与地核之间，又称中间层。自地壳以下至 2900 千米深处。地幔一般分上下两层：从地壳最下层到 100～120 千米深处，除硅铝物质外，铁镁成分增加，类似橄榄岩，称为上地幔，又称橄榄岩带；下层为柔性物质，呈非晶质状态，大约是铬的氧化物和铁镍的硫化物，称为下地幔。地震资料说明，大致在 70～150 千米深处，震波传播速度减弱，形成低速带，自此向下直到 150 千米深处的地幔物质呈塑性，可以产生对流，称为软流圈。这样，地幔又可分为上地幔、转变带和下地幔三层。了解地幔结构与物质状态，有助于解释岩浆活动的能量和物质来源，以及地壳变动的内动力。

3. 地核

地球不止一个核心，而是两个，即内核和外核。地幔以下大约 5100 千米处地震横波不能通过的称为外核，人们推测外核物质呈“液态”，但地核不仅温度很高，而且压力很大，因此这种液态应当是高温高压下的特殊物质状态。5100 千米到 6371 千米处是内核，在这里纵波可以转换为横波，物质状态具有刚性，为固态。

地核之所以是实心是因为地心引力在此创造出的压力是地球表面压力的 300 万倍。地核的温度很高，大约可以达到 7204 ℃，比太阳表面温度的高 1093 ℃。地核内的铁流使物质产生巨大的磁场，可以保护地球免受外来射线的干扰，整个地核以铁镍物质为主。

二、板块构造学说

板块构造学说（亦称全球大地构造学说）是法国科学家勒比逊于 1968 年提出

的学说。板块构造学说是在大陆漂移学说和海底扩张学说的理论基础上，又根据大量的海洋地质、地球物理、海底地貌等资料，经过综合分析而提出的学说，因此有人把大陆漂移说、海底扩张说和板块构造说称为全球大地构造理论发展的三部曲。

板块构造学说认为，地球的岩石圈不是整体一块，而是被一些活动的构造带——海岭、岛弧、平移大断层等所割裂的若干板块。

板块的概念系指全球岩石圈板块，厚约 50～150 千米，其下为一塑性软流圈(层)，属上地幔上部，厚约 100～200 千米。全球岩石圈可划分为六大板块，即太平洋板块、亚欧板块、印度洋板块、非洲板块、美洲板块、南极洲板块。

除太平洋板块几乎完全是海洋外，其余板块既包括大块陆地，又包括大片海洋。六大板块又可分成若干小板块，如美洲板块可分为南、北美洲两个小板块，亚欧板块可分出东南亚、阿拉伯半岛、土耳其等小板块，印度洋板块可分出印度板块等。

板块以一定的边界（海岭、岛弧—海沟系、转换断层）来划分，多以洋底张裂带、转换断层、消亡带、地缝合线为分界线。板块运动是一种与地轴斜交的扩张轴的旋转运动，各块板块都有各自的旋转轴，其运动方向就是平行于以旋转轴为中心的小圆。

板块间的作用，洋中脊以水平张力为主，形成正断层；岛弧—海沟系以水平挤压为主，形成逆掩断层、冲断层；转换断层以剪切为主，形成一系列垂直于洋脊的平行断裂。

板块运动的主要驱动力来自地幔物质的对流，对流速率每年为 1～20 厘米，洋中脊是对流的上升处，海底是对流循环的顶部（平流运动），海沟是对流的下降处，洋壳于洋中脊产生，于海沟处消潜，循环范围可达几千千米，有的至今仍在活动，有的已停止循环。有板块内部强度较大，比较稳定，主要活动与变形发生在板块边缘，即板块交界处。

板块碰撞的地方在陆地上往往形成高大的山脉，在海底往往形成深深的海沟；板块分离的地方在陆地上往往形成很深的峡谷（图 3-4-7）。

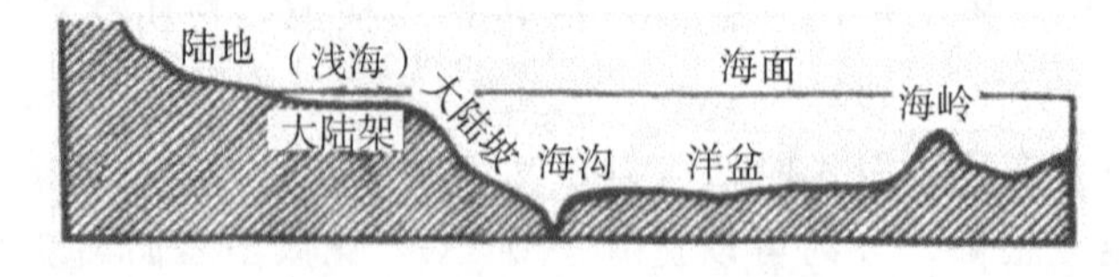

图 3-4-7　海沟、海脊示意图

板块构造学说深刻地解释了世界地震和火山分布、地磁和地势现象、岩浆和造山运动，说明了全球性大洋中脊和裂谷系、大陆漂移、洋壳起源等重大问题，以全球整体的研究观点，开拓了地球科学研究的深广度。但该学说对板块活动具体作用过程和细节的解释还不十分明确，对板块动力的确定还有问题，对板块内部构造与板块俯冲消亡及伴随的岩浆活动研究不足，还不能圆满地解释大陆岩石圈的成因和演化，有待进一步的完善。

三、大陆漂移学说

大陆漂移学说是解释地壳运动、海陆分布及演变的一种学说，于1912年由德国地球物理学家、气象学家魏格纳正式提出。起初，魏格纳看到地球仪和世界地图上，南、北美洲和非洲、欧洲的边缘相吻合的现象设疑，从而进行系统研究。

大陆漂移学说认为，地球上所有大陆在中生代以前曾是一个统一的巨大陆块，称为泛大陆或联合古陆，其余部分称为泛大洋。地壳在最初形成时为很薄的花岗岩质硬壳，均衡地漂浮于玄武岩质基底上。由于地球自转产生的惯性离心力，导致大陆发生从两级向赤道的离极运动。由于日月对地球的引力产生的潮汐作用，导致大陆向西的运动。在2亿年前的中生代初，板块继续缓慢漂移，美洲大陆相对漂得最快，亚洲、澳大利亚大陆漂得最慢。在美洲大陆与欧洲、非洲大陆之间首先形成大西洋，接着澳大利亚大陆与南极洲大陆间形成印度洋。

直到新生代第四纪初期，才形成现代世界上海陆分布的轮廓。世界上的山脉也是大陆漂移的产物，如科迪勒拉山系是美洲大陆向西漂移过程中，受到太平洋玄武岩基底阻挡被挤压褶皱而形成的。亚洲东缘的岛弧群，是陆地向西漂移时留下的残块。喜马拉雅山、阿尔卑斯山等东西向大山脉，是大陆从两极向赤道挤压的结果。

该学说的主要证据是，大西洋两岸的海岸线相互对应，特别是巴西东端的直角突出部分，与非洲西岸呈直角凹进的几内亚湾非常吻合；大西洋两岸的美洲和非洲、欧洲在地层、岩石、构造上非常对应，古生物群具有亲缘关系，表明当时这些大陆曾相连接。

现代科学的发展、精确的大地测量数据证实，目前大陆仍在缓慢地保持水平运动。古地磁的资料也表明，许多大陆板块现在所处的位置并不代表它初始的位置，而是有一定位移的。但最初的大陆漂移说不能解释泛大陆分裂的古生代褶皱带，不能解释升降运动。如果大陆比基底坚硬，大陆就不会挤压成褶皱，而是基底挤压成褶皱。如果大陆的基底软，则大陆根本不漂流，根据地震波传播速度资料，长时期内这一学说没有被人们接受。

20世纪60年代以来，板块构造学说的兴起为这一学说提供了新的解释。

未来，地质学能观察和研究的范围和领域将日益扩大。在空间上，我们不但能通过直接或间接的方法逐步深入了解岩石圈内部，而且对月球、太阳系部分行星及其卫星的某些地质特征，也将有更多地了解。

数学、物理学、化学、生物学、天文学等其他学科的发展和向地质学的进一步渗透，先进技术在地质工作中的使用，同精细、深入的野外地质工作相结合，会使人们有可能对更多的地质现象和规律做出科学的解释，进行更深入和本质性的研究。

第三节　现代系统科学的发展

20世纪40年代，在科学领域中出现了一组综合性学科，即系统论、信息论和控制论（简称为“三论”）。它们借助不同的方法，从不同的角度提示了客观事物的本质联系和运动规律，为现代科技的发展提供了新的理论和方法。“三论”产生以来，它们一起揭示出系统的一般模式、原则和规律的理论。它们的自身得到迅速发展，已经成功地运用于自然科学诸领域，并渗透到社会科学和社会实践的各个方面。

一、系统论与系统工程

（一）系统论

系统论是研究各种系统的共同特点和本质的综合性科学。系统论采用逻辑和数学的方法综合考察整体和它的各个部分的属性、功能，并在变动中调节整体和部分的关系，选取各个部分的最佳结合方式，借以达到整体上的最佳目标，如最佳的经济效果、最佳的工作效率等。

系统工程就是应用系统论方法解决现代组织管理问题的科学，它对各种复杂的系统进行规划、设计、制造、控制和管理，研究和选取最佳方案。例如，经济系统工程研究现代企业的最佳管理方法问题，教育系统工程研究教育系统的最佳管理体制问题。系统论和系统工程是适应现代化组织管理需要、为处理各种日益错综复杂的系统而出现的，电子计算机等新技术的发明和应用也为研究复杂系统提供了条件。

总体说来，系统论是建立在现代科学技术基础上的综合性的理论和方法，是一门跨学科的横断科学，它提供的综合性的理论和方法，并不是一般的世界观和方法论。它不属于哲学体系，但是它为马克思主义哲学思想体系提供了一种新的思想体系，极大地丰富了统一整体这一哲学范畴。

1. 系统论的基本原理

系统论为人类的思维开拓新路，使人类的思维方式发生了深刻的变化，为人类在研究处理复杂问题时提供了有力武器。

系统论的核心思想是系统的整体观念。任何系统都是一个有机的整体，它不是各个部分的机械组合或简单相加，系统的整体功能是各要素在孤立状态下所没有的性质。系统的整体性认为，系统中各要素不是孤立地存在着，每个要素在系统中都处于一定的位置上，起着特定的作用。要素之间相互关联，构成了一个不可分割的整体。世界上任何事物都可以看作一个系统，系统是普遍存在的。大至渺茫的宇宙，小至微观的原子，一个工厂、一个团体、一个国家等都是系统，整个世界就是系统的集合，人们研究系统的目的在于调整系统结构，协调各要素关系，使系统达到优化目标。

2. 系统论的发展趋势与方向

当前系统论发展的趋势和方向是朝着统一各种各样的系统理论，建立统一的系统科学体系的目标前进着。系统理论目前已经显现出几个值得注意的趋势和特点。

第一，系统论有与控制论、信息论、运筹学、系统工程、电子计算机、现代通信技术等新兴学科相互渗透、紧密结合的趋势。

第二，系统论、控制论、信息论，正朝着“三归一”的方向发展，现已明确系统论是其他两论的基础。

第三，耗散结构论、协同学、突变论、模糊系统理论等新的科学理论，从各方面丰富发展了系统论的内容，有必要概括出一门系统学科来作为系统科学的基础科学理论。

第四，系统科学的哲学和方法论问题日益引起人们的重视。在系统科学的这些发展形势下，国内外许多学者致力于综合各种系统理论的研究，探索建立统一的系统科学体系的途径。

（二）系统工程

系统工程是以研究大规模复杂系统为对象的一门交叉学科。它是把自然科学和社会科学的某些思想、理论、方法、策略和手段等根据总体协调的需要，有机地联系起来，把人们的生产、科研或经济活动有效地组织起来，应用定量分析和定性分析相结合的方法及电子计算机等技术工具，对系统的构成要素、组织结构、信息交换和反馈控制等功能进行分析、设计、制造和服务，从而达到最优设计、最优控制和最优管理的目的，以便最充分地发挥人力、物力的潜力，通过各种组织管理技术，使局部和整体之间的关系协调配合，以实现系统的综合最优化。

系统工程在自然科学与社会科学之间架设了一座沟通的桥梁。现代数学方法和计算机技术，通过系统工程，为社会科学研究增加了极为有用的定量方法、模型方法、模拟实验方法和优化方法。系统工程为从事自然科学的工程技术人员和从事社会科学的研究人员的相互合作开辟了广阔的道路。

1. 系统工程思想方法

用定量和定性相结合的系统思想和方法处理大型复杂系统的问题，无论是系统的设计或组织建立，还是系统的经营管理，都可以统一地看作一类工程实践，统称为系统工程。系统工程是一门高度综合性的管理工程技术，涉及自然科学与社会科学的多门学科。构成系统工程的基本要素是人、物、财、目标、机器设备、信息等六大因素。各个因素之间是互相联系、互相制约的关系。系统工程大体上可分为系统开发、系统制造和系统运用三个阶段，每个阶段又可划分为若干个阶段或步骤。系统工程的基本方法是，系统分析、系统设计和系统的综合评价。具体地说，就是用数学模型和逻辑模型来描述系统，通过模拟反映系统的运行、求得系统的最优组合方案和最优的运行方案。系统工程思想已广泛地应用于交通运输、通信、企业生产经营等部门，它的基本特点是，把研究对象作为整体看待，要求对任意对象的研究都必须从它的组成、结构、功能、相互联系方式、历史的发展和外部环境等方面进行综合考察，做到分析与综合的统一。

2. 系统工程的应用

系统工程的应用十分广泛，主要表现在以下几方面。

工程系统：研究大型工程项目的规划、设计、制造和运行。

社会系统：研究整个国家和社会系统的运行、管理问题。

经济系统：研究宏观经济发展战略、经济目标体系、宏观经济政策，投入产出分析等。

农业系统：研究农业发展战略、农业结构、农业综合规划等。

企业系统：研究工业结构、市场预测、新产品开发、生产管理系统、全面质量管理系统等。

科学技术管理系统：研究科学技术发展战略、预测、规划和评价等。

军事系统：研究国防总体战略、作战模拟、情报通信指挥系统、参谋指挥系统和后勤保障系统等。

环境生态系统：研究环境系统和生态系统的规划、建设、治理等。

人才开发系统：研究人才需求预测、人才结构分布、教育规划、智力投资等。

运输系统：研究铁路、公路、航运、空运等的运输规划、调度系统、运输效益分析、城市交通网络优化模型等。

能源系统：研究能源合理利用结构、能源需求预测、能源发展战略等。

区域规划系统：研究区域人口、经济协调发展规划、区域资源最优利用、区域经济结构等。

二、信息论和信息论的崛起

信息论的创始人是美国贝尔电话实验室数学家香农（1916—2001，美国数学家、信息论的创始人），他为解决通信技术中的信息编码问题，把发射信息和接收信息作为一个整体的通信过程来研究，提出通信系统的一般模型；同时建立了信息量的统计公式，奠定了信息论的理论基础。1948 年香农发表《通信的数学理论》一文，成为信息论诞生的标志。

图 3-4-8　克劳德·艾尔伍德·香农

信息论，顾名思义是一门研究信息的处理和传输的科学，即用概率论与数理统计方法来探究信息的度量、传递和变换规律的一门学科。它主要是研究通信和控制系统中普遍存在着信息传递的共同规律，以及研究最佳解决信息的获限、度量、变换、储存和传递等问题的基础理论。信息论将信息的传递作为一种统计现象来考虑，给出了估算通信信道容量的方法，信息传输和信息压缩是信息论研究中的两大领域，这两个方面又由信息传输理论、信源一信道隔离定理相互联系。信息是系统传输和处理的对象，它载荷于语言、文字、图像、数据等之中，这就是现代信息论的出发点。

到 20 世纪 70 年代，由于数字计算机的广泛应用，通信系统的能力也有很大提高，如何更有效地利用和处理信息，日益成为需要人们迫切解决的问题。人们越来越认识到信息的重要性，认识到信息可以作为与材料和能源一样的资源而加以充分利用和共享。信息的概念和方法已广泛渗透到各个科学领域，它迫切要求突破香农信息论的狭隘范围，以便使它能成为人类各种活动中所碰到的信息问题的基础理论，从而推动其他许多新兴学科进一步发展。

我国数学家和信息科学专家在 20 世纪 50 年代将信息论引进中国，经过六十余年的不懈努力，尤其从 20 世纪 80 年代中期以来，一批华裔信息论专家在国际学术界崛起，以周炯槃（1921—2011，通信技术专家）院士为代表，为信息论的发展做出了自己的贡献。

三、控制论和控制工程

（一）控制论的概念

控制论是研究生命体、机器和组织的内部或彼此之间的控制和通信的科学。控制论的建立是 20 世纪最伟大的科学成就之一，现代社会的许多新概念和新技术往往与控制论有着密切的联系。

控制论的奠基人美国数学家诺伯特·维纳（1894—1964，美国应用数学家，控制论的创始人），他于 1948 年为控制论下了定义：“研究动物和机器中控制和通信的科学。”20 世纪 70 年代以来，电子数字计算机得到广泛的应用，控制论的应用范围逐渐扩大到社会经济系统，控制论的定义也因之扩展。苏联和东欧各国学者认为控制论是研究系统中共同的控制规律的科学，把控制论的定义又做了进一步的扩展。

英文“Cybernetics”(控制论)一词来源于希腊文,原意为“掌舵人”,转意是“管理人的艺术”。1947 年,维纳选用“Cybernetics”这个词来命名这门新兴的边缘科学有两个用意:一方面想借此纪念麦克斯韦 1868 年发表《论调速器》一文,因为“Governor”(调速器)一词是从希腊文“掌舵人”一词讹传而来的;另一方面船舶上的操舵机的确是早期反馈机构的一种通用的形式。

(二)控制论的核心问题

控制论的核心问题是信息,包括信息提取、信息传播、信息处理、信息存储和信息利用等一般问题。控制论与信息论的主要区别是,控制论是在理论上用较抽象的方式来研究一切控制系统(包括生命系统、工程系统、经济系统和社会系统)的信息传输和信息处理的特点和规律,研究用不同的控制方式达到不同的控制目的,不考虑具体信号的传输和处理问题;而信息论研究信息的测度,并在此基础上研究与实际系统中信息的有效传输和有效处理有关的问题(如编码、译码、滤波、信道容量和传输速率等)。

通信和控制之间存在着不可分割的关系。人控制机器或者计算机控制机器,都是一种双向信息流的过程。研究动物和机器中的控制和通信的关系,是控制论的基本出发点。

(三)控制工程

20 世纪 50 年代,运用控制论基本理论和方法建立起来的主要分支学科是生物控制论和工程控制论。我国载人航天奠基人、中国科学院及中国工程院院士、中国“两弹一星”功勋奖章获得者,被誉为“中国航天之父”的钱学森院士在 20 世纪 50 年代初创建了工程控制论,他的《工程控制论》是工程控制论的奠基性著作。工程控制论推动了电子计算机技术、核能技术、航天技术和光学技术的发展,在中国为“两弹一星”的研究和发展做出了贡献。他主张一般系统论,他指出,系统是相互作用和相互联系的若干组成部分结合而成的具有特定功能的整体(图 3-4-9)。

图 3-4-9 《工程控制论》

思考题

1. 简述欧几里得、李善兰、华罗庚在近代数学领域做出的贡献。
2. 简述板块构造学说的要点。
3. 系统论、控制论与信息论作为一种学科有何特点？

第五章　计算机科学

计算机科学是系统性研究信息与计算的理论基础，以及它们在计算机系统中如何实现与应用的学科。“计算机”在此泛称一切利用程序而执行计算的系统，这里的程序可以是随意进行改动的软件，也可以是已经固化而不能随意改动的固件或硬件。随着时代的进步，计算机科学的范畴也越来越广，包含了软硬件工程、计算机网络、物联网、信息与网络安全、大数据等相关领域。

第一节　计算机的发展历史

计算的历史十分悠久，可以追溯到原始人用手指计算、石头计算或结绳计算。当文化越来越复杂、社会越来越进步时，计算工具也在相应变化，现代计算机的出现就源于这种需求。计算机无疑是人类历史上的最伟大的发明之一。如果说，蒸汽机的发明导致了工业革命，使人类社会进入了工业社会；计算机的发明则导致了信息革命，使人类社会进入了信息社会。

一、计算机的发展历史

在计算机问世之前，由于计算的需求，出现了一些计算工具，如石头、算盘、计算尺和计算器。从 17 世纪到 19 世纪长达两百多年的时间里，一批杰出的科学家相继进行了“机械计算机”的研究，这些机器虽然结构简单、性能不够好，甚至不能称为严格意义上的“计算机”，但其工作原理与现代计算机极为相似，为现代计算机的产生奠定了基础。

1642 年，法国数学家帕斯卡采用与钟表类似的齿轮传动装置，制成了最早的帕斯卡机械计算机，它是一个十进制加法器，称为“Pascaline”，可以对数字做加减法运算。1672 年，德国数学家莱布尼茨制成的计算机，进一步解决了十进制数的乘除运算，可进行四则运算和开方。

1823 年，英国数学家巴贝奇设计了一台自动的机械计算器，称为“差分引擎”（Difference Engine）。1833 年，巴贝奇又开始设计可编程的自动机械数字计算机，称“分析引擎”（Analytical Engine），他设想一种程序控制的通用分析机，这台分析机虽然已经描绘出有关程序控制方式计算机的雏形，但限于当时的技术条件而未能实现。

1890 年，美国人口调查局的统计专家霍列瑞斯发明的卡片穿孔制表机，首次用于全美的人口普查。1896 年，霍列瑞斯创办了制表机器公司（Tabulating Machine Company），该公司后来成了最初组建国际商用机器公司（International Business Machines，简称 IBM）的三家公司之一。

在巴贝奇的设想提出以后的一百多年，电磁学、电工学、电子学不断取得重大进展，在元件、器件方面接连发明了真空二极管和真空三极管，在系统技术方面相继发明了无线电报、电视和雷达……所有这些成就为现代计算机的发展准备了技术和物质条件。与此同时，数学、物理也相应地蓬勃发展。到了 20 世纪 30 年代，物理学的各个领域经历着定量化的阶段，描述各种物理过程的数学方程，其中有的用经典的分析方法已很难解决。于是，数值分析受到了重视，人们研究出各种数值积分、数值微分，以及微分方程数值解法，把计算过程归结为巨量的基本运算，从而奠定了现代计算机的数值算法基础。

英国数学家、被称为计算机科学之父的图灵在 1936 年发表的论文中，提出了一种计算机抽象模型，利用这种计算机可用一些简单的机械动作实现推理，这种计算机也称“图灵机”。德国科学家康拉德·楚泽在 1941 年制成的全自动继电器计算机 Z—3，已具备浮点记数、二进制运算、数字存储地址的指令形式等现代计算机的特征。1943 年，图灵设计了“Colossus”（巨人计算机），主要用于第二次世界大战破译德国的密码。美国 1940 年到 1947 年也相继制成了继电器计算机 MARK-1、MARK-2、Model-1、Model-5 等。不过，继电器的开关速度大约为百分之一秒，使计算机的运算速度受到很大限制。

世界上第一台电子计算机的诞生有两种说法，一说认为是阿塔纳索夫一贝瑞计算机（Atanasoff-Berry Computer，简称 ABC），由爱荷华州立大学在 1937 年至 1941 年开发；另一说认为是埃尼阿克电子数值积分计算机（The Electronic Numerical Integrator and Computer，简称 ENIAC），于 1946 年 2 月 15 日在美国宾夕法尼亚大学投入运行，它使用了 17468 个真空电子管，耗电 150 千瓦，占地 170 平方米，重达 30 吨，通过卡片、指示灯、开关、插孔实现输入与输出，每秒钟可进行 5000 次加法运算，运算速度比继电器计算机快 1000 倍。

ENIAC 奠定了电子计算机的发展基础，被称为人类第三次产业革命开始的标志。ENIAC 诞生后，美籍匈牙利数学家冯·诺依曼提出了重大的改进理论，主要有两点：其一是电子计算机应该以二进制为运算基础，其二是电子计算机应采用“存储程序”方式工作，并且进一步明确指出了整个计算机的结构应由五个部分组成：运算器、控制器、存储器、输入装置和输出装置。冯·诺依曼的这些理论的提出，解决了计算机的运算自动化的问题和速度配合问题，对后来计算机的发展起到了决定性的作用。直至今天，绝大部分的计算机还是采用冯·诺依曼原理工作。

1950 年，第一台基于冯·诺依曼思想的存储程序计算机 EDVAC（Electronic Discrete Variable Automatic Computer）诞生。1951 年，由莫奇利与埃克特设计制造的第一台商业计算机 UNIVAC（Universal Automatic Computer）问世。至此，电子计算机发展的萌芽时期结束，开始了现代计算机的发展时期。

二、现代计算机

第一台电子计算机诞生后短短的几十年间，计算机的发展突飞猛进。经历了电子管（从 ENIAC 诞生到 20 世纪 50 年代后期），晶体管（20 世纪 50 年代中期到 60 年代中期），中、小规模集成电路（20 世纪 60 年代中期到 70 年代前期）和大规模（20 世纪 70 年代初到 80 年代初）、超大规模集成电路（20 世纪 80 年代以后）四个阶段。每个阶段的更新都使计算机的体积和耗电量大大减小，功能大大增强，应用领域进一步拓宽，特别是体积小、价格低、功能强的微型计算机的出现，使得计算机迅速普及，进入了办公室和家庭，在办公室自动化和多媒体应用方面发挥了很大的作用。

1964 年，国际商用机器公司耗资 50 亿美元历时 5 年研制的 IBM S/360 计算机问世。它的元件采用晶体管和集成电路混合。IBM S/360 的贡献在于通用化、标准化、系列化，它可用于科学计算、商业数据处理，内部硬件和其他设置可适应多方面的应用，同一程序可在机器语言一级上在不同的计算机上执行。IBM S/360 有大、中、小三大类六个型号，从 IBM S/360 开始有了计算机兼容的概念。

美国微型仪器和遥感系统公司 1972 年推出的 MITS-816，是世界上第一台供个人使用的数字微型计算机。1977 年，苹果公司推出的“苹果 II 型”，是世界上第一台有具彩色图形界面的个人计算机。1981 年，IBM 推出的IBM 5150 是世界上首部开放性架构的个人计算机。

目前，计算机的应用已扩展到社会的各个领域。电子计算机的发展趋势可以概括为以下四个方面。

1. 巨型化

天文、军事、仿真等领域需要进行大量的计算，要求计算机有更高的运算速度、更大的存储量，这就需要研制功能更强的巨型计算机。

2. 微型化

专用微型机已经大量应用于仪器、仪表和家用电器中。通用微型机大量进入办公室和家庭，便携式微型机（笔记本）和掌上型微型机也已经普遍应用在工作和生活中。

对于计算机的微型化而言，最具革命性的应用在于移动电话的扩展性能。几年之前还只能用于通话的手机已经演进为小型的手持通用计算机，即智能手机（Smart Phone），通话仅是其众多应用之一。智能手机配备有大量传感器和接口，包括照相机、话筒、指南针、触摸屏、加速计（用以检测手机的方向和动作），以及一系列无线技术。很多人认为智能手机对于社会的影响将大于个人计算机。

3. 网络化

将地理位置分散的计算机通过专用的电缆或通信线路（有线或无线）互相连接，就组成了计算机网络。网络可以使分散的各种资源得到共享，使计算机的实际效用提高了很多。互联网就是一个通过通信线路连接、覆盖全球的计算机网络。通过互联网，人们足不出户就可获取大量的信息，实现快捷通信，进行网上交易，等等。

4. 智能化

目前的计算机已能够部分地代替人的脑力劳动，因此也常称其为“电脑”。但是人们希望计算机具有更多的类似人的智能，如能听懂人类的语言，能识别图形，会自行学习等，这就需要进一步进行研究。

近年来，通过进一步的深入研究，发现由于电子电路的局限性，理论上电子计算机的发展也有一定的局限，因此人们正在研制不使用集成电路的计算机，如生物计算机、光子计算机、超导计算机等。

三、计算机的分类

根据体积大小、计算速度、处理能力、价格等特性可将计算机分为巨型计算机（Supercomputer）、大型计算机（Mainframe computer）、小型计算机（Minicomputer）、微型计算机（Microcomputer）。

巨型计算机是最快速的、最昂贵的计算机，每秒能处理一万亿多条指令，它的典型应用包括世界范围的天气预报、核爆炸的仿真等。大型计算机，一般用来为商业或政府机构提供中心存储处理或大量数据的管理。中等规模、较便宜、功耗小的小型计算机，主要为小型商业提供适当的计算能力。微型计算机又称个人计算机或 PC，它包括桌面电脑（也称台式机）、笔记本电脑、平板电脑以及掌上电脑等，我们所使用的智能手机就是在掌上电脑的基础上加上了手机功能。

第二节　计算机科学基础理论

一、计算机的组成与工作原理

（一）计算机系统的组成

任何能够按照所存储的程序自动、连续地处理数据的智能电子设备，都叫计算机。一个完整的计算机系统包含两大部分，即硬件系统和软件系统。

硬件是构成计算机系统的设备实体，有中央处理器（CPU）、存储器、输入输出设备等。中央处理器是对信息进行高速运算处理的主要部件，其处理速度可达每秒几亿次以上。存储器用于存储程序、数据和文件，常由主存储器（内存）和辅助存储器（外存）组成。各种输入输出外部设备是人机间的信息转换器，由输入一输出控制系统管理外部设备与主机之间的信息交换。

软件系统指各类程序和文件，它包含系统软件和应用软件。计算机系统的基本组成如图 3-5-1 所示。

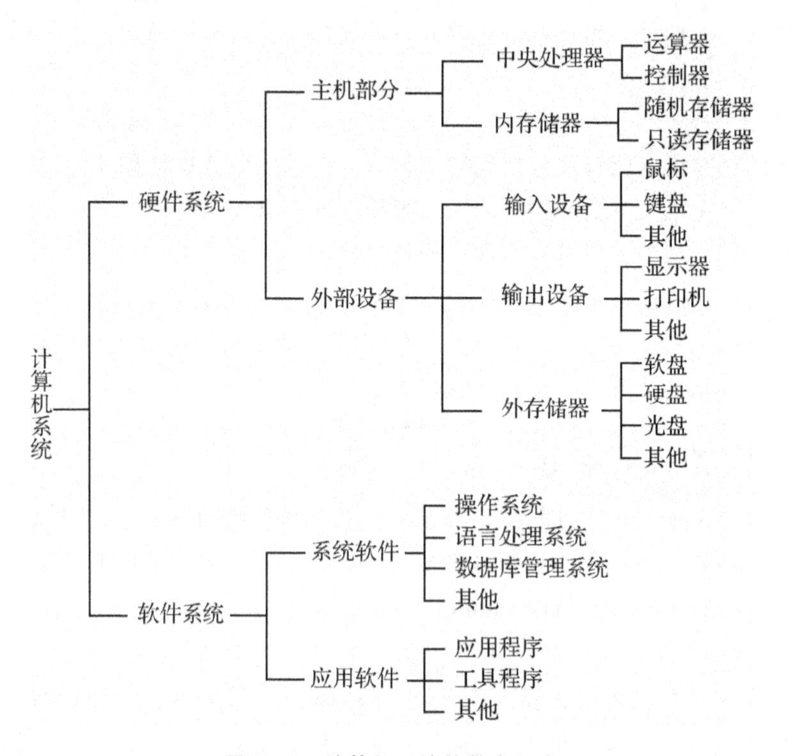

图 3-5-1 计算机系统的基本组成

（二）计算机的工作原理

计算机的基本原理是存储程序和程序控制，主要基于冯·诺依曼原理。指挥计算机如何进行操作的指令序列（称为程序）和原始数据需要预先通过输入设备输入计算机的内存储器中。每一条指令中明确规定了计算机从哪个地址读取数据，进行什么操作，然后送到什么地址去等步骤。

计算机在运行时，先从内存中取出第一条指令，通过控制器的译码，按指令的要求，从存储器中取出数据进行指定的运算和逻辑操作等加工，然后再按地址把结果送到内存中去。接下来，再取出第二条指令，在控制器的指挥下完成规定操作。依次进行下去，直至遇到停止指令。

二、操作系统

操作系统（Operating System，简称 OS）是直接管理和控制计算机硬件与软件资源的最基本的软件程序，并为用户的使用提供便利的人机交互环境。

操作系统是用户和计算机硬件之间的桥梁，同时也是计算机硬件和其他软件的接口。操作系统的功能包括管理计算机系统的硬件、软件及数据资源，控制程序运行，提供人机交互界面，为其他应用软件提供必要的服务和相应的接口，让计算机系统的所有资源发挥作用等。

（一）操作系统的组成部分

操作系统一般分为四大部分。

驱动程序：最底层的、直接控制和监视各类硬件的部分，它们的职责是隐藏硬件的具体细节，并向其他部分提供一个抽象的、通用的接口。

内核：操作系统内核部分，通常运行在最高特权级，负责提供基础性、结构性的功能。

接口库：是一系列特殊的程序库，它们职责在于把系统所提供的基本服务包装成应用程序所能够使用的编程接口，是最靠近应用程序的部分。

外围：是指操作系统中除以上三类以外的所有其他部分，通常是用于提供特定高级服务的部件。

当然，并不是所有的操作系统都严格包括这四大部分。例如，在早期的微软视窗操作系统中，各部分耦合程度很深，难以区分彼此。而在一些使用外核结构的操作系统中，则根本没有驱动程序的概念。

（二）操作系统的功能

操作系统的主要功能是资源管理、程序控制和人机交互等。计算机系统的资源可分为设备资源和信息资源两大类。设备资源指的是组成计算机的硬件设备，如中央处理器、主存储器、磁盘存储器、打印机、磁带存储器、显示器、键盘输入设备和鼠标等。信息资源指的是存放于计算机内的各种数据，如文件、程序库、知识库、系统软件和应用软件等。

操作系统位于底层硬件与用户之间，是两者沟通的桥梁。用户可以通过操作系统的用户界面，输入命令。操作系统则对命令进行解释，驱动硬件设备，实现用户要求。一个标准个人电脑的操作系统应该提供以下的功能：进程管理（Processing management）、内存管理（Memory management）、文件系统（File system）、网络通信（Networking）、安全机制（Security）、用户界面（User interface）、驱动程序（Device drivers）。

1. 操作系统的进程管理

当中央处理器的使用权被操作系统分配给某个程序，通常把这个正准备进入内存的程序称为作业，当这个作业进入内存后就被称为进程。进程是程序在执行过程分配和管理资源的基本单位。进程是一个动态地执行某一段程序的过程实体，在执行完成之后终止，进程可以并行处理。

早期计算机，每个中央处理器最多只能同时执行一个进程。现代的操作系统，即使只拥有一个 CPU，也可以利用多进程功能同时执行多个进程。

进程通常有三种状态，即就绪状态、运行状态、阻塞状态，并按照一定条件而相互转化。

2. 操作系统的内存管理

内存管理指程序运行时对计算机内存资源的分配和使用的技术。其最主要的目的是如何高效快速地分配，并且在适当的时候释放和回收内存资源。

3. 操作系统的文件系统

文件系统是操作系统用于明确存储设备或分区上的文件和在存储设备上组织文件的方法。操作系统中负责管理和存储文件信息的软件机构称为文件管理系统，简称文件系统。

文件系统的功能包括：管理和调度文件的存储空间，提供文件的逻辑结构、物理结构和存储方法；实现文件从标识到实际地址的映射，实现文件的控制操作和存取操作，实现文件信息的共享并提供可靠的文件保密和保护措施。

常用的文件系统包括 FAT、FAT32、NTFS、Ext、HFS＋等。

4. 操作系统的用户界面

用户界面是计算机系统与用户进行交互和信息交换的媒介，介于使用者和计算机硬件之间，使得用户能够方便有效地使用硬件去完成工作。

早期计算机系统使用命令形界面，现代计算机系统大多使用图形界面，也有部分设备实现虚拟实境界面。将来的人际交互界面将会向更加方便快捷、更加智能的方向发展。

5. 操作系统的驱动程序

驱动程序的功能是驱动硬件，使硬件能够正常实现其功能。在操作系统中，驱动程序提供了使用硬件的接口，应用程序通过接口来间接使用硬件资源。

操作系统负责对各项硬件资源的协调和管理，它对各个驱动程序所提供的接口统一抽象，形成简单一致的接口（应用程序编程接口，Application Programming Interface，简称 API）提供给应用程序使用。这样，应用程序只要使用 API，就能有序驱动硬件实现其功能。

对于操作系统的网络通信功能和安全机制介绍详见本章第三节。

（三）操作系统的分类

操作系统的种类相当多，下面介绍部分典型的操作系统。

1. 批处理操作系统

批处理操作系统（Batch Processing Operating System）即是许多用户的作业组成一批，输入计算机中，在系统中形成一个自动转接的连续的作业流，自动、依次执行每个作业。最后返回结果。批处理操作系统的特点是多道和成批处理。

2. 分时操作系统

分时操作系统（Time Sharing Operating System，简称 TSOS）将 CPU 的时

间划分成若干个片段，称为时间片。操作系统以时间片为单位，轮流为每个终端用户服务。每个用户轮流使用一个时间片而使每个用户感受不到其他用户的存在。分时系统具有多路性、交互性、“独占”性和及时性的特征。

常见的通用操作系统是分时系统与批处理系统的结合。

3. 实时操作系统

实时操作系统（Real Time Operating System，简称 RTOS）是指计算机能及时响应外部事件的请求，在规定的严格时间内完成对该事件的处理，并控制所有实时设备和实时任务协调一致地工作的操作系统。主要特点是实时性和有较强的容错能力。

4. 网络操作系统

网络操作系统（Network Operating System，简称 NOS）是通常运行在服务器上，基于计算机网络的操作系统。其目标是相互通信及资源共享。其主要特点是与网络的硬件相结合来完成网络的通信任务。流行的网络操作系统有 Linux、UNIX、BSD、Windows Server、Mac OS X Server 等。

5. 分布式操作系统

分布式操作系统（Distributed Software Systems）是为分布计算系统配置的操作系统。大量的计算机通过网络被联结在一起，可以获得极高的运算能力及广泛的数据共享。这种系统被称作分布式系统（Distributed System）。由于分布计算机系统的资源分布于系统中的不同计算机上，操作系统对用户的资源需求不能像一般的操作系统那样等待有资源时直接分配，而是要在系统的各台计算机上搜索，找到所需资源后才可进行分配。

分布式操作系统是网络操作系统的更高形式，它保持了网络操作系统的全部功能，而且还具有透明性、可靠性和高性能等特点。网络操作系统和分布式操作系统虽然都用于管理分布在不同地理位置的计算机，但最大的差别是：网络操作系统的计算机主机确切地址是可见的，而分布式系统则没有确切的计算机主机地址。分布式操作系统负责整个系统的资源分配，对用户隐藏了系统内部的实现细节。

6. 嵌入式操作系统

嵌入式操作系统（Embedded Operating System）是使用在嵌入式系统中的操作系统。在许多最简单的嵌入式系统中，所谓的操作系统就是指其上唯一的应用程序。

7. 桌面操作系统

桌面操作系统主要用于个人计算机上。常用的桌面操作系统有 Mac OS X、Windows 操作系统等。

8. 服务器操作系统

服务器操作系统一般指的是安装在大型计算机上的操作系统，如 Web 服务器、应用服务器和数据库服务器等。服务器操作系统可以分为三大类，即 Unix 系列、Linux 系列和 Windows 系列。

（四）典型的操作系统

1. UNIX

UNIX 是一个强大的多用户、多任务操作系统，支持多种处理器架构，按照操作系统的分类，属于分时操作系统。UNIX 最早由肯·汤普森和丹尼斯·里奇于 1969 年在美国 AT&T 的贝尔实验室开发。

2. Linux

Linux 最初是由芬兰赫尔辛基大学计算机系学生林纳斯·托瓦兹基于 UNIX 的基础上开发的一个操作系统内核，Linux 的设计是为了在 Intel 处理器上实现更有效的运用。在理查德·斯托曼的建议下以 GNU 通用公共许可证发布。它的最大的特点在于是一个源代码公开的自由及开放的操作系统，其内核源代码可以自由传播。

3. Windows

Windows 是由微软公司开发的操作系统。Windows 是一个多任务操作系统，采用图形窗口界面，用户对计算机的各种复杂操作只需通过简单点击鼠标就可以实现。产品线丰富，从个人计算机操作系统到企业级服务器操作系统均有相对应的版本。

4. Mac OS

Mac OS 是一套运行于苹果 Macintosh 系列电脑上的操作系统。Mac OS 是首个在商用领域取得成功的图形用户界面。它是基于 UNIX 系统开发而成。

5. iOS

iOS 操作系统是由苹果公司开发的手持设备操作系统。iOS 与苹果的 Mac OS X 操作系统一样，属于类 UNIX 的商业操作系统。运行于 iPhone、iPod touch、iPad 及 Apple TV 等苹果公司产品上。

6. Android

Android 是一种基于 Linux 的开放源代码操作系统，主要使用于便携设备。Android 操作系统最初由安迪·罗宾开发，2005 年由 Google 收购注资，并组建开放手机联盟开发改良，逐渐扩展到平板电脑及其他领域上。

7. Chrome OS

Chrome OS 是由谷歌开发的一款基于 Linux 系统，与互联网紧密结合的轻量级操作系统，工作时运行 Web 应用程序。

三、程序语言

如果把计算机比作人的话，程序就是血液，没有程序计算机将无法进行工作。计算机的程序都是通过计算机程序语言来实现的。

（一）什么是程序语言

程序语言能够实现人与计算机的交流，指挥计算机进行复杂的工作。早期的交流是通过人向计算机发布电子信号指令，这种机器指令被称为“机器语言”，计算机接收到相关指令后执行相应的操作，这种方式是从机器的角度出发来考虑问题的、人为了适应机器，需要学习机器语言，但是这种机器语言较为复杂，一般普通人不能轻易掌握。

在20世纪40年代，前文提到的德国科学家康拉德·楚泽最早提出了计算机程序控制的概念，他于1945年设计完成了Z4计算机，并为其制定了程序语言Plankalkul，即第一个非存储式高级语言。此后，计算机及计算机使用的高级程序语言得到了迅速的发展。

（二）程序语言的发展历史

计算机语言的发展是一个不断演化的过程，从第一个程序语言诞生到现在，共有近300种程序语言出现，其中有一些程序语言因应用范围的限制，现在几乎不再使用，而有些程序语言因其功能强大，对计算机的影响重大，从它诞生就一直流传至今，现在仍然在发挥着巨大的作用。

从发展历程来看，程序设计语言可以分为四代。

1. 第一代机器语言

机器语言是由二进制0、1代码指令构成，不同的CPU具有不同的指令系统。机器语言程序难编写、难修改、难维护，需要用户直接对存储空间进行分配，编程效率极低。这种语言已经被渐渐淘汰。

2. 第二代汇编语言

汇编语言指令是机器指令的符号化，与机器指令存在着直接的对应关系，所以汇编语言同样存在着难学难用、容易出错、维护困难等缺点。但是汇编语言也有自己的优点：可直接访问系统接口，语言程序效率高。从软件工程角度来看，只有在高级语言不能满足设计要求，或不具备支持某种特定功能的技术性能（如特殊的输入输出）时，汇编语言才被使用。

3. 第三代高级语言

高级语言是面向用户的、基本上独立于计算机种类和结构的语言。其最大的优点是，形式上接近于算术语言和自然语言，概念上接近于人们通常使用的概念。高级语言的一个命令可以代替几条、几十条甚至几百条汇编语言的指令。因此，高级语言易学易用，通用性强，应用广泛。

4. 第四代非过程化语言

非过程化语言，编码时只需说明“做什么”，不需描述算法细节。数据库查询和应用程序生成器是非过程化语言的两个典型应用。用户可以用数据库查询语言（SQL）对数据库中的信息进行复杂的操作。用户只需将要查找的内容在什么地方、根据什么条件进行查找等信息告诉SQL，SQL将自动完成查找过程。应用程序生成器则是根据用户的需求“自动生成”满足需求的高级语言程序。第四代程序设计语言是面向应用、为最终用户设计的一类程序设计语言。它具有缩短应用开发过程、降低维护代价、最大限度地减少调试过程中出现的问题，以及对用户友好等优点。

（三）程序语言的发展趋势

近几年来，随着图形用户界面、面向对象程序设计方法及可视化软件开发工具的兴起，软件开发者的编程工作量大为减少。同时，互联网技术的深入发展，对软件提出了越来越高的要求，软件开发的程序设计方法也在不断发展。它的发展趋势是智能化、模块化、简明性和形式化。

四、数据库技术

数据库技术是通过研究数据库的结构、存储、设计、管理及应用的基本理论和实现方法，并利用这些理论来实现对数据库中的数据进行处理、分析和理解的技术。

数据库技术所涉及的具体内容主要包括：通过对数据的统一组织和管理，按照指定的结构建立相应的数据库和数据仓库；利用数据库管理系统和数据挖掘系统，设计出能够实现对数据库中的数据进行添加、修改、删除、分析、理解和打印等多种功能的数据管理和数据挖掘应用系统；并利用应用管理系统最终实现对数据的处理、分析和理解。

数据模型是数据库技术的核心和基础，因此，对数据库系统发展阶段的划分应该以数据模型的发展演变作为主要依据和标志。按照数据模型的发展演变过程，数据库技术从开始到如今，主要经历了三个发展阶段：第一代是网状和层次数据库系统，第二代是关系数据库系统，第三代是以面向对象数据模型为主要特征的数据库系统。

数据库管理系统（Database Management System，简称 DBMS）是对数据库进行管理的系统软件，它的职能是有效地组织和存储数据，获取和管理数据，接受和完成用户提出的各种数据访问请求。

关系模型是目前最重要的一种数据模型。能够支持关系型数据模型的数据库管理系统，称为关系型数据库管理系统（Relational DataBase Management System，简称 RDBMS）。目前流行的数据库，如 Oracle、SQL Server 都采用这种模型。

第三节　计算机网络与物联网

计算机网络是现代通信技术与计算机技术相结合的产物。人们对不同计算机之间共享信息和资源的需求催生了相互连接的计算机系统，它被称为网络（Network)。计算机通过网络连接在一起，数据可以从一台计算机传输到另一台计算机。在网络中，计算机用户可以相互交换信息，并且可以共享分布在整个网络系统中的资源。

一、网络基础

(一) 计算机网络的分类

按计算机联网的区域大小，我们可以把网络分为局域网（Local Area Network，简称 LAN）和广域网（Wide Area Network，简称 WAN）。局域网是指在一个较小地理范围内的各种计算机网络设备互联在一起的通信网络，可以包含一个或多个子网，通常局限在几千米的范围之内。在一个房间、一座大楼，或是在一个校园内的网络就称为局域网；广域网连接地理范围较大，常常是一个国家或是一个洲。其目的是为了让分布较远的各局域网互联。我们平常讲的 Internet 就是最大最典型的广域网。

(二) 计算机网络的功能

1. 资源共享

资源指的是网络中的所有数据资源和软硬件资源，共享是指网络用户能全部或部分地使用网络内的共享资源。资源共享包括数据资源共享、软件资源共享和硬件资源共享。

2. 数据通信

计算机的基本功能之一即数据通信。通过计算机网络将分布在世界各地的计算机用户连接到网上，再利用互联网在计算机之间快速可靠地传送文件、程序、数据及多媒体信息。

3. 综合信息服务

综合信息服务是指由各行各业根据自身需求搭建的信息服务平台，为用户提供数据查询和信息咨询服务。

4. 分布处理

分布处理是指组成网络的多台计算机协同工作，并且协同工作的计算机之间按照协作的方式实现资源共享和信息交流。

二、互联网与万维网

(一) 什么是互联网 (Internet)

从广义上讲，Internet 是遍布全球的联络各个计算机平台的网络和信息资源的总称；从本质上讲，Internet 是一个使世界上不同类型的计算机能交换各类数据的通信媒介。从 Internet 提供的资源及对人类的作用这方面来理解，Internet 是建立在高灵活性的通信技术之上的一个全球数字化数据库。

在 20 世纪后期，英国科学家蒂姆·伯纳斯·李提出可以通过互联网把计算机上存储的文档联结起来形成错综复杂的信息网，这便是万维网（World Wide Web），简称 Web。

（二）Internet 是怎样诞生的

1969 年，美国国防部高级研究计划管理局（Advanced Research Projects Agency，简称 ARPA）开始建立一个命名为 ARPAnet 的网络，把美国的几个用于军事及研究的电脑主机联结起来。当初，ARPAnet 只联结了 4 台主机，在美国国防部高级机密的保护之下，不具备向外推广的条件。

1986 年，美国国家科学基金会（National Science Foundation，简称 NSF）利用 ARPAnet 发展出来的 TCP/IP 的通信协议，在 5 个科研教育服务超级电脑中心的基础上建立了 NSFnet 广域网。很多大学、政府资助的研究机构甚至私营的研究机构纷纷把自己的局域网并入 NSFnet 中。那时，ARPAnet 的军用部分已脱离母网，建立自己的网络 Milnet。ARPAnet 逐步被 NSFnet 所替代。到 1990 年，ARPAnet 已退出了历史舞台。

20 世纪 90 年代初期，Internet 中的各个子网分别负责自己的架设和运作费用，而这些子网又通过 NSFnet 互联起来。新的使用者发觉，加入 Internet 除了可共享 NSFnet 的巨型机外，还能进行相互间的通信，而这种相互间的通信对用户来讲更有吸引力。于是，Internet 逐步被当作一种交流与通信的工具，而不仅仅是共享 NSFnet 中巨型机的运算能力。

1991 年，美国“商用 Internet 协会”宣布用户可以把它们的 Internet 子网用于任何的商业用途，这标志着 Internet 商业化服务的开始。目前 Internet 已成为世界上信息资源最丰富的电脑公共网络。

（三）什么是网络协议

在网络上的不同的计算机之间必须使用相同的语言才能进行通信，这就是网络协议。网络协议有很多种，具体选择哪一种协议则要看情况而定。Internet 上的计算机使用的是 TCP/IP 协议。

（四）Internet 是怎样工作的

1. 地址和协议的概念

Internet 通信跟人与人之间信息交流一样，必须具备一些条件才能互相通信。例如，您给一位美国朋友写信，首先必须使用对方也能看懂的语言，然后还得知道对方的通信地址，才能把信发出去。同样，电脑与电脑之间通信，首先也得使用一种双方都能接受的“语言”——通信协议，然后还得知道电脑彼此的地址，通过协议和地址，电脑与电脑之间就能够进行信息交流了。

2. TCP/IP 协议

Internet 使用 TCP/IP 协议在不同网络之间进行信息传输（图 3-5-2）。

3. IP 地址

IP 地址是为标识 Internet 上主机位置而设置的。Internet 上的每一台计算机

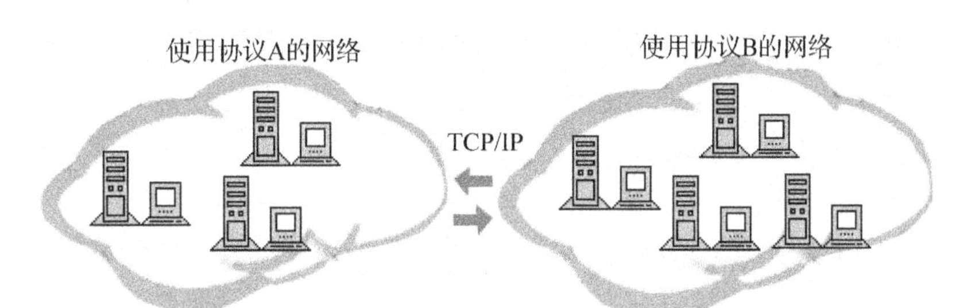

图 3-5-2　TCP/IP 协议

都被赋予一个世界上唯一的 32 位 Internet 地址（Internet Protocol Address，简称 IP Address），这一地址可用于与该计算机有关的全部通信。一般的 IP 地址由 4 组数字组成，每组数字介于 0～255，如某一台电脑的 IP 地址可为 202.206.65.115。

4. 域名地址

尽管 IP 地址能够唯一地标识网络上的计算机，但 IP 地址是数字型的，用户记忆这类数字十分不方便，于是人们又发明了另一套字符型的地址方案，即所谓的域名地址。IP 地址和域名是一一对应的，如陕西学前师范学院的 IP 地址是 202.117.192.3，对应域名地址为 www.snie.edu.cn。这份域名地址的信息存放在一个叫域名服务器（Domain Name Server，简称 DNS）的主机内，使用者只需了解容易记忆的域名地址，其对应转换工作就留给了域名服务器 DNS。DNS 就是提供 IP 地址和域名之间的转换服务的服务器。

5. 域名地址的意义

域名地址是从右至左来表述其意义的，最右边的部分为顶层域，最左边的则是这台主机的机器名称。一般域名地址可表示为：主机机器名．单位名．网络名．顶层域名，如 www.snie.edu.cn，这里的 www 是陕西学前师范学院的一个主机的机器名，snie 代表陕西学前师范学院，edu 代表中国教育科研网，cn 代表中国，顶层域一般是网络机构或所在国家地区的名称缩写。

域名由两种基本类型组成，以机构性质命名的域和以国家地区代码命名的域。常见的以机构性质命名的域，一般由三个字符组成，如表示商业机构的“com”，表示教育机构的“edu”等。以机构性质或类别命名的域见表 3-5-1。

表 3-5-1　机构域名

域名	含义	域名	含义
com	商业机构	net	网络组织
edu	教育机构	int	国际机构（主要指北约）
gov	政府部门	org	其他营盈利组织
mil	军事机构		

以国家或地区代码命名的域，一般用两个字符表示，是为世界上每个国家和一些特殊的地区设置的，如中国为“cn”、日本为“jp”、加拿大为“ca”、新加坡

为“sg”、德国为“de”、法国为“fr”、美国为“us”等。但是，美国国内很少用“us”作为顶级域名，而一般都使用以机构性质或类别命名的域名。

6. 统一资源定位器

统一资源定位器，又叫 URL（Uniform Resource Locator），是专为标识 Internet 网上资源位置而设的一种编址方式，我们平时所说的网页地址指的是 URL，它一般由三部分组成：“传输协议：//主机 IP 地址或域名地址/资源所在路径和文件名”。比如，陕西学前师范学院学校概况中学院简介的 URL 为：“http：//www. snie. edu. cn/xygk/xyjj. htm”。这里 http 指超文本传输协议，www. snie. edu. cn 是其 Web 服务器域名地址，xygk 是网页所在路径，xyjj. htm 是相应的网页文件。

所以，标识 Internet 网上资源位置的方式有三种：

IP 地址：202. 117. 192. 3

域名地址：www. snie. edu. cn

URL：http：//www. snie. edu. cn/xygk/xyjj. htm

7. Internet 的工作原理

有了 TCP/IP 协议和 IP 地址的概念，我们就很好理解 Internet 的工作原理了：当一个用户想给其他用户发送一个文件时，TCP 先把该文件分成一个个小数据包，并加上一些特定的信息（可以看作装箱单），以便接收方的机器确认传输是正确无误的，然后再在数据包上标上 IP 地址信息，形成可在 Internet 上传输的 TCP/IP 数据包（图 3-5-3）。

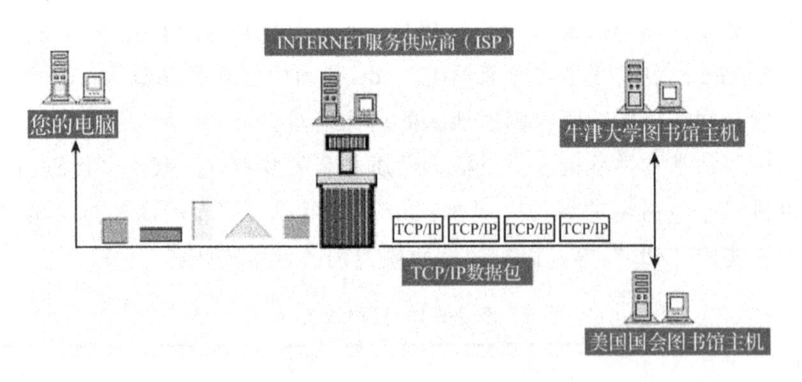

图 3-5-3 Internet 的工作原理

当 TCP/IP 数据包到达目的地后，计算机首先去掉地址标志，利用 TCP 的装箱单检查数据在传输中是否有损失，如果接收方发现有损坏的数据包，就要求发送端重新发送被损坏的数据包，确认无误后再将各个数据包重新组合成原文件。就这样，Internet 通过 TCP/IP 协议和 IP 地址实现了它的全球通信的功能。

三、网络安全

（一）网络安全的重要性

不管公司内部连接的是至关重要的公司数据库，还是仅仅承担公司内部的电话呼叫与 email 的传输服务，保证网络上的数据传输都是非常重要的工作。网络安全存在的问题主要有三类。

一是机房安全。机房是网络设备运行的关键地点，可能发生安全问题，如物理安全（火灾、雷击、盗贼等）、电气安全（停电、负载不均等）等情况。

二是病毒的侵入和黑客的攻击。据美国国家计算机安全协会的一项调查发现，几乎 100%的美国大公司都曾在他们的网络或台式机上经历过计算机病毒的危害。黑客对计算机网络构成的威胁大体可分为两种：一是对网络中信息的威胁，二是对网络中设备的威胁。网络入侵以各种方式有选择地破坏信息的有效性和完整性，进行截获、窃取、破译，以获得重要机密信息。

三是管理不健全而造成的安全漏洞。从广泛的网络安全意义范围来看，网络安全不仅仅是技术问题，更是一个管理问题。它包含管理机构、法律、技术、经济各方面。网络安全技术只是实现网络安全的工具。因此要解决网络安全问题，必须要有综合的解决方案。

（二）网络病毒与防治

1. 网络病毒的来源

网络病毒的来源主要有两种。一种威胁是来自文件下载。被浏览的或是通过 FTP 下载的文件中可能存在病毒。而共享软件和各种可执行的文件，已经成为病毒传播的重要途径。

另一种主要威胁来自电子邮件。大多数的 Internet 邮件系统提供了在网络间传送附带格式化文档邮件的功能。只要简单地输入地址，邮件就可以发给一个或一组收信人。因此，受病毒感染的文档或文件就可能通过网关和邮件服务器进入企业网络。

2. 网络病毒的防治

防病毒技术可以直观地分为病毒预防技术、病毒检测技术及病毒清除技术。

计算机病毒的预防技术就是通过一定的技术手段防止计算机病毒对系统进行传染和破坏。实际上这是一种动态判定技术，即一种行为规则判定技术。也就是说，计算机病毒的预防是采用对病毒的规则进行分类处理，然后在程序运作中凡有类似的规则出现则认定是计算机病毒。计算机病毒的预防应用包括对已知病毒的预防和对未知病毒的预防两个部分。目前，对已知病毒的预防可以采用特征判定技术或静态判定技术，而对未知病毒的预防则是一种行为规则的判定技术，即动态判定技术。

计算机病毒的检测技术是指通过一定的技术手段判定出特定计算机病毒的一

种技术，它有两种。一种是根据计算机病毒的关键字、特征程序段内容、病毒特征及传染方式、文件长度的变化，在特征分类的基础上建立的病毒检测技术。另一种是不针对具体病毒程序的自身校验技术。即对某个文件或数据段进行检验和计算并保存其结果，以后定期或不定期地以保存的结果对该文件或数据段进行检验，若出现差异，即表示该文件或数据段完整性已遭到破坏，感染上了病毒，从而检测到病毒的存在。

计算机病毒的清除技术是计算机病毒传染程序的一种逆过程。目前，清除病毒大都是在某种病毒出现后，通过对其进行分析研究而研制出具有相应清除功能的软件。这类软件技术发展往往是被动的，带有滞后性。而且由于计算机软件所要求的精确性，清除软件有其局限性，对有些变种病毒的清除无能为力。

(三) 网络黑客与防范措施

1. 什么是网络黑客

黑客（Hacker）源于英语动词“hack”，意为“劈，砍”，引申为“干了一件非常漂亮的工作”。在早期麻省理工学院的校园俚语中，“黑客”则有“恶作剧”之意，尤指手法巧妙、技术高明的恶作剧。在日本《新黑客词典》中，对黑客的定义是：“喜欢探索软件程序奥秘，并从中增长了其个人才干的人。他们不像绝大多数电脑使用者那样，只规规矩矩地了解别人指定了解的狭小部分知识。”黑客通常具有极丰富的硬件和软件知识，并有能力通过创新的方法剖析系统。

另一种入侵者是那些利用网络漏洞破坏网络的人。他们往往做一些重复的工作（如用暴力法破解口令），这些群体被称为“骇客”（Cracker）。

2. 网络黑客攻击方法

在信息时代里，几乎每个人都面临着网络安全的威胁，有必要对网络安全有所了解，并能够处理一些安全方面的问题。

下面简要介绍一下网络黑客的攻击方法。

(1) 获取口令。

获取口令有三种方法：一是通过网络监听非法得到用户口令；二是在知道用户的账号后（如电子邮件@前面的部分）利用一些专门软件强行破解用户口令；三是在获得一个服务器上的用户口令文件（此文件成为 Shadow 文件）后，用暴力破解程序破解用户口令，该方法的使用前提是黑客获得口令文件。此方法在所有方法中危害最大。

(2) 放置特洛伊木马程序。

特洛伊木马程序可以直接侵入用户的电脑并进行破坏，它常被伪装成工具程序或者游戏等诱使用户打开或下载，一旦用户打开了这些邮件的附件或者执行了这些程序之后，它们就会留在电脑中，并在自己的计算机系统中隐藏一个可以在系统启动时静默执行的程序。当电脑连接到互联网上时，这个程序就会通知黑客，报告电脑的 IP 地址以及预先设定的端口。黑客在收到这些信息后，再利用这个潜伏在其中的程序，任意修改计算机的参数设定、复制文件、窥视整个硬盘中的内容等，从而达到控制目标计算机的目的。

（3）WWW 的欺骗技术。

在网上用户可以利用 IE 等浏览器进行各种各样的 WEB 站点的访问，然而用户正在访问的网页有可能是已经被黑客篡改过的。例如，黑客将用户要浏览的网页的 URL 改写为指向黑客自己的服务器，当用户浏览目标网页的时候，实际上是向黑客服务器发出请求，那么黑客就可以达到欺骗的目的了。

（4）电子邮件攻击。

电子邮件攻击主要表现为两种方式：一是电子邮件轰炸和电子邮件炸弹，指的是用伪造的 IP 地址和电子邮件地址向同一信箱发送数以千计、万计甚至无穷多次的内容相同的垃圾邮件，致使受害人邮箱被“炸”，严重者可能会给电子邮件服务器操作系统带来危险，甚至瘫痪；二是电子邮件欺骗，攻击者佯称自己为系统管理员（邮件地址和系统管理员完全相同），给用户发送邮件要求用户修改口令（口令可能为指定字符串）或在貌似正常的附件中加载病毒或其他木马程序。

（5）通过一个节点来攻击其他节点。

黑客在突破一台主机后，往往以此主机作为根据地，攻击其他主机（以隐蔽其入侵路径，避免留下蛛丝马迹）。他们可以使用网络监听方法，尝试攻破同一网络内的其他主机；也可以通过 IP 欺骗和主机信任关系，攻击其他主机。这类攻击很狡猾，但由于某些技术很难掌握，如 IP 欺骗，因此较少被黑客使用。

（6）网络监听。

网络监听是主机的一种工作模式，在这种模式下，主机可以接收到本网段在同一条物理通道上传输的所有信息，而不管这些信息的发送方和接受方是谁。此时，如果两台主机进行通信的信息没有加密，只要使用某些网络监听工具就可以轻而易举地截取包括口令和账号在内的信息资料。

（7）寻找系统漏洞。

许多系统都有这样那样的安全漏洞，其中某些是操作系统或应用软件本身具有的，这些漏洞在补丁未被开发出来之前一般很难防御黑客的破坏；还有一些漏洞是由于系统管理员配置错误引起的，这些都会给黑客带来可乘之机，应及时加以修正。

（8）利用账号进行攻击。

有的黑客会利用操作系统提供的缺省账户和密码进行攻击，这类攻击只要系统管理员提高警惕，将系统提供的缺省账户关掉或提醒无口令用户增加口令一般都能克服。

（9）偷取特权。

利用各种特洛伊木马程序、后门程序和黑客自己编写的导致缓冲区溢出的程序进行攻击，前者可使黑客非法获得对用户机器的完全控制权，后者可使黑客获得超级用户的权限，从而拥有对整个网络的绝对控制权。这种攻击手段，一旦奏效，危害性极大。

3. 防范措施

经常做需要传送口令的重要机密信息应用的主机应该单独设立一个网段，以避免某一台个人主机被攻破，造成整个网段通信全部暴露。

专用主机只开专用功能，研究清楚各进程必需的进程端口号，关闭不必要的端口。

对用户开放的各个主机的日志文件全部定向到一个服务器上集中管理。定期检查备份日志主机上的数据。

网管不得访问 Internet。

提供电子邮件、WWW、DNS 的主机不安装任何开发工具，避免攻击者编译攻击程序。

网络配置原则是“用户权限最小化”，如关闭不必要或者不了解的网络服务，不用电子邮件寄送密码。

下载安装最新的操作系统及其他应用软件的安全和升级补丁，安装几种必要的安全加强工具，限制对主机的访问，加强日志记录，对系统进行完整性检查，定期检查用户的脆弱口令，并通知用户尽快修改。重要用户的口令应该定期修改(不长于三个月)，不同主机使用不同的口令。

定期检查系统日志文件，在备份设备上及时备份。制定完整的系统备份计划，并严格实施。

定期检查关键配置文件。

制定详尽的入侵应急措施以及汇报制度。发现入侵迹象，立即打开进程记录功能，同时保存内存中的进程列表以及网络连接状态，保护当前的重要日志文件，有条件的话，立即打开网段上另外一台主机监听网络流量，尽力定位入侵者的位置。如有必要，断开网络连接。在服务主机不能继续服务的情况下，应该有能力从备份磁带中恢复服务到备份主机上。

(四) 防火墙技术

防火墙（FireWall）是一种隔离控制技术，在某个机构的网络和不安全的网络（如 Internet）之间设置屏障，阻止对信息资源的非法访问，也可以使用防火墙阻止重要信息从企业的网络上被非法输出。

作为 Internet 的安全性保护软件，防火墙已经得到广泛的应用。通常企业为了维护内部的信息系统安全，在企业网和 Internet 间设立防火墙软件。企业信息系统对于来自 Internet 的访问，采取有选择的接收方式。它可以允许或禁止一类具体的 IP 地址访问，也可以接收或拒绝 TCP/IP 上的某一类具体的应用。防火墙一般安装在路由器上以保护一个子网，也可以安装在一台主机上，保护这台主机不受侵犯。

作为一种网络安全技术，防火墙具有简单实用的特点，并且透明度高，可以在不修改原有网络应用系统的情况下达到一定的安全要求。

（五）其他安全技术

1. 加密

数据加密技术从技术上的实现分为在软件和硬件两方面。按作用不同，数据加密技术主要分为数据传输、数据存储、数据完整性的鉴别以及密钥管理技术这四种。

在网络应用中一般采取两种加密形式：对称密钥和公开密钥，采用何种加密算法则要结合具体应用环境和系统，而不能简单地根据其加密强度来做出判断。因为除了加密算法本身之外，密钥合理分配、加密效率与现有系统的结合性，以及投入产出分析都应在实际环境中具体考虑。

2. 认证和识别

认证就是指用户必须提供他是谁的证明。识别就是弄清楚他是谁，他具有什么特征，他知道什么。

目前主要有以下几种认证方式。

一是双重认证。两种形式相结合的证明方法，这些证明方法包括令牌、智能卡和仿生装置，如视网膜或指纹扫描器。

二是数字证书。一种检验用户身份的电子文件。

三是智能卡。这种解决办法可以持续较长的时间，并且更加灵活，存储信息更多，并具有可供选择的管理方式。

四是安全电子交易协议。这是迄今为止最为完整、最为权威的电子商务安全保障协议。

四、物联网

（一）物联网的概念

物联网是利用局部网络或互联网等通信技术把传感器、控制器、机器、人员和物等通过新的方式联结在一起，形成人与物、物与物相连，实现信息化、远程管理控制和智能化的网络。物联网是新一代信息技术的重要组成部分，也是“信息化”时代的重要发展阶段。其英文名称是 Internet of Things（简称 IoT）。顾名思义，物联网就是物物相连的互联网。这有两层意思：其一，物联网的核心和基础是互联网，是在互联网基础上的延伸和扩展的网络；其二，其用户端延伸和扩展到了任何物品与物品之间，进行信息交换和通信。物联网通过智能感知、识别技术与普适计算等通信感知技术，广泛应用于网络的融合中，也因此被称为继计算机、互联网之后世界信息产业发展的第三次浪潮。物联网主要解决物品与物品（Thing to Thing，简称 T2T），人与物品（Human to Thing，简称 H2T），人与人（Human to Human，简称 H2H）之间的互连。但是与传统互联网不同的是，

H2T 是指人利用通用装置与物品之间的联结，从而使得物品联结更加的简化，而 H2H 是指人之间不依赖于计算机而进行的互联。

（二）关键技术和架构

物联网的应用主要有三大要素：传感器技术、电子标签和嵌入式系统技术。

通过传感器技术，物品的实时状态信息能够以数字信号的形式被系统采集。能够通过电子标签，系统能够自动识别物品的各项信息，在技术的演进中，电子标签的功能越来越多地被包含在了传感器技术中。无线射频识别（Radio Frequency Identification，简称 RFI）是融合了无线射频技术和嵌入式技术为一体的综合技术，可通过无线电讯号识别特定目标并读写相关数据，而无须识别系统与特定目标之间建立机械或光学接触。在自动识别、物流管理等方面有着广阔的应用前景。嵌入式系统技术能够实现对物品的控制，是综合了计算机软硬件、传感器技术、集成电路技术、电子应用技术为一体的复杂技术。

经过几十年的演变，以嵌入式系统为特征的智能终端产品随处可见。近年来逐渐流行起来的各类智能设备和应用正是基于嵌入式系统而开发的，从智能插座、智能门锁，到共享单车，再到现代化的大规模智能制造“工业 4.0”“中国制造 2025”，甚至卫星系统，都应用了物联网技术，并且正在改变着人们的生活，推动着社会的发展。如果把物联网用人体做一个简单比喻，传感器相当于人的眼睛、鼻子、皮肤等感官，网络就是神经系统用来传递信息，嵌入式系统则是人的大脑，在接收到信息后要进行分类处理。这个例子很形象地描述了传感器、嵌入式系统在物联网中的位置与作用。

物联网架构可分为三层：感知层、网络层和应用层。

感知层由各种传感器构成，包括温湿度传感器、二维码标签、RFID 标签和读写器、摄像头、红外线、GPS 等感知终端。感知层是物联网识别物体、采集信息的来源。

网络层由各种网络，包括互联网、广电网、网络管理系统和云计算平台等组成，是整个物联网的中枢，负责传递和处理感知层获取的信息。

应用层是物联网和用户的接口，它与行业需求结合，实现物联网的智能应用。

（三）应用模式

根据实际用途可以归结出两种物联网基本应用模式。

一是对象的智能标签。通过 NFC、二维码、RFID 等技术标识特定的对象，用于区分对象个体。例如，在生活中我们使用的各种智能卡，条码标签的基本用途就是用来获得对象的识别信息。此外通过智能标签还可以用于获得对象物品所包含的扩展信息，如智能卡上的金额余额，二维码中所包含的网址和名称等。

二是对象的智能控制。物联网基于云计算平台和智能网络，可以依据传感器网络用获取的数据进行决策，改变对象的行为进行控制和反馈。例如，根据光线的强弱调整路灯的亮度，根据车辆的流量自动调整红绿灯间隔等。

（四）发展趋势

物联网将是下一个推动世界高速发展的“重要生产力”，是继通信网之后的另一个万亿级市场。业内专家认为，物联网一方面可以提高经济效益，大大节约成本，另一方面可以为全球经济的复苏提供技术动力。美国、欧盟等都在投入巨资深入研究探索物联网。我国也正在高度关注、重视物联网的研究，工业和信息化部会同有关部门，在新一代信息技术方面正在开展研究，以形成支持新一代信息技术发展的政策措施。

物联网是互联网的应用拓展，与其说物联网是网络，不如说物联网是业务和应用。因此，应用创新是物联网发展的核心。物联网及移动泛在技术的发展，使得技术创新形态发生转变，以用户为中心、以社会实践为舞台、以人为本的“创新 2.0”形态正在显现，实际生活场景下的用户体验也被称为创新 2.0 模式的精髓。用户是创新 2.0 模式的关键，也是物联网发展的关键，而用户的参与需要强大的创新基础设施来支撑。物联网的发展不仅将推动创新基础设施的构建，也将受益于创新基础设施的全面支撑。物联网大量的应用体现在包括智能农业、智能电网、智能交通、智能物流、智能医疗、智能家居、智能制造等方面。

（五）行业现状

物联网产业是当今世界经济和科技发展的战略制高点之一，预计 2018 年全球物联网市场规模将达到 1036 亿美元。到 2015 年，我国物联网产业规模已经超过 7500 亿元，预计到 2020 年，我国物联网产业规模将超过 15000 亿元。从智能安防到智能电网，从二维码普及再到“智慧城市”落地，物联网正四处开花，悄然影响人们的生活。伴随着技术的进步和相关配套设施的完善，在未来几年，技术与标准国产化、运营与管理体系化、产业草根化将成为我国物联网发展的三大趋势。

（六）应用案例

第一，铁路应答器。应答器是指能够传输信息、回复信息的电子模块，铁路应答器（Balise）是一种用于地面向列车信息传输的点式设备，分为固定（无源）应答器和可变（有源）应答器。主要用途是向列控车载设备提供可靠的地面固定信息和可变信息。应答器设备向列控车载设备传送如线路基本参数、线路速度信息、临时限速信息、车站进路信息、道岔信息、特殊定位信息和其他信息等。借此实现列车的信息收集及控制。

第二，物流系统。物流行业是物联网较早应用的行业之一，目前物流行业的物联网主要体现在物品的可追溯，其次是物流过程的可视化管理，最后是智能化的物流配送中心。借助条码识别、RFID、各类传感器以及移动计算等各项技术，现代的全自动化物流配送中心已经能够实现机器手进行码垛，线上自动分拣，无人搬运车搬运，堆垛车自动控制出入库，使得整个物流作业实现自动化，智能化和网络化。

第三，智能制造（中国制造 2025、工业 4.0、工业互联网）。在智能制造方面，目前比较典型的有德国提出的工业 4.0 战略，美国提出的工业互联网战略，以及中国的中国制造 2025 十年规划。这些战略的目标都是建立高度灵活的个性化和数字化的智能制造生产模式，支持面向物联网服务的虚拟数字和物理世界的无缝连接。其中，中国制造 2025 的核心是打造制造业和物联网融合的新模式，涉及五个核心环节：互联、集成控制、智能生产、数据处理、产品创新。其中互联与集成控制主要关注于资源、信息、物体以及人之间的互联与集成控制；智能生产，侧重于将各项先进技术如机器人、自动生产、3D 打印等应用于整个工业生产过程中；数据处理、产品创新主要关注于整个产品生命周期中所采集的数据处理分析，进行产品的创新和改进。

第四，与移动互联结合。物联网的应用在与移动互联相结合后，发挥了巨大的作用。智能家居使得物联网的应用更加生活化，具有网络远程控制、遥控器控制、触摸开关控制、自动报警和自动定时等功能，给每一个家庭带来不一样的生活体验。近年来兴起的网约车、共享单车等服务同样是基于物联网和移动互联技术相结合的产物。

第四节　云计算与大数据

从技术上看，云计算与大数据的关系就像一枚硬币的正反面一样密不可分。大数据必然无法用单台的计算机进行处理，必须采用分布式计算架构。它的特色在于对海量数据的挖掘，但它必须依托云计算的分布式处理、分布式数据库、云存储和虚拟化技术。

一、云计算

云计算（Cloud Computing）是分布式计算（Distributed Computing）、并行计算（Parallel Computing）、效用计算（Utility Computing）、网络存储（Network Storage Technologies）、虚拟化（Virtualization）、负载均衡（Load Balance）、热备份冗余（High Available）等传统计算机和网络技术发展融合的产物，是继 1980 年代大型计算机到客户端一服务器的大转变之后的又一种巨变。

（一）定义

云计算是分布式处理、并行处理和网格计算的发展，或者说是这些计算机科学概念的商业实现。它是基于互联网的超级计算模式——即把存储于个人电脑、移动电话和其他设备上的大量信息和处理器资源集中在一起，协同工作。同时又是在极大规模上以可扩展的信息技术能力向外部客户作为服务来提供的一种计算方式，使得数据放在云端，不怕丢失，不必备份，可以进行任意点的恢复。在云端的软件不必下载便可自动升级。在任何时间、任意地点、任何设备登录后就可以进行计算服务，计算无所不在，且计算具有无限空间、无限速度。

（二）云计算的特点

云计算使计算分布在大量的分布式计算机上，而非本地计算机或远程服务器中。这使得企业能够将资源切换到需要的应用上，根据需求访问计算机和存储系统。好比是从古老的单台发电机模式转向了电厂集中供电的模式。它意味着计算能力也可以作为一种商品进行流通。从目前的发展现状来看，云计算具有以下特点。

超大规模。云计算平台具有相当大的规模，Google云计算平台已经拥有100多万台服务器，Amazon、IBM、微软、阿里巴巴等的云计算平台均拥有几十万台服务器。企业私有云一般拥有数百上千台服务器。云计算平台能赋予用户前所未有的计算能力。

虚拟化。云计算支持用户在任意位置使用各种终端获取应用服务。所请求的资源来自云端，而不是固定的有形的实体。应用在云端某处运行，但实际上用户无须了解、也不用担心应用运行的具体位置。只需要一台笔记本或者一个手机，就可以通过网络服务来实现用户需要的一切，甚至包括超级计算这样的任务。

高可靠性。云计算平台使用了数据多副本容错、计算节点同构可互换等措施来保障服务的高可靠性，使用云计算比使用本地计算机更加可靠。

通用性。云计算不针对特定的应用，在云计算的支撑下可以构造出千变万化的应用，同一个云计算平台可以同时支撑不同的应用运行。

高可扩展性。云计算平台的规模可以动态伸缩，满足应用和用户规模增长的需要。

按需服务。云计算平台是一个庞大的资源池，用户按需购买，按需付费。

极其廉价。云计算平台的自动化集中式管理使大量企业无须负担日益高昂的数据中心管理成本，平台的通用性使资源的利用率较传统系统大幅提升，因此用户可以充分享受云计算的低成本优势。

潜在的危险性。云计算服务除了提供计算服务外，还提供存储服务。但是云计算服务当前垄断在私人机构（企业）手中，而他们仅仅能够提供商业信用。政府机构、商业机构（特别像银行这样持有敏感数据的商业机构）对于选择云计算服务应保持足够的警惕。一旦商业用户大规模使用私人机构提供的云计算服务，无论其技术优势有多强，都不可避免地让这些私人机构以“数据（信息）”的重要性挟制整个社会。对于信息社会而言，“信息”是至关重要的。另一方面，云计算中的数据对于数据所有者以外的其他用户是保密的，但是对于提供云计算的商业机构而言确实毫无秘密可言。所有这些潜在的危险，是商业机构和政府机构选择云计算服务，特别是国外机构提供的云计算服务时，不得不考虑的一个重要的前提。

（三）云计算的应用

1. 云物联

随着物联网业务量的增加，对数据存储和计算量的需求将带来云计算能力的增强。

2. 云安全

云安全（Cloud Security）是一个从“云计算”演变而来的新名词。

“云安全”通过网状的大量客户端对网络中软件行为的异常进行监测，获取互联网中木马、恶意程序的最新信息，推送到云端进行自动分析和处理，再把病毒和木马的解决方案分发到每一个客户端。

3. 云存储

云存储是在云计算（Cloud computing）概念上延伸和发展出来的一个新的概念，是指通过集群应用、网格技术或分布式文件系统等功能，将网络中大量各种不同类型的存储设备通过应用软件集合起来协同工作，共同对外提供数据存储和业务访问功能的一个系统。

4. 云游戏

云游戏是以云计算为基础的游戏方式，在云游戏的运行模式下，所有游戏都在服务器端运行，并将渲染完毕后的游戏画面压缩后通过网络传送给用户。在客户端，用户的游戏设备不需要任何高端处理器和显卡，只需要基本的视频解压能力就可以了。如果这种构想能够成为现实，那么主机厂商将变成网络运营商，他们不需要不断投入巨额的新主机研发费用，而只需要拿这笔钱中的很小一部分去升级自己的服务器就行了，但是达到的效果却是相差无几的。对于用户来说，他们可以省下购买主机的开支，但是得到的却是顶尖的游戏画面。

二、大数据

在互联网时代，随着社交网络、电子商务、博客，以及基于位置的服务等为代表的新型信息发布方式的不断涌现，云计算、物联网等技术的兴起，大规模生产、分享和应用数据的时代正在开启。

大数据技术的战略意义不在于掌握庞大的数据信息，而在于对这些含有意义的数据进行专业化处理，从中发现或获得价值。在漫长的发展过程中，人类主要还是依赖抽样数据、局部数据和片面数据，甚至在无法获得实证数据的时候纯粹依赖经验、理论和假设去发现未知领域的规律。因此，人们对世界的认识往往是片面的、肤浅的或者是简单的、扭曲的。大数据的来临使人类有机会和条件，在许多的领域获得全面、完整、系统的数据，可以深入探索现实世界的规律，获得过去不可能获取的知识，得到过去无法得到的商机。

（一）大数据的定义

大数据本身是一个比较抽象的概念，从字面上看，它表示数据规模庞大，但是无法区分与“海量数据”“超大规模数据”等概念之间的差别，目前对大数据尚无一个公认的定义，不同的定义都是从大数据的特征出发给出定义。

大数据（Big Data、Mega Data），或称巨量资料，指的是需要新处理模式才能具有更强的决策力、洞察发现力和流程优化能力的海量、高增长率和多样化的信息资产。在维克托·迈尔-舍恩伯格及肯尼斯·库克耶编写的《大数据时代》中大数据指不用随机分析法（抽样调查）这样的捷径，而采用所有数据进行分析处理。大数据技术的战略意义不在于掌握庞大的数据信息，而在于对这些含有意义的数据进行专业化处理，存储和分析。

从技术上看，大数据需要特殊的技术，以有效地处理大量的容忍经过时间内的数据。适用于大数据的技术，包括大规模并行处理（MPP）数据库、数据挖掘电网、分布式文件系统、分布式数据库、云计算平台、互联网和可扩展的存储系统。大数据无法用单台的计算机进行处理，必须采用分布式架构。它的特色在于对海量数据进行分布式数据挖掘，但它必须依托云计算的分布式处理、分布式数据库和云存储、虚拟化技术对数据进行处理。

（二）大数据的四个特性

大数据分析相比于传统的数据仓库应用，具有数据量大、查询分析复杂等特点。大数据的特点有四个层面：第一，数据体量巨大。从 TB 级别，跃升到 PB 级别；第二，数据类型繁多；第三，处理速度快，可从各种类型的数据中快速获得高价值的信息；第四，只要合理利用数据并对其进行正确、准确的分析，将会带来很高的价值回报。业界将其归纳为四个“V”——Volume（数据体量大）、Variety（数据类型繁多）、Velocity（处理速度快）、Value（价值密度低）。

大数据是数据分析的前沿技术。简言之，从各种各样类型的数据中，快速获得有价值信息的能力，就是大数据技术。大数据最核心的价值就是在于对于海量数据进行存储和分析。相比起现有的其他技术而言，大数据的“廉价、迅速、优化”这三方面的综合成本是最优的。

（三）大数据的处理流程

数据采集，利用多种轻型数据库来接收发自客户端的数据，并且用户可以通过这些数据库来进行简单的查询和处理工作。其特点是并发系数高。

统计分析，将海量的来自前端的数据快速导入一个集中的大型分布式数据库或者分布式存储集群中，利用分布式技术来对存储于其内的集中的海量数据进行普通的查询和分类汇总等，以此满足大多数常见的分析需求。其特点是导入数据量大，查询涉及的数据量大，查询请求多。

数据挖掘，基于前面的查询数据进行数据挖掘，来满足高级别的数据分析需求。其特点是算法复杂，并且涉及的数据量和计算量都大。

（四）经典大数据案例——沃尔玛经典营销：啤酒与尿布

20 世纪 90 年代，美国沃尔玛超市的管理人员在分析销售数据时发现了一个令人难于理解的现象：在某些特定的情况下，“啤酒”与“尿布”两件看上去毫无关系的商品会经常出现在同一个购物篮中，这种独特的销售现象引起了管理人员的注意，经过后续调查发现，这种现象出现在年轻的父亲身上。

在美国有婴儿的家庭中，一般是母亲在家中照看婴儿，年轻的父亲前去超市购买尿布。父亲在购买尿布的同时，往往会顺便为自己购买啤酒，这样就会出现啤酒与尿布这两件看上去不相干的商品经常会出现在同一个购物篮的现象。如果这个年轻的父亲在卖场只能买到两件商品之一，则他很有可能会放弃购物而到另一家商店，直到可以一次同时买到啤酒与尿布为止。沃尔玛发现了这一独特的现象，开始在卖场尝试将啤酒与尿布摆放在相同的区域，让年轻的父亲可以同时找到这两件商品，并很快地完成购物。沃尔玛超市可以让这些客户一次购买两件商品而不是一件，从而获得了很好的商品销售收入，这就是“啤酒与尿布”故事的由来。

当然“啤酒与尿布”的故事必须具有技术方面的支持。1993 年，美国学者阿格拉沃尔提出通过分析购物篮中的商品集合，从而找出商品之间关联关系的关联算法，并根据商品之间的关系，找出客户的购买行为。艾格拉沃从数学及计算机算法角度提出了商品关联关系的计算方法——Apriori 算法。沃尔玛从 20 世纪 90 年代尝试将 Apriori 算法引入 POS 机数据分析中，并获得了成功，于是产生了“啤酒与尿布”的故事。

沃尔玛每隔一小时就要处理超过 100 万份客户的交易，录入量数据库估计超过 2.5 PB，相当于美国国会图书馆的书籍的 167 倍。

（五）大数据的意义

随着全球范围内个人电脑、智能手机等设备的普及和新兴市场内不断增长的互联网访问量，以及各种智能设备产生的数据暴增，使数字宇宙在 2012 到 2013 两年间翻了一番，达到惊人的 2.8ZB。预计到 2020 年，数字宇宙规模将超出预期，达到 40ZB。40ZB 究竟是个什么样的概念呢？地球上所有海滩上的沙粒加在一起估计有七万零五亿亿颗。40ZB 相当于地球上所有海滩上的沙粒数量的 57 倍。也就是说到 2020 年，数字宇宙将每两年翻一番；到 2020 年，人均数据量将达 5247GB。尽管个人和机器每天产生大量数据，使数字宇宙前所未有地不断膨胀，但仅有 0.4%的全球数据得到了分析。由此可见，大数据的应用几乎是一块未被开垦的处女地。

我们生活在一个有更多信息的社会中。有 46 亿全球移动电话用户，20 亿人访问互联网。基本上，人们比以往任何时候与数据或信息的交互都更为密切。大数据除了在经济方面，同时也能在政治、文化等方面产生了深远的影响。2013 年 5 月 10 日，阿里巴巴集团董事局主席马云在淘宝十周年晚会上说，大家还没搞清 PC 时代的时候，移动互联网来了，还没搞清移动互联网的时候，大数据时代来了。大数据正在改变着产品和生产过程、企业和产业，甚至竞争本身的性质。

第五节　人工智能

一、基本概念

人工智能（Artificial Intelligence），英文缩写为 AI。它是研究、开发用于模拟、延伸和扩展人的智能的理论、方法、技术及应用系统的一门新的技术科学。人工智能是计算机科学的一个分支，它企图了解智能的实质，并生产出一种新的能以人类智能相似的方式做出反应的智能机器。人工智能是对人的意识、思维的信息过程的模拟，研究人类智能活动的规律，构造具有一定智能的人工系统，如何应用计算机的软硬件来模拟人类某些智能行为的基本理论、方法和技术。

著名的美国斯坦福大学人工智能研究中心教授尼尔逊对人工智能定义如下："人工智能是关于知识的学科——怎样表示知识以及怎样获得知识并使用知识的科学。"而美国麻省理工学院的温斯顿教授认为："人工智能就是研究如何使计算机去做过去只有人才能做的智能工作。"

人工智能从 20 世纪 70 年代以来被称为世界三大尖端技术之一（空间技术、能源技术、人工智能），也被认为是 21 世纪三大尖端技术（基因工程、纳米科学、人工智能）之一。人工智能近三十年来取得了迅猛的发展，在很多学科领域都得到了广泛应用，并取得了丰硕的成果，人工智能已逐步成为一个独立的学科分支，无论在理论和实践上都已自成体系。

人工智能是研究使用计算机来模拟人的某些思维过程和智能行为（如学习、推理、思考、规划等）的学科，主要包括计算机实现智能的原理，制造类似于人脑智能的计算机，使计算机能实现更高层次的应用。除了计算机科学以外，人工智能还涉及信息论、控制论、自动化、仿生学、生物学、心理学、数理逻辑、语言学、医学和哲学等多门学科。人工智能学科研究的主要内容包括知识表示、自动推理和搜索方法、机器学习和知识获取、知识处理、自然语言理解、计算机视觉、智能机器人、自动程序设计等方面。

二、分类

（一）强人工智能（BOTTOM-UP AI）

强人工智能一词最初是约翰·罗杰斯·希尔勒针对计算机和其他信息处理机器创造的，强人工智能观点认为有可能制造出真正能推理（Reasoning）和解决问题（Problem Solving）的智能机器。并且，这样的机器能将被认为是有知觉的，有自我意识的。强人工智能可以有两类。

类人的人工智能，即机器的思考和推理就像人的思维一样。

非类人的人工智能，即机器产生了和人完全不一样的知觉和意识，使用和人完全不一样的推理方式。

（二）弱人工智能（TOP-DOWN AI）

弱人工智能认为不可能制造出能真正地推理和解决问题的智能机器，这些机器只不过看起来像是智能的，但是并不真正拥有智能，也不会有自主意识。

三、发展和典型案例

人工智能学科诞生于 20 世纪 50 年代中期。1956 年夏季，一批美国的年轻科学家在一起聚会，共同研究和探讨用机器模拟智能的一系列有关问题，并首次提出了“人工智能”这一术语，它标志着“人工智能”这门新兴学科的正式诞生。60多年来，人工智能取得了长足的发展，成为一门广泛的交叉和前沿科学。

1997年5月，IBM公司研制的深蓝（Deep Blue）计算机战胜了国际象棋大师卡斯帕洛夫（Kasparov），是人工智能发展历史上的一个里程碑事件。

进入21世纪，科技巨头们如谷歌、Facebook、IBM、英特尔、苹果、特斯拉、百度等纷纷在人工智能领域投入巨资。

2016年3月，谷歌旗下DeepMind公司的AlphaGo与围棋世界冠军、职业九段选手李世石进行人机大战，并以4：1的总比分获胜。2016年末2017年初，AlphaGo在中国棋类网站上以“大师”（Master）为注册账号与中日韩数十位围棋高手进行快棋对决，连续60局无一败绩。

金融投资方面，第一个以人工智能驱动的基金Rebellion预测了2008年的股市崩盘，并在2009年9月给希腊债券F评级，而当时惠誉的评级仍然为A。通过人工智能手段，Rebellion比官方降级提前了一个月。对冲基金Cerebellum也使用了人工智能技术，结果从2009年以来，没有一个月是亏损的。根据花旗银行的最新研究报告，人工智能投资顾问管理的资产，2012年基本为0，到了2014年底已经到了140亿美元。在未来10年的时间里，它管理的财产还会呈现出指数级增长的势头，总额将达到5万亿美元。

生活方面，科技巨头们如谷歌、Facebook、特斯拉、百度，汽车厂商如宝马等纷纷以自动驾驶技术为突破口投入研发。大多数研究目前已进入路测阶段，其中特斯拉的自动驾驶技术已经开始商用销售。苹果的Siri、微软的Cortana等个人助手类的人工智能机器人也已在其产品中投入商用。

思考题

1. 计算机的发展经历了哪些阶段？
2. 试阐述计算机系统的基本组成？
3. 请列举一个标准的操作系统所能提供的功能？
4. 网络安全存在的问题主要有哪几类？
5. 物联网应用的三大要素是什么？请简述其作用。
6. 简述云计算技术的演进过程。
7. 试比较大数据与数据库的差异。

第六章　现代技术简介

21 世纪以来，现代科学技术的各个领域发生了革命性变化，取得了巨大成就。现代科学技术的新成果，被广泛应用于国民经济和人们生产生活的各个方面。现代科学技术是伴随着 20 世纪中叶电子计算机的问世和原子能的利用而兴起的，在科学技术的自身发展和社会因素的推动下，一批建立在现代最新科学研究成果基础上的高新技术相继崛起，并最终形成了以激光技术为先导，以新材料技术为基础，以新能源技术为支柱，沿宏观领域向空间技术扩展的一批现代技术群落。

第一节　激光技术

一、激光技术的原理

（一）激光技术的发展历程

激光技术是现代科学技术发展的产物，是 20 世纪与计算机、半导体、原子能齐名的四项重大发明之一。自 1960 年第一台红宝石激光器问世以来，激光和激光器迅猛发展。激光工作物质已扩展到晶体、光纤、气体、液体、玻璃、半导体及自由电子等数百种之多。激光因其所具有的优异特性导致了光学领域的巨大变革，不仅使古老的光学科学和光学技术获得了新生，而且导致了一门新兴产业的出现，对整个科学领域的进步和发展都起到了推动作用，已被广泛地运用于科学、医学、国防、工农业生产等各个领域。随着激光技术的不断发展和成熟，其必将对我们的生产生活和科学技术产生不可估量的影响。

激光的英文名称叫作 LASER，最初的中文名称是 LASER 的音译，叫作“镭射”“莱塞”。英文名称 LASER 是由全称 Light Amplification by Stimulated Emission of Radiation 的各单词第一个字母组合而成的缩写词，意思是“通过受激发射光放大”。激光的英文全名已经完全表达了制造激光的主要过程。1964 年，按照我国著名科学家钱学森的建议将“光受激发射”改称为“激光”，此后沿用至今。

美国著名的物理学家爱因斯坦早在 1917 年就已经发现了激光产生的原理，但直到 1960 年激光才被制造成功。激光的诞生有着充分的理论准备，伴随着生产实践的迫切需要。因此一经问世，就获得了异乎寻常的飞速发展。1917 年，爱因斯坦提出了一套全新的技术理论“光与物质相互作用”。爱因斯坦认为，在组成物质的原子中，不同数量的粒子（电子）分布在不同的能级上，位于高能级上的粒子受到某种光子的激发，会从高能级跳到（跃迁）低能级上，同时将会辐射出与激发它的光相同性质的光。而且在某种状态下，能出现一个弱光激发出一个强光的现象。这就叫作“受激辐射的光放大”，简称激光。1953年，美国物理学家查尔斯·哈德·汤斯（Charles H. Townes）用微波得到了激光的前身：微波受激发射放大，简称MASER。1957年，戈登·古尔德（Gordon Gould）指出，可以用光激发原子，创造了“LASER”这个单词。1958年，美国科学家阿瑟·伦纳德·肖洛（Arthur Leonard Schawlow）和查尔斯·哈德·汤斯发现了一种奇特的现象：当他们将氖光灯泡所发射的光照在一种稀土晶体上时，晶体的分子会发出鲜艳的、始终汇聚在一起的强光。根据这一现象，他们提出了“激光原理”，并发表了相关论文，由此获得1964年的诺贝尔物理学奖。1960年5月15日，美国加利福尼亚州休斯实验室的科学家西奥多·梅曼（Theodore Maiman）获得了人类有史以来的第一束激光，波长为0.6943微米。梅曼成为世界上第一个将激光引入实用领域的科学家。1960年7月7日，梅曼研制出世界上第一台激光器。他利用一个高强闪光灯管来激发红宝石。红宝石从物理上来说是一种掺有铬原子的刚玉，当红宝石受到刺激时，会发出一种红光。在一块表面镀上反光镜的红宝石的表面钻一个孔，使红光可以从这个孔溢出，从而产生出一条十分集中的纤细红色光柱。当它射向某一点时，可使其达到比太阳表面还要高的温度。1961年，激光首次在外科手术中用于杀灭视网膜肿瘤。1962年，苏联科学家尼古拉·巴索夫发明了半导体激光器。1971年，激光进入艺术世界，用于舞台光影效果以及激光全息摄像。英国籍匈牙利裔物理学家丹尼斯·伽博（Dennis Gabor）凭借对全息摄像的研究获得诺贝尔奖。1974年，第一个超市条形码扫描器出现。1975年，IBM投放第一台商用激光打印机。1978年，飞利浦制造出第一台激光盘播放机。1988年，北美和欧洲间架设了第一根光纤，用光脉冲来传输数据。同年，巴西研制成功一种半导体激光大气通信系统，通信距离可达15千米。1990年，激光开始用于制造业，包括集成电路和汽车制造。1991年，激光第一次用于治疗近视，海湾战争中第一次使用激光制导导弹。2008年，法国神经外科医生使用广导纤维激光和微创手术技术治疗脑瘤。2010年，美国国家核安全管理局NNSA表示，通过使用192束激光来束缚核聚变的反应原料、氢的同位素氘和氚，解决了核聚变的一个关键困难。

（二）激光技术的原理及特性

20世纪初，物理学家对物质结构的认识有了很大的进步。在原子中，原子核位于中心处，核外分布着若干个电子，不同数量的电子分布在不同的能级上。在两个能级间存在着自发发射跃迁、受激发射跃迁和受激吸收跃迁三种运动过程。这些运动过程不是孤立的，往往是同时进行的。当电子从高能级向低能级跃迁时，会释放出相应能量的光子，即自发发射跃迁。同样的，当一个光子入射到一个能级系统并为之吸收，会导致电子从低能级向高能级跃迁，即受激吸收跃迁。然后部分跃迁到高能级的电子又会跃迁回低能级并释放出光子，即受激发射跃迁。受激发射跃迁所产生的受激发射光，与入射光具有相同的相位、频率、传播方向和偏振方向。因此，大量电子在同一相干辐射场激发下产生的受激发射光是相干的。受激发射跃迁概率和受激吸收跃迁的概率均与入射辐射场的单色能量密度成正比。当两个能级的统计权重相等时，两种过程的概率相等。在热平衡情况下，自发吸收跃迁占优势，光通过物质时通常因受激吸收而衰减。外界能量的激励可以破坏热平衡，出现粒子数反转状态。在原子核外分布的电子，通常在高能级的电子较少，在低能级的电子较多。如果能使在高能级上分布的电子多于在低能级上分布的电子，这种情况就称为粒子数反转。在这种情况下，受激发射跃迁占优势，这是实现激光的关键所在。所以当我们人为的创造一种条件，如采用适当的媒质、共振腔，给予足够的外部电场，使得受激发射跃迁过程得到放大而比受激吸收跃迁过程进行的多，那么总体而言，就会有光子射出，从而产生激光。

产生激光的仪器称为激光器，激光器大多由激励系统、激光工作介质和光学谐振腔三部分组成。除自由电子激光器外，各种激光器的基本工作原理大同小异。从重要程度来说，因为产生激光的必备条件是粒子数反转和增益大过损耗，所以装置中必不可少的组成部分是激励系统和具有亚稳态能级的激光工作介质。

激励系统是指为使激光工作介质实现并维持粒子数反转而提供能量来源的机构或装置。根据工作物质和激光器运转条件的不同，可以采取不同的激励方式和激励装置，常见的激励方式有光学激励、气体放电激励、化学激励和核能激励。光学激励是利用外界光源发出的光来辐照工作介质以实现粒子数反转。整个激励装置通常由气体放电光源如氙灯、氪灯和聚光器组成，这种激励方式也称作灯泵浦。气体放电激励是利用在气体工作介质内发生的气体放电过程来实现粒子数反转，整个激励装置通常由放电电极和放电电源组成。化学激励是利用在工作介质内部发生的化学反应过程来实现粒子数反转的，通常要求有适当的化学反应物和相应的引发措施。核能激励是利用小型核裂变反应所产生的裂变碎片、高能粒子或放射线来激励工作介质并实现粒子数反转。

激光工作介质是指用来实现粒子数反转并产生光的受激辐射放大作用的物质体系，也称为激光增益媒质。激光工作介质要求尽可能在其工作粒子的特定能级间实现较大程度的粒子数反转，并使这种反转在整个激光发射作用过程中尽可能有效地保持下去。为此，要求工作物质具有合适的能级结构和跃迁特性。根据产生激光的介质不同，可以把激光器分为液体激光器、气体激光器和固体激光器等。气体激光器的介质是气体，此种激光器通过放电得到激发。常见的有氦氖激光器、二氧化碳激光器、一氧化碳激光器、氮气激光器、氩离子激光器和氦镉激光器等。固体激光器的介质是固体，此种工作物质通过灯、半导体激光器阵列、其他激光器光照泵浦得到激发。常见的有红宝石激光器、Nd：YAG（掺钕钇铝石榴石）激光器、Nd：YVO4（掺钕钒酸钇）激光器、Yb：YAG（掺镱钇铝石榴石）激光器和钛蓝宝石激光器等。我们常说的半导体激光器就是固体激光器的一种。半导体激光器是电驱动的二极管，当给二极管施加电流时会产生大量电子与空穴复合，就会带来受激发射作用的光增益。

激光器中常见的组成部分还有光学谐振腔，谐振腔可以使腔内的光子具有相同的频率、相位和运行方向，从而使激光具有良好的方向性和相干性。还可以很好地缩短激光工作介质的长度，通过改变谐振腔长度来调节产生激光的模式。从理论上来说，谐振腔并非必不可少，但是一般激光器都具有谐振腔。

激光被广泛应用是因为它的特性。激光几乎是一种单色光波，频率范围极窄，又可在一个狭小的方向内集中高能量。激光具有以下特性。

第一，方向性好。在日常生活中，普通的光源是向各个方向发光。只有给光源装上一定的聚光装置，才能让发射的光朝一个方向传播。例如，打开室内的电灯，整个房间都照亮了。又如打开手电筒，光在发出的部位直径不过 3 至 5 厘米，待射到几米之外后，就扩展成一个很大的光圈。这说明，光在传播中发散了。而激光器所发射出的激光，光束偏离轴线的发散角往往非常小，大约只有 0.001 弧度，近似于平行。人类于 1962 年第一次使用激光照射月球，地球与月球间的距离约 38 万公里，但激光在月球表面形成的光斑不到两公里。而若换成用看似平行的探照灯射向月球，其光斑直径将覆盖整个月球。

第二，亮度极高。激光由于是定向发光，发散角极小，大量光子被集中在一个极小的空间范围内射出，导致能量密度极高。在激光发明之前，人工光源中亮度最高的是高压脉冲氙灯。而人类于 1960 年发明的红宝石激光器，其所发射的激光亮度是高压脉冲氙灯的几百亿倍。此外，激光的亮度与太阳相比，是太阳的几百万倍。激光的出现，是光源亮度上的一次惊人的飞跃。因为激光的亮度极高，所以能够照亮很远距离的物体。如红宝石激光器发射的光束在月球上产生的照度约为 0.02 勒克斯，颜色鲜红，激光光斑肉眼可见。若用功率最强的探照灯照射月球，产生的照度只有约一万亿分之一勒克斯，人眼根本无法察觉。

第三，单色性好。光的颜色由光的波长或频率决定，一定的波长对应一定的颜色。太阳辐射出的可见光段的波长分布范围约在 0.76 微米至 0.4 微米之间，对应的颜色包含红、橙、黄、绿、蓝、青、紫七种颜色，我们日常所见的白色太阳光就是由这些颜色复合而成的。发射单种颜色光的光源称为单色光源，它发射的光波波长是单一的。如氪灯、氦灯、氖灯、氢灯等都是单色光源，只发射某一种颜色的光。单色光源的光波波长理论上是单一的，但实际仍有一定的分布范围。如被誉为单色性之王的氖灯只发射红光，单色性很好，波长分布的范围仍有 0.00001 纳米。因此若仔细辨认氖灯发出的红光，仍包含有几十种红色。而激光器发射出的光，波长分布范围极窄。以同样发射出红光的氦氖激光器为例，其光的波长分布范围可以窄到 2×10^－9 纳米，是氖灯发射的红光波长分布范围的万分之二。光辐射的波长分布区间越窄，单色性越好。由此可见，激光器的单色性远远超过任何一种单色光源。

第四，能量密度极大。光子的能量用 $E=hv$ 来计算，其中 h 为普朗克常量，v 为频率。由此可知，频率越高，能量越高。激光的频率范围在 3.846×10^{14} Hz 到 7.895×10^{14} Hz 之间。而激光的发散角又极窄，可以在一个狭小的方向内集中高能量，因此利用聚焦后的激光束可以容易地对各种材料进行打孔或切割。在工业生产中，利用激光能量密度大的特点已成功地进行了激光打孔、切割和焊接。在医学上，利用激光的高能量可使剥离视网膜凝结和进行外科手术。在测绘方面，可以进行地球到月球之间距离的测量等。在军事领域，激光能量提高，可以制成摧毁敌机和导弹的光武器。

第五，相干性好。激光器输出的激光频率、振动方向、相位和传播方向都高度一致，使激光光波在空间重叠时，重叠区域的光强分布会呈现出稳定的强弱相间现象。这种现象叫作光的干涉，所以激光是相干光。而普通光源发出的光，其频率、振动方向、相位不一致，称为非相干光。激光的相干性使得很多光学实验的精度都大大提高。

二、激光技术的应用

由于激光具有一系列优异的特性，因而在工业、农业、医疗、国防、天文、地理、科研等各个方面广泛应用，和我们的生产生活密切相关。它所具有的高亮度和高能量密度，使它在工业领域发挥了巨大的作用，如焊接、切割、淬火、打标、微纳制造加工等。在农业领域激光育种是一个传统项目，已发展成熟。在医学方面激光可用于手术、美容、心血管和癌症的诊断治疗。在国防上已发展出激光枪炮、激光制导、激光通信、激光陀螺、激光测距等技术。在科学研究领域有激光光谱、激光同位素分离、激光全息等技术。在日常生活中我们常见的条纹码扫描器、CD 与 VCD、全息邮票、激光打印机与复印机、激光艺术舞台等，都应用到了激光技术。

（一）激光技术在工业领域的应用

激光技术应用于材料加工中，形成了一门新型的加工工业即激光工业。由于激光在空间上和时间上都易于控制，与计算机数控技术结合起来，可构成高效的自动化加工设备。广泛应用于机械制造、电子、汽车、电器、航空、冶金等重要部门，可提高劳动生产率、提高产品质量及自动化程度，且具有无污染、低消耗的优点。

激光切割技术广泛应用于金属和非金属材料的加工中，可大大减少加工时间，降低加工成本，提高工件质量。脉冲激光适用于金属材料，连续激光适用于非金属材料，后者是激光切割技术的重要应用领域。高功率密度的激光束经过聚焦后照射到材料上，使材料温度急速升高至熔化、气化、烧蚀或达到燃点，同时借助与光束同轴的高速气流吹除熔融物质，随着激光与被切割材料的相对运动，在切割材料上形成切缝从而达到切割的目的。从激光与材料作用机理和过程来分，激光切割可分为热加工和冷加工两种。现在大量用于激光加工的CO_2激光器和YAG激光器处于红外波段，它们基于热效应使工件升温、熔化或汽化，以完成各种加工，称为热加工。但这种方式会损伤周围区域，限制了边缘强度和产生精细特征的能力。与之相对应的冷加工方式，是采用紫外波段的激光。这种激光波长短、能量集中，通过直接破坏连接物质组分的化学键来达到加工目的。这种将物质分离的过程是一个“冷”过程，热效应小，在精密切割和微加工领域具有广泛的应用。

激光熔覆技术是通过在基材表面添加熔覆材料，并利用高能密度激光束辐照加热，使熔覆材料和基材表面薄层发生熔化，快速凝固，以冶金结合的方式在基材表面形成添料熔覆层。激光束的能量密度高，加热速度快，对基材的热影响较小，引起工件的变形小。通过控制激光的输入能量，可将基材的稀释作用限制在极低的程度，保持了原熔覆材料的优异性能。激光熔覆层与基材之间为冶金结合，结合牢固，且熔覆层组织细小。这些优点使得激光熔覆技术近十年来在材料表面改性方面受到高度的重视。

激光焊接技术是使激光束照射在材料上，把材料加热至融熔，使对接在一起的组件接合在一起。激光焊接所用的激光束比切割金属时所用的功率小，使材料熔化而不气化，当材料冷却后联结成一块紧密的固体结构。采用激光焊接的被焊接工件变形极小，几乎没有连接间隙，焊接深度宽度比高，焊接质量比传统焊接方法好。激光焊接技术具有熔池净化效应，能纯净焊缝金属，适用于相同和不同种金属材料间的焊接，尤其对高熔点、高反射率、高导热率和物理特性相差很大的金属焊接特别有利。此外，激光焊接还具备一些优点，使其在微电子工业中广受欢迎。例如，因为激光焊接不需要任何焊料，所以焊接组件不会受到污染。当激光束被光学系统汇聚成很细的光束时，激光可以做成非常精细的焊枪，进行精密焊接工作。激光焊接与组件不会直接接触，对于材料质地没有特殊要求。

激光对金属材料的表面处理，是近十年来发展起来的一项新技术。用激光处理金属，通常是以一定模式的激光光束对准工件需处理的部位，用工件随工作台的移动（转动或平移）来实现激光扫描。采用惰性气体来保护系统，防止表面氧化及等离子体的生成。对于一般工件采用空气冷却，有些特殊要求件也可采用液氮冷却。激光加工无论对黑色金属还是有色金属，在实践应用中均显示出明显的质量和效益上的优势，近几年来发展迅速。

（二）激光技术在物种育种中的应用

激光具有高光亮性、高单色性、高方向性和高相干性等一系列特点，用它照射作物的种子可诱发生物遗传结构的改变和突变，如引起基因突变和染色体畸变。通过选择合理的激光波长和剂量及照射时间能够诱发植株矮生、提高抗病虫害能力、提早成熟和增加产量等多种变异。这种培育优良新品种的科学方法称为激光育种。各种频率的激光均能引起DNA突变，进行激光诱变育种。随着国内外激光技术的飞速发展和研究水平的深入，现在已发展到激光与电离射线复合育种，它能扩大变异谱，提高有利变异频率。激光诱变技术在作物诱变育种，品种改良的生产实践中得到了广泛的推广。

（三）激光技术在医学上的应用

20世纪60年代，激光问世不久就与医学结合了起来。激光技术从临床诊断、临床治疗到基础医学研究被广泛应用。目前激光医学已发展成为一门体系完整、相对独立的学科，在医学科学中起着越来越重要的作用。激光由于其自身的特点，利用聚焦透镜能汇聚成非常小的光点，在光点上其能量密度极大，可以在几个微秒或几个毫秒之内发生作用。激光的光点经聚集以后其直径可达几十个微米，在治疗时可以精确地定位到病变部位而不影响邻近的生物组织，具有高精确性与安全性。激光解决了许多传统医学难以解决的问题，广受欢迎。激光治疗最早应用于眼科，可治疗视网膜剥离、眼底血管病变、虹膜切开、青光眼、近视眼等一大批眼科疾病。目前已发展成为激光手术治疗、弱激光生物刺激作用的非手术治疗和激光的光动力治疗三大领域。激光手术刀与传统手术刀相比，术中出血少，细菌感染少，不需缝合。手术部位水肿轻，恢复快，无瘢痕。一些由于出血多而无法进行的内窥镜手术，可由激光切割代替完成。此外，激光与中医针灸技术结合而形成的“光针”，对镇痛、哮喘、遗尿、高血压等有一定疗效，我国在这一领域处于国际领先水平。激光技术为现代医学提供了巨大的助力，能够治疗内科、外科、眼科，以及皮肤、肿瘤和耳鼻喉科的一百多种疾病。

（四）激光技术在全息摄影上的应用

激光全息摄像术是一种利用“干涉记录，衍射重现”原理的两步无透镜成像法的摄像技术，获得的信息是三维立体信息。最早由匈牙利籍的英国物理学家丹尼斯·加博尔于1948年提出，它和普通的摄影原理完全不同。由于需要使用具有良好相干性的光源，所以直到激光问世后才得到高速发展。全息摄影采用激光作为照明光源，并将光源发出的光分为两束，一束直接射向感光片，另一束经被摄物的反射后再射向感光片。两束光在感光片上叠加产生干涉，感光底片上各点的感光程度不仅随强度也随两束光的相位关系而不同。全息摄影不仅记录了物体上的反光强度，也记录了相位信息。人眼直接去看这种感光的底片，只能看到像指纹一样的干涉条纹，但如果用激光去照射它，人眼透过底片就能看到与原来被拍摄物体完全相同的三维立体影像。激光全息摄影是一门崭新的技术，它被人们誉为20世纪的一个奇迹。

（五）激光技术在国防中的应用

当前时代科技发展迅猛，激光技术已日趋成熟，激光日益受到各大军事强国的重视，成为军事技术发展中最为活跃的领域之一。激光技术现已广泛应用于侦察、对抗、制导、通信等诸多的军事领域，有效地提升了军队在现代高技术战争中的打击和防御能力。

激光在军事领域主要有以下应用：一是激光雷达。激光雷达是激光技术与现代光电探测技术结合的一种先进探测方式。其工作波段从红外到紫外，原理和构造与激光测距仪相似。激光雷达能精确测量目标位置（距离和角度）、运动状态（速度、振动和姿态）和形状，探测、识别、分辨和跟踪目标。经过多年发展，现已研制出火控激光雷达、侦测激光雷达、导弹制导激光雷达、靶场测量激光雷达、导航激光雷达等。二是激光测距。它是在军事上最先得到实际应用的激光技术。20 世纪 60 年代末，激光测距仪开始装备部队，现已研制出多种类型。它具有测距精度高、体积小质量轻、分辨率高、抗干扰能力强等优点，广泛用于侦察测量和武器火控系统。激光测距与坦克、大炮相结合构成的火控系统，首发命中率非常高，已成为军队必备的武器装备。三是激光制导。激光制导是利用目标反射的激光来探测、跟踪目标并控制导弹飞向目标的制导技术。具有制导精度高、目标分辨率高、抗干扰能力强、结构简单等优点。但激光光束易受云、雾和烟尘的影响，不能全天候使用。目前主要应用在空对地、地对空导弹，激光制导航空炸弹以及反坦克导弹技术中。四是激光武器。激光作为武器，有很多独特的优点。它可以光速飞行，这是任何武器都达不到的速度。它一旦瞄准，几乎不需要什么时间就能立刻击中目标。它可以在极小的面积、极短的时间里集中超过核武器 100 万倍的能量，还能很灵活地改变方向，没有任何放射性污染。用高功率激光器制成的近距离战术型激光武器可使人眼致盲，摧毁飞机、导弹、卫星等军事目标，目前已接近实用阶段。远距离战略型激光武器可以反卫星、反洲际弹道导弹，目前还在研制之中。

三、激光通信技术

激光的出现极大地促进了许多学科的发展，其中也包括通信领域。激光以其良好的方向性、高相干性及高亮度性等特点成为光通信的理想光源。将激光应用于通信，掀开了现代光通信史上崭新的一页，成为当今信息传递的主力军。

激光通信是以激光光束作为信息载体的一种通信方式，和传统的电通信一样，它可分为有线激光通信和无线激光通信两种形式。其中，有线激光通信就是近年来发展迅猛的光纤通信，已取得广泛应用。无线激光通信也称为自由空间激光通信，它直接利用激光在大气或太空中进行信号传递，可进行语音、数据、电视及多媒体图像等多种信号的高速双向传递。无线激光通信开辟了全新的通信频道，使调制带宽显著增加，传输速率及信息量显著增大，器件的尺寸、质量、功耗明显降低，各通信链路间的电磁干扰小、保密性强，并且显著减少地面基站。目前已成为国际上的一大研究热点，世界上各主要技术强国均已开展积极研究。根据使用情况，无线激光通信可分为点对点、点对多点、环形或网络状通信。根据传输信道的不同，无线激光通信又可分为大气激光通信、星际激光通信和水下激光通信。

（一）大气激光通信

大气激光通信是无线激光通信的一个分支，它以近地面大气作为传输媒介，是激光出现后最先研制的一种通信方式。大气激光通信系统主要由光源系统，发射和接收系统，信标系统，捕获、瞄准和跟踪系统等部分组成。信息电信号通过调制加载在激光上，通信的两端通过初定位和调整，再经过光束的捕获、瞄准、跟踪建立起光通信链路，然后由光在大气信道中传输信息。根据所用光源的不同，大气激光通信系统可分为半导体激光通信系统、气体激光通信系统和固体激光通信系统。半导体激光器体积小质量轻，灵活方便，但光束发散角稍大，适用于近地面的短距离通信。气体激光通信系统的体积和质量都较大，但其通信容量也大，光束发散角较小，适合于卫星间的通信和定点之间的大容量通信。

大气激光通信与微波通信系统相比，具有不挤占频带、通信容量大、传输率高、抗电磁干扰和防止窃听等优势。与有线通信系统相比，还具有机动灵活、经济实用、架设快捷、使用方便、不影响市政建设等诸多优点。随着大气激光通信技术的日益成熟，该技术的应用将会越来越广泛。根据大气激光通信的优点，它可应用于一些特殊的场合。例如，有强电磁干扰的场所；一些不宜布线的场所，如具有纪念意义的古建筑、具有危险性的车间工厂；走线成本高、施工难度大或经市政部门审批困难的场合，如马路两侧建筑物之间、不易架桥的江河两岸之间、山头之间及边远山区等；临时性的场所，如展览厅、短期租用的商务办公室或临时野外工作环境。在这些地方大气激光通信系统可作为有线通信系统的应急备用系统，发挥巨大作用。

（二）光纤通信技术

随着社会信息技术的发展，3G 网络的实施，4G 网络的开发与研究，IPTV 三网融合，物联网等的实施和提出，对现有的网络提出了革命性的要求，人类对于信号传输带宽的需求在以惊人的速度增长。移动性、无线化、数字化和宽带化是当今信息业发展的趋势。超高速、超大容量成为信息传送追求的主要目标。光纤通信技术是利用光波作为载波来传递信息的技术。当今，光纤以其传输频带宽、抗干扰性高和信号衰减小，而远优于电缆、微波通信的传输，已成为世界通信中主要传输方式。

两千多年前人类就开始了光通信。据记载，公元前 800 年左右，人们就利用火来传递一些少量的简单信息。中国古代用烽火台，欧洲人用旗语，来传递一些简单的事先约定好的信号。公元前 200 年左右，古希腊人波里比阿发明了一种传输系统，可以传递一些固定信息和字母，传输速率大约为每分钟 8 个字母。1880 年，美国人贝尔发明了光电话，这是现代光通信的雏形。1960 年，美国人西奥多·梅曼发明了红宝石激光器。随后激光技术迅速发展，各种气体激光器、液体激光器、固体激光器相继问世。

大量的大气光通信实验证明，气候是影响空间光通信的通信能力和质量的关键因素。1870 年，英国物理学家丁达尔在英国皇家学会中的一次演讲中指出，光线能在盛水的弯曲管道中反射而传输，并且用实验进行了证实。1927 年，英国的贝尔德首次利用这一原理制成了石英纤维，并进行图像传输。光的传输介质开始集中到石英材料上，但此时石英光纤的损耗非常大，所以光通信一直没有得到快速发展。直到 20 世纪 60 年代中期，情况才发生改变，而改变这一现状的正是一位中国人——高锟。1966 年，英籍华人学者高锟和霍克哈姆发表了一篇重要的论文，文中指出目前石英光纤的巨大损耗并非石英本身固有的特性（当时石英光纤的损耗为 1000 dB/km)，而是由于材料中存在的杂质引起的。可以通过改进生产工艺来实现满足光信息传输的低损耗介质。这一论文阐述了利用石英光纤进行光信息传输的可能性和技术途径，奠定了光通信的基础。1970 年，美国康宁玻璃公司按照高锟的思路制造出了损耗为 20 dB/km 的石英光纤，使得光纤的研制取得重大突破。1972 年，该公司生产的高纯石英多模光纤的损耗下降到 4 dB/km。到了 20 世纪 80 年代初，单模光纤在波长 1.55 um 的损耗已经下降到 0.2 dB/km，而目前 G.654 光纤在 1.55 um 波长附近损耗仅 0.1510.2 dB/km，接近光纤的理论极限。由于高锟在开创光纤通信历史上的卓越贡献，2009 年 10 月 6 日被授予诺贝尔物理学奖。

1976 年，美国亚特兰大进行了世界上第一个实用光纤通信系统的现场试验，采用镓铝砷激光器作为光源，多模光纤作为传输介质，试验结果显示信息传输速率可达 44.7 Mb/s，传输距离约 10 千米。1976 年，日本也进行了光通信的实验。此后大规模的光纤网络建设就此展开。1988 年，美、日、英、法发起建设第一条横跨大西洋的海底光缆通信系统，全长 6400 千米。1993 年 10 月 15 日，由我国自行研制、生产、建设的京汉广（北京、武汉、广州）通信光缆开通，全长 3047 公里，标志着我国已进入全面应用光通信的时代。

光纤通信系统是以光为载波，利用纯度极高的玻璃拉制成极细的光导纤维作为传输媒介，通过光电变换，用光来传输信息的通信系统。工作时先将需传送的信息在发送端输入发送机中，再将信息叠加或调制到作为信息信号载体的载波上，然后将已调制的载波通过光导纤维传送到远处的接收端，由接收机解调出原来的信息。根据信号调制方式的不同，光纤通信可以分为数字光纤通信，模拟光纤通信。光纤通信的产业包括了光纤光缆、光器件、光设备、光通信仪表、光通信集成电路等多个领域。光纤通信中的光波主要是激光，所以又叫作激光一光纤通信。光波频率极高，能携带的信息量极大。光纤通信系统中的关键部件之一是光导纤维，由高折射率、高透明度的芯层和低折射率的包层所构成。当入射进光纤芯层的载波光与轴线夹角小于全反射临界角时，光线在芯层与包层的交界处发生全反射，在芯层中曲径前进，而不会射出芯层。由于光的本质是电磁波，所以可以像其他电磁波一样对它进行调制。由于它的频率极高，因此可以几乎无限量地调制到一根光导纤维的频带宽度之内。与激光通信技术结合起来的光纤通信容量比普通电缆通信大 10 亿倍。一根光导纤维比头发丝还细，却可以传输几万路电话或几千路电视信号。

由此可见，光纤通信特别适合于对电视、图像和数字信号的传送，它已经深入影响了现代人类的社会生活。由于光纤通信保密性能特别好，也经常被用在航空、军事等方面，显示出优良的功能。同时，近几年来科学家还发明出了“内窥镜”，主要采用光导纤维来制造，可以使医生清楚地观察到病人体内细微的病变，在医学领域已广泛应用。光导纤维还被应用于传感技术中，目前全世界已经生产的各种光纤传感器已有六七十种。光导纤维与普通通信电缆相比，具有信息容量大、质量轻、占有空间小、耦合损耗低、串话少、保密性极强、价格低、加工方便等优点，广泛地应用于通信、电视、广播、交通、军事、医疗等许多领域，逐渐取代了电缆和微波通信，被誉为信息时代的神经。

第二节　新材料技术

材料是指人类社会可接受地、能经济地制造有用器件或物品的物质，包括天然生成和人工合成的材料，以及由它们组合而成的复合材料，是人类赖以生存和发展的物质基础。材料科学技术是研究材料的成分、组织结构、制备工艺、加工工艺、材料的性能与材料应用之间的相互关系的科学，是当代科学技术发展的基础、工业生产的支柱。近年来，人们把新材料技术、信息技术、生物技术并列作为新技术革命的重要标志。所谓新材料，主要是指与传统材料相比，具有更优异性能的一类材料。主要包括新型金属材料、高分子合成材料、新型无机非金属材料、复合材料、光电子材料和纳米材料等。现代社会，材料已成为国民经济建设、国防建设和人民生活的重要组成部分。

一、新型金属材料

金属材料是进入工业社会以后，用得最早也是用得最多的材料，并长期占绝对优势。其优点是高韧性，延展性好，强度高，导电性好。金属材料一般是指工业应用中的纯金属或合金，自然界中大约有 70 多种纯金属，常见的有铁、铜、铝、锡、镍、金、银、铅、锌等。合金通常是指由两种或两种以上的金属，或金属与非金属结合形成的具有金属特性的材料。常见的合金有铁和碳所组成的钢合金，铜和锌所形成的合金俗称黄铜等。通常所谓的新型金属材料都是指合金。合金的性能比纯金属优异得多，具有更加广泛的应用价值。如新型铝合金的特点是轻质，导电性能好，可部分替代铜用作导电材料。新型镁合金轻巧坚固，可用于制造直升机的零件。新型高强度的钛合金不仅可用来制造超音速飞机和宇宙飞船，还广泛地应用于化工、电解和电力工业。

美国科学家在20世纪50年代初期偶然发现，某些金属及其合金具有一种所谓“形状记忆”的功能，即形状记忆效应。形状记忆效应是指材料在外力作用下会产生形变，而当把外力去掉，在一定的温度条件下，合金能恢复为原来的形状的现象。通常把具有这种性质的金属材料称为形状记忆合金。关于形状记忆合金最早报道的是用其制作球面天线。美国登月宇宙飞船在发射之前，科学家先把镍钛合金做成一个大的半球形展开天线，然后冷却到一定的温度以下使它变软，再施加压力把它弯曲成一个小球，这样在飞船上就只占用很小的空间。等登上月球以后，利用阳光照射的温度，使天线重新展开，恢复到大的半球形形状。形状记忆合金不仅具有理论上的重大意义，还具有工业领域重大的应用价值。用形状记忆合金制作插头与插座或管子联结器有很大的优点，连接器可自动收缩，于是两根管被牢固地连接起来。美国空军F-14飞机曾经用此类连接器连接油压系统和加压水系统的管道。在海军的潜艇和军舰上也大量使用形状记忆合金管接头，因为在这些地方管道排列十分密集，无法用一般的方法实行管道的连接。

形状记忆合金现已广泛应用在生活的方方面面。比如，机械上的固紧销、管接头；电子仪器设备上的火灾报警器、插接件、集成电路的钎焊；医疗上的人造骨骼、伤骨固定加压器、牙科正畸器、各类腔内支架、栓塞器、心脏修补器、介入导丝和手术缝合线等。记忆合金目前已发展到几十种，在航空、军事、工业、农业、医疗等领域都发挥着作用。

二、高分子合成材料

高分子合成材料是20世纪用化学方法制造的一种新型材料，是以不饱和的低分子碳氢化合物为主要成分，含少量氧、氮、硫等，经人工加聚或缩聚而合成的分子量很大（一般大于10000）的有机物质，也称为高分子聚合物。高分子材料主要用于制成塑料、合成橡胶、合成纤维，还广泛用于制成胶黏剂、涂料及各种功能材料。塑料、合成橡胶和合成纤维被称为三大合成材料，已经成为国民经济建设与人民日常生活所必不可少的重要材料。

塑料是以合成树脂为主要成分，并加入填料、增塑剂、固化剂等添加剂，在一定温度下加工成型而得到的产品的通称，在常温下能够保持形状不变。塑料除质量轻、强度高之外，还具有多种优良性能：导热性低，优于许多天然材料，是最好的保温隔热材料之一；电绝缘性好，一般均为电的不良导体；化学稳定性好，对酸、碱、盐及水分等的作用都有较高的抵抗能力，是良好的防水、防潮和耐腐蚀材料；消音吸振性好，可减少振动、降低噪声，改善环境条件；装饰性好，可制成透明的或各种颜色表面光洁的制品，色泽艳丽、经久不褪。这些性质使塑料在工程中的应用十分广泛。

合成橡胶是在对天然橡胶进行分析研究的基础上发展起来的。19世纪中叶，天然乳胶经硫化处理能够变成坚韧且富有弹性的有用材料后，橡胶工业开始建立起来。随着19世纪末交通运输事业的迅猛发展，特别是自行车和汽车的成批生产，对橡胶需求大量增加，欧美一些国家开始研制合成橡胶。合成橡胶是一种在室温下呈高弹状态的高分子聚合物，具有良好的柔顺性。橡胶经硫化处理后可制成橡皮。橡皮具有所需的强度、弹性、硬度及耐热性，可制作各种橡胶制品。合成橡胶的品种繁多，性能各异。弹性好、强度和硬度较高的橡胶可用作止水材料；耐老化性能好，耐热或耐低温的橡胶材料可制成暴露于大气的制品，如轮胎和橡皮管。

合成纤维是将液态树脂经高压喷丝并通过稳定液后所得的纤维状产品，分为长丝及短纤维。合成纤维的线性结构分子中含有部分晶体，故非常坚韧，具有强度高、变形小、耐腐蚀、耐磨等特点。合成纤维应用广泛，除作纺织工业原料外，还大量用于航空航天、汽车、船舶、国防、化工及建筑工程等各方面。在建筑工程中，合成纤维织物可用作装饰材料、吸声材料及土工织物，如尼龙、聚酯纤维、聚氯乙烯纤维及聚丙烯纤维等。合成纤维与树脂结合可制作简易屋面板、遮阳板等，与橡胶材料结合可制成轮胎、运输带等，除此以外还可制成电绝缘材料及防护材料等。

三、非晶态合金材料和新型无机非金属材料

人类使用金属材料已有大约8000年的历史，在这漫长的时间中，使用的都是具有晶体结构的金属材料。直到20世纪后期，1960年美国加州大学的杜威兹小组首次获得了非晶态的合金 $Au_{70}Si_{30}$，1967年又得到了非晶态合金 $Fe_{86}P_{12.5}C_{7.5}$，并发现非晶态金属及合金具有许多常规晶态金属不可比拟的优越性能，从此揭开了金属材料发展历史上新的一页。

非晶态合金的原子排列不是有规律的，而是混乱地密堆在一起。非晶态合金的综合力学性能很好，在具有高强度、高硬度的同时，还具有很好的韧性和延展性，这是非晶态的玻璃和晶态的金属所不具备的。此外，它还具有高电阻率和高导磁率及高抗腐蚀性。非晶态合金具有良好的软磁性，采用非晶态合金用作变压器和电动机的铁芯材料，可大为降低涡流损耗。例如，$Fe_{81}B_{13.5}Si_{3.5}G_2$ 和 $Fe_{82}B_{10}Si_8$ 等铁基软磁非晶合金的磁芯损耗只有常用硅钢片铁芯的1/3到1/5，因此用非晶合金制作变压器，可使能耗降低2/3。当额定功率一定时，采用非晶合金还可以减轻变压器的质量和减小变压器的尺寸。非晶软磁合金还可用作磁记录磁头、磁屏蔽材料、计算机中的磁盘软盘和仪器仪表中的磁记录装置，还可作记忆元件材料、传感器元件材料等。非晶钎焊合金做成薄带，延展性好，可加工成型，成分均匀不含杂质，熔点低，流动性好，可用于高温合金和不锈钢的钎焊，代替昂贵的金基钎焊合金用于飞机发动机部件的焊接。除上述用途之外，非晶合金还具有许多特性，可作为多方面的功能材料加以应用，如高电阻材料，恒弹性、恒热膨

胀材料，超导材料，储氢材料以及光学系统中的电子源，等等。

无机非金属材料是以某些元素的氧化物、碳化物、氮化物、卤素化合物、硼化物，以及硅酸盐、铝酸盐、磷酸盐、硼酸盐等物质组成的材料。是除有机高分子材料和金属材料以外的所有材料的统称。无机非金属材料的提法是 20 世纪 40 年代以后，随着现代科学技术的发展从传统的硅酸盐材料演变而来的，无机非金属材料与有机高分子材料和金属材料并列为化工三大材料。传统的无机非金属材料是工业和基本建设所必需的基础材料，它们产量大，用途广。如水泥、普通的光学玻璃、日用陶瓷、铸石、碳素材料、非金属矿（石棉、云母、大理石等）都属于传统的无机非金属材料。新型无机非金属材料是指具有如高强、轻质、耐磨、抗腐、耐高温、抗氧化，以及特殊的电、光、声、磁等一系列优异综合性能的新型材料，是其他材料难以替代的功能材料和结构材料，具有的独特性能，是高技术产业不可缺少的关键材料。20 世纪以来，随着电子技术、航天、能源、计算机、通信、激光、光电子学和生物医学等新技术的兴起，对材料提出了更高的要求，促进了新型无机非金属材料的迅速发展。20 世纪 30 至 40 年代出现了高频绝缘陶瓷、铁电陶瓷和压电陶瓷、铁氧体（又称磁性瓷）和热敏电阻陶瓷等。20 世纪 50 至 60 年代开发了碳化硅和氮化硅等高温结构陶瓷、氧化铝透明陶瓷、气敏和湿敏陶瓷等。至今，又出现了变色玻璃、光导纤维、电光效应、电子发射及高温超导等各种新型无机材料。其中的典型代表是新型陶瓷。

新型陶瓷材料属于新型材料的一种，无论是结构还是性能，与传统陶瓷材料都有很大的差别。传统陶瓷主要采用天然的岩石、矿物、黏土等材料做原料。而新型陶瓷则采用人工合成的高纯度无机化合物为原料，在严格控制的条件下经成型、烧结和其他处理而制成具有微细结晶组织的无机材料。它具有一系列优越的物理、化学和生物性能，其应用范围是传统陶瓷远远不能相比的，这类陶瓷又称为特种陶瓷或精细陶瓷。

按其应用不同划分又可将它们分为工程陶瓷和功能陶瓷两类。在工程结构上使用的陶瓷称为工程陶瓷，主要在高温下使用，也称高温结构陶瓷。这类陶瓷以氧化铝为主要原料，具有在高温下强度高、硬度大、抗氧化、耐腐蚀、耐磨损、耐烧蚀等优点，在空气中可以耐受 1980℃的高温，是空间技术、军事技术、原子能，以及化工设备等领域中的重要材料。利用陶瓷对声、光、电、磁、热等物理性能所具有的特殊功能而制造的陶瓷材料称为功能陶瓷。功能陶瓷种类繁多，用途各异。例如，根据陶瓷电学性质的差异可制成导电陶瓷、半导体陶瓷、介电陶瓷、绝缘陶瓷等电子材料，用于制作电容器、电阻器、电子工业中的高温高频器件，变压器等形形色色的电子元件。

四、复合材料

复合材料可由金属材料、无机非金属材料和高分子材料复合而成，是由两种或两种以上不同性质的材料，通过物理或化学的方法，使两种或两种以上材料在相态与性能相互独立的情况下共存于一体中，组成具有新性能的材料。各种材料在性能上互相取长补短，产生协同效应，使复合材料的综合性能优于原组成材料而满足各种不同的要求。复合材料对现代科学技术的发展，有着十分重要的作用，复合材料的研究深度和应用广度及其生产发展的速度和规模，已成为衡量一个国家科学技术先进水平的重要标志之一。

材料科学的发展经历了天然材料、无机非金属材料、金属材料、有机合成材料、复合材料这五个阶段。复合材料最早的原型，可追溯到2000多年前中国古人曾采用在黏性泥浆中加入稻草的方法做成土坯建造房子这一实例。这实际上表明祖先们已经知道使用稻草纤维可以增强黏土性能。自然界中，许多天然材料都可看作复合材料。如树木、竹子是由纤维素和木质素复合而成的。纤维素抗拉强度大，但刚性小，比较柔软，而木质素则把众多的纤维素粘结成刚性体。动物的骨骼是由硬而脆的磷酸盐和软而韧的蛋白质骨胶组成的复合材料。人类很早就仿效天然复合材料，在生活和生产中制成了初期复合材料。例如，在建筑房屋时，人们将麦秸或稻草掺入泥浆中以增强泥土的强度；在现代建筑中，人们大量使用混凝土，特别是钢筋混凝土制成的复合材料等。近代复合材料的发展起源于1942年，美国一家公司发明了玻璃钢。玻璃钢是一种玻璃纤维强化高分子材料而形成的复合材料，它是将玻璃纤维织网浸于芳基酯系非饱和聚酯树脂中，然后将含浸织网叠起来，施以固化处理后，得到的一种性能上过去从未达到的高弹性率高强度的树脂板。从此，在全世界范围内激发了研究复合材料的热潮。一般可把复合材料的发展分为三个阶段。第一阶段，即玻璃钢复合材料的发现。1942年研制成功，20世纪60年代开始工业化生产。第二阶段，为第二代复合材料碳纤维增强塑料。20世纪60年代开始研制，70年代进入提高阶段，80年代进入推广应用阶段。第三阶段，出现纤维增强金属基复合材料，即进入先进复合材料发展阶段。制造出比原先的复合材料具有更高的优异性能的复合材料，包括各种高性能的增强剂（纤维等）与耐高温性好的热固性、热塑性树脂基体所构成的高性能树脂复合材料、金属基复合材料、陶瓷基复合材料、玻璃基复合材料、碳基复合材料。

复合材料主要应用于航天航空和汽车等行业，其中汽车工业的使用量最大，并且还在不断地增加用量。例如，为了降低噪声，增加汽车的舒适性，人们开发出两层冷轧板之间黏附热塑性树脂的减震钢板。同时，为了满足发电机向高速、增压、高负荷发展的要求，发电机活塞、连杆、轴瓦已应用金属基复合材料。此外，由于环境保护的需要，为取代木材而研制出高分子复合材料，如用植物纤维与废塑料加工成复合材料，以制作成托盘和包装箱。这些先进的复合材料已在结构件、航天航空、能源技术、信息技术和高技术生物工程诸多方面获得了广泛的应用。

五、光电子材料和纳米材料

光电子技术从20世纪60年代激光器的发明开始，到70年代低损耗光纤的实现、半导体激光器的成熟、CCD图像传感器的问世，再到80年代超晶格量子阱材料和工艺的发展、掺铒光纤放大器和激光器的研制成功，短短几十年间得到了迅速发展。光电子技术是结合光学和电子学技术而发展起来的一门新技术，主要应用于信息领域、能源和国防领域。探索与发展新型光电子材料，制作高性能、小型化和集成化的光电子器件，已经成为整个光电子科技领域的前沿。光电子材料是指在光电子技术领域应用的，以光子、电子为载体，处理、存储和传递信息的材料。已使用的光电子材料主要分为光学功能材料、激光材料、发光材料、光电信息传输材料（主要是光导纤维）、光电存储材料、光电转换材料、光电显示材料（如电致发光材料和液晶显示材料）和光电集成材料。

纳米材料科学与技术是20世纪80年代发展起来的新兴学科，现已成为21世纪新技术的主导中心。纳米是英文 nanometre 的译音，是一个物理学上的度量单位。1纳米是1米的十亿分之一，相当于45个原子排列起来的长度，也相当于万分之一头发丝的粗细。当物质到纳米尺度以后，大约是在1～100纳米这个范围空间，物质的性能就会发生突变，出现特殊性能。这种既具不同于原来组成的原子、分子，也不同于宏观的物质的特殊性能构成的材料，就称为纳米材料。纳米材料处在原子簇和宏观物体交界的过渡区域，既非典型的微观系统亦非典型的宏观系统，是一种典型的介观系统，即接近于分子或原子的临界状态。过去，人们只关注原子、分子或者宇宙空间，常常忽略这个中间领域，而实际上这个领域大量存在于自然界，只是以前没有认识到这个尺度范围内物质的性能。第一个真正认识到它的性能并引用纳米概念的是日本科学家，他们在20世纪30年代用蒸发法制备超微离子，并通过研究它的性能发现：一个导电、导热的铜银导体做成纳米尺度以后，它就失去原来的性质，表现出既不导电、也不导热的现象。磁性材料也是如此，如铁钴合金，把它做成大约20到30纳米，它的磁性就要比原来要高1000倍。20世纪80年代中期，人们正式把这类材料命名为纳米材料。2011年10月19日，欧盟委员会通过了对纳米材料的定义，之后又对这一定义进行了解释。在欧盟委员会通过的纳米材料定义中，纳米材料是一种由基本颗粒组成的粉状或团块状天然或人工材料，这一基本颗粒的一个或多个三维尺寸在1纳米至100纳米之间，并且这一基本颗粒的总数量在整个材料的所有颗粒总数中占50%以上。

纳米材料晶粒极小，表面积极大，在晶粒表面无序排列的原子百分数远远大于晶态材料表面原子所占的百分数，导致了纳米材料具有传统固体所不具备的许多特殊的基本性质，如体积效应、表面效应、量子尺寸效应、宏观量子隧道效应和介电限域效应等。这些性质使纳米材料具有微波吸收性能、高表面活性、强氧化性、超顺磁性及吸收光谱表现明显的蓝移或红移现象等。除了上述的基本特性，纳米材料还具有特殊的光学性质、催化性质、光催化性质、光电化学性质、化学反应性质、化学反应动力学性质和特殊的物理机械性质。近年来，纳米材料取得了引人注目的成就。例如，已经研制出存储密度达到每平方厘米 400G 的磁性纳米棒阵列的量子磁盘，成本低廉、发光频段可调的高效纳米阵列激光器，价格低廉、高能量转化的纳米结构太阳能电池和热电转化元件，用作轨道炮道轨的耐烧蚀高强高韧纳米复合材料等。这些成就充分显示出纳米材料在高技术领域应用的巨大潜力。

第三节　新能源技术

能源是人类社会赖以生存和发展的重要物质基础，能源的开发和利用极大地了促进世界经济和人类的发展。过去 100 多年里，人类依赖无节制的开发煤、石油、天然气等化石能源在工业化的道路上高歌猛进。然而，这些能源资源是不可再生的。随着化石能源的日益枯竭，面对即将到来的能源危机，开发新能源迫在眉睫。

一、核能

（一）核能的发展及开发利用

核能是人类历史上的一项伟大发现，这离不开早期西方科学家的探索发现，他们为核能的应用奠定了基础。19 世纪末，英国物理学家汤姆逊发现了电子。1895 年，德国物理学家伦琴发现了 X 射线。1896 年，法国物理学家贝克勒尔发现了放射性。1898 年，居里夫人与居里先生发现新的放射性元素钋。1902 年，居里夫人经过三年又九个月的艰苦努力又发现了放射性元素镭。1905 年，爱因斯坦提出质能转换公式。1914 年，英国物理学家卢瑟福通过实验，确定氢原子核是一个正电荷单元，称质子。1935 年，英国物理学家查得威克发现了中子。1938 年，德国科学家奥托·哈恩用中子轰击铀原子核，发现了核裂变现象。1942 年 12 月 2 日，美国芝加哥大学成功启动了世界上第一座核反应堆。1945 年 8 月 6 日和 9 日，美国将两颗原子弹先后投在了日本的广岛和长崎。1954 年，苏联建成了世界上第一座核电站——奥布灵斯克核电站。在 1945 年之前，人类在能源利用领域只涉及物理变化和化学变化。第二次世界大战时，原子弹诞生了。人类开始将核能运用于军事、能源、工业、航天等领域。美国、俄罗斯、英国、法国、中国、日本、以色列等国相继展开对核能应用前景的研究。

世界上一切物质都是由原子构成的，原子是由质子、中子和电子组成的。任何原子都是由带正电的原子核和绕原子核旋转的带负电的电子构成的。例如，一个铀-235 原子有 92 个电子，其原子核由 92 个质子和 143 个中子组成。50 万个原子排列起来相当一根头发的直径，如果把原子看作我们生活的地球，那么原子核就相当于一个乒乓球的大小，而电子就相当于一根大头针的针尖。原子核中的质子数（原子序数）决定了这个原子属于何种元素，质子数和中子数之和称该原子的质量数。质子数相同而中子数不同的一些原子，或者说原子序数相同而原子质量数不同的一些原子，它们在化学元素周期表上占据同一个位置，称为同位素。所以同位素也指某种元素的各种原子，它们具有相同的化学性质。同位素按其质量不同通常分为重同位素（如铀-238、铀-235、铀-234和铀-233）和轻同位素（如氢的同位素有氘、氚）。

核能是核子结合成原子核时或原子核分解为核子时放出的能量。简单来说，核反应中放出的能量称为核能。其中，通过一个重核裂变为两个中等质量的核而获得能量的途径称为重核裂变。通过两个或两个以上的较轻原子核在较高条件下聚合为一个较重原子核而获得能量的途径称为轻核聚变。目前，我们一般把核能理解为通过核裂变产生的能量。裂变物质在裂变过程中释放出的能量是非常巨大的。例如，1千克铀原子核全部裂变释放出来的能量，约等于2700吨标准煤燃烧时所放出的化学能。一座100万千瓦的核电站，每年只需25吨至30吨低浓度铀核燃料，运送这些核燃料只需10辆卡车。而相同功率的煤电站，每年则需要300多万吨原煤，运输这些煤炭要1000列火车。核聚变反应释放的能量则更大。据测算，1千克煤只能使一列火车开动8米，一千克裂变原料可使一列火车开动4万千米，而1千克聚变原料可以使一列火车行驶40万千米，相当于地球到月球的距离。

核电站就是利用一座或若干座动力反应堆所产生的热能来发电或发电兼供热的动力设施。反应堆是核电站的关键设备，链式裂变反应就在其中进行。目前世界上核电站常用的反应堆有压水堆、沸水堆、重水堆和改进型气冷堆以及快堆等。但用得最广泛的是压水反应堆。压水反应堆是以普通水作冷却剂和慢化剂，它是从军用堆基础上发展起来的最成熟、最成功的动力堆堆型。核电厂用的燃料是铀。用铀制成的核燃料在“反应堆”的设备内发生裂变而产生大量热能，再用处于高压力下的水把热能带出，在蒸汽发生器内产生蒸汽，蒸汽推动汽轮机带着发电机一起旋转，电就源源不断地产生出来，通过电网输送到四面八方。

（二）国际原子能机构

当今全世界几乎16%的电能是由441座核反应堆生产的，而其中有9个国家的40%多的能源生产来自核能。在这一领域，国际原子能机构作为隶属联合国大家庭的一个国际机构，对和平利用、开发原子能的活动积极加以扶持，并且为核安全和环保确立了相应的国际标准。

国际原子能机构的作用相当于一个在核领域进行科技合作的政府间中心论坛。作为一个协调中心，该机构设立的初衷是在核安全领域交换信息、制订方针和规范，以及应有关政府之要求提供如何加强核反应堆安全和避免核事故风险的方法。国际原子能机构还在确保核技术正确运用以求可持续发展的国际共同努力中扮演重要角色。

随着各国核能计划的增多，公众日益关注核安全问题。国际原子能机构制定了辐射防护基准标准，并就特定的业务类型颁布了有关条例和业务守则，如包括安全运送放射性材料方面的条例和业务守则。依据《核事故或辐射紧急援助公约》和《及早通报核事故公约》，一旦发生放射性事故，国际原子能机构会立即采取行动，确保向成员国提供紧急援助。同时国际原子能机构还对其他几个核安全方面的国际条约担负着保存任务。

国际原子能机构就各成员国实施原子能的计划提供援助和咨询意见，帮助各国政府在卫生、营养及药物和食品生产等领域和平利用原子能，并且积极推动各国就科技信息进行交流。通过其设在维也纳的国际核信息系统，国际原子能机构对几乎所有核科学和核技术方面的信息进行收集和传播。其与联合国教育、科学及文化组织合作，在意大利东北部城市的里雅斯特设立了国际理论物理中心以开展原子能基础应用方面的研究。其与联合国粮农组织合作，开展原子能应用于粮食和农业生产领域的研究。该机构还与世界卫生组织合作，开展核辐射应用于医药和生物学领域的研究。此外，国际原子能机构在摩纳哥还设有海洋环境实验室。该实验室得到了联合国环境规划署和一些教育、科学及文化组织的协助，共同对全球海洋环境污染的情况进行研究。

二、太阳能

自地球上形成生物，它们就主要以太阳提供的热和光生存，地球上的风能、水能、海洋温差能、波浪能和生物能以及部分潮汐能都是来源于太阳。即使是地球上的化石燃料（如煤、石油、天然气等），从根本上说也是从远古以来贮存的太阳能。所以广义的太阳能所包括的范围非常大，狭义的太阳能则仅限于对太阳辐射能的光热、光电和光化学的直接转换。太阳能既是一次性能源，又是可再生能源。它资源丰富，既可免费使用，又无须运输，对环境没有任何污染。

太阳的质量为 2×10^{37} 千克，是地球的 30 多倍。太阳的直径为 1.4×10^{6} 千米，约为地球直径的 110 倍。太阳密度约为 1.4 克/厘米^3，是地球的 1/4，看上去太阳十分“虚胖”。从物质构成上看，氢占了大部分都，约为 71%，氦占 27%，其他元素只有 2%。太阳还是一个大型核反应炉，太阳内部的温度维持在 1.5×10^{7} 摄氏度，不断地进行核聚变反应。它主要燃烧氢，产物则是氦。其中每烧掉 4 个氢核，可释放出 26.7Mev 的能量。太阳每天要烧掉 5×10^{16} 千克的氢，得到 2.1×10^{44} Mev 的能量。照这样烧下去，太阳还能维持 50 亿年，太阳通过它的表面以辐射方式向空间发射出巨大的能量。太阳的能量并没有全部到达地球，到达地球的只是极小的一部分，每秒钟辐射到地球表面的总能量只有 8.0×10^{13} 千瓦。但即便这样，这个能量也还是很大的。从源头上讲，人类使用的能源大部分都来自太阳，包括人和动物的食物。在这个过程中，太阳能通过光合作用被植物利用，植物为人和动物提供食物。此外，地下的煤炭、石油和天然气也是动物和植物的遗体演化形成的。另外，水力与风力是太阳能加热地球表面造成大气和水蒸气的循环作用后形成的。所以太阳能对人类和动植物造成的影响是一种可持续的作用。尽管如此，人类也只是利用了输送到地球表面的太阳能的极小一部分。

从 1615 年法国工程师所罗门·德·考克斯在世界上发明第一台太阳能驱动的发动机算起，至今太阳能的利用已经历了 300 多年的发展历史，已经极大融入人们的生活，已发展出太阳能电池、太阳能交通工具、太阳能建筑、太阳能海水淡化，太阳能制氢等。目前利用太阳能的方式主要有四种：一是光热利用。将太阳辐射能收集起来，通过与物质的相互作用转换成热能加以利用。目前使用最多的太阳能收集装置主要有平板型集热器、真空管集热器、陶瓷太阳能集热器和聚焦集热器等。二是太阳能发电。太阳能的大规模利用主要是发电。利用太阳能发电的方式有光—热—电转换和光—电转换。光—热—电转换是用太阳能集热器将所吸收的热能转换为蒸汽，然后由蒸汽驱动汽轮机带动发电机发电。光—电转换的基本原理是利用光生伏打效应将太阳辐射能直接转换为电能，它的基本装置是太阳能电池。三是光化利用。这是一种利用太阳辐射能直接分解水制造氢的光—化学转换方式。四是光生物利用。通过植物的光合作用将太阳能转换为生物质的过程。目前主要有速生植物、油料作物和巨型海藻。

太阳能作为一种热辐射能源，是一种无污染的清洁能源。对太阳能的开发利用已经成为世界各国开发新能源、进行节能环保的重要研究项目，取得了巨大的进展并已进入实用阶段。近几年随着我国经济的快速发展和对环境保护的重视，太阳能作为一种取之不尽、用之不竭的新型环保新能源，受到了广泛的利用。

三、地热能和氢能

所谓的地热能，顾名思义，就是在地下以热量形式存在的能源。地热能是从地壳抽取的天然热能，这种能量来自地球内部的熔岩，并以热力形式存在，是引致火山爆发及地震的能量。地核的温度可达 7000℃，而在 80 至 100 千米的深度处，温度会降至 650℃至 1200℃。透过地下水的流动和熔岩涌至离地面 1 至 5 千米的地壳，热力得以被转送至较接近地面的地方。高温的熔岩将附近的地下水加热，这些加热了的水最终会渗出地面。运用地热能最简单和最合乎成本效益的方法，就是直接取用这些热源，并抽取其能量。地热能是可再生资源。

地热能是一种新的洁净能源，在当今人们的环保意识日渐增强和能源日趋紧缺的情况下，对地热资源的合理开发利用已越来越受到人们的青睐。其中距地表 2000 米内储藏的地热能约为 2500 亿吨标准煤，全国地热可开采资源量为每年 68 亿立方米，所含地热量为 973 万亿千焦耳。对地热最普遍的利用形式是发电。开发潜力较大的地热田一般位于偏远的山区，如我国用于发电的地热资源主要集中在西藏、云南的横断山脉一线，可输送性较低。输送高温热水的极限距离约 100

千米，天然蒸汽的输送距离大约只有1千米，因为这些条件的限制，现在一般先使地热能就地转变成电能再传输电能。其次是直接向生产工艺流程供热，如蒸煮纸浆、蒸发海水制盐、海水淡化、各类原材料和产品烘干、石油精炼、生产重水、制冷等。第三是向生活设施供热，如地热采暖以及地热温室栽培等。第四是农业用热，如土壤加温以及利用某些热水的肥效等。第五是提取某些地热流体或热卤水中的矿物原料。最后是医疗保健，这是人类最古老也是一直沿用到现在的医疗方法，地热浴对治疗风湿病和皮肤病有特效。

氢能是通过氢气和氧气反应所产生的能量。氢能是氢的化学能，氢在地球上主要以化合态的形式出现，是宇宙中分布最广泛的物质，它构成了宇宙质量的75%。由于氢气必须从水、化石燃料等含氢物质中制得，因此是二次能源。工业上生产氢的方式很多，常见的有水电解制氢、煤炭气化制氢、重油及天然气与水蒸气催化转化制氢等。

作为能源，氢能具有无可比拟的潜在开发价值：氢是自然界最普遍存在的元素，它主要以化合物的形态储存于水中，而水是地球上分部最广泛的物质；除核燃料外，氢的发热值在所有化石燃料、化工燃料和生物燃料中最高。每千克氢燃烧后的热量，约为汽油的3倍，酒精的3.9倍，焦炭的4.5倍；氢燃烧性能好，点燃快，与空气混合时有广泛的可燃范围，而且燃点高，燃烧速度快；氢本身无毒，与其他燃料相比氢燃烧时最清洁。氢能的利用形式也很多样，既可以通过燃烧产生热能，在热力发动机中产生机械功，又可以作为能源材料用于燃料电池，或转换成固态氢用为结构材料。用氢代替煤和石油，不需要对现有的技术装备做重大的改造，现在的内燃机稍加改装即可使用。所有气体中，氢气的导热性最好，比大多数气体的导热系数高出10倍，在能源工业中氢是极好的传热载体。氢气还可以与其他物质一起用来制造氨水和化肥，同时也被应用到汽油精炼工艺、玻璃磨光、黄金焊接、气象气球探测及食品工业中。由于氢的液化温度极低为−253℃，所以液态氢也可以作为火箭燃料。目前，氢能技术在美国、日本等国家和地区已进入系统实施阶段。许多科学家认为，在21世纪氢能有可能在世界能源舞台上成为一种举足轻重的二次能源。

四、生物能和风能

生物能主要是指生物质能，生物质能是指直接或间接地通过绿色植物的光合作用，把太阳能转化为化学能后固定和贮藏在生物体内的能量。它直接或间接地来源于绿色植物的光合作用，可转化为常规的固态、液态和气态燃料，取之不尽，用之不竭，是一种可再生能源，同时也是唯一的一种可再生的碳源。生物质是指利用大气、水、土地等通过光合作用而产生的各种有机体，即一切有生命的、可以生长的有机物质统称为生物质。生物质种类很多，植物类中最主要的有木材，农作物秸秆（如稻草、麦秆、豆秆、棉花秆和谷壳等），杂草和藻类等。非植物类中主要有动物粪便、动物尸体、废水和垃圾中的有机成分等。

目前，人类广泛使用的化石能源导致环境污染日益严重，而且地球上现存的化石燃料按消费量推算，在今后 50 年到 80 年后将最终消耗殆尽。而根据生物学家估算，地球上每年生长的生物能总量约 1400 亿吨～1800 亿吨，相当于目前世界总能耗的 10 倍。因此利用生物质能源来取代化石能源是解决能源问题的一种良好方法。

目前已发展出的生物质能源产业化技术主要包括以下几方面。一是沼气利用技术，指将畜禽粪便、高浓度有机废水、生活垃圾等通过厌氧发酵生成以甲烷为主的沼气的技术，同时生成沼液、沼渣作为有机肥施用于农田。二是生物质致密成型技术，指将木屑、秸秆等生物质经固化成型，热挤压制得成型燃料的技术。其原理是利用木质素在 200℃～300℃ 软化，进而液化等特点，施加一定压力即可使其与纤维素等其他组分紧密粘接，不用任何添加剂或黏接剂，即可得到与挤压模具相同形状的成型棒状或颗粒燃料。三是生物质燃烧发电技术，包括直接燃烧发电和混合燃烧发电。直接燃烧发电是指将生物质原料、城市生活垃圾送入适合生物质燃烧的特定蒸汽锅炉中，产生蒸汽，驱动蒸汽轮机进而带动发电机发电。四是生物柴油技术，指由甲醇等醇类物质与油脂中的主要成分甘油三酸酯发生酯交换反应，生成相应的脂肪酸甲酯或乙酯，即生物柴油。生物柴油的原料包括大豆油、菜籽油、棕榈油、麻风树油、黄连木油、工程微藻提取油，以及动物油脂、废餐饮油等。五是燃料乙醇技术，以淀粉质（玉米、甘薯、木薯等）和糖质（甘蔗、甜菜、甜高粱等）原料，利用酵母等乙醇发酵微生物在无氧的环境下通过特定酶系分解代谢，可发酵糖生成乙醇。

风是一种自然现象，它是由太阳辐射热引起的。太阳照射到地球表面，地球表面各处受热不同，产生温差，从而引起大气对流以形成风。空气流动具有的动能称风能。风能的大小决定于风速和空气的密度，空气流速越高，动能越大。风能提供给人类的一种可利用的能量，属于可再生能源。全球的风能约为 2.74×10^{9} 兆瓦，可利用的风能为 2×10^{7} 兆瓦，比地球上可开发利用的水能总量还要大 10 倍。

人类利用风能的历史可以追溯到公元纪年之前。古埃及、中国、古巴比伦是世界上最早利用风能的国家，中国的古代劳动人民利用风力提水、灌溉、磨面、舂米，用风帆推动船舶前进。到了宋代更是中国应用风车的全盛时代，当时流行的垂直轴风车，一直沿用至今。在国外，公元前 2 世纪，古波斯人就利用垂直轴风车碾米。10 世纪，伊斯兰人民用风车提水，11 世纪，风车在中东已获得广泛的应用。13 世纪，风车传至欧洲，到 14 世纪已成为欧洲不可缺少的原动机。在荷兰，风车先用于莱茵河三角洲湖地和低湿地的汲水，后来又用于榨油和锯木。只是由于蒸汽机的出现，才使欧洲风车数目急剧下降。

数千年来风能技术发展缓慢，并未引起人们足够的重视。但自 1973 年世界石油危机以来，在常规能源告急和全球生态环境恶化的双重压力下，风能作为新能源的一部分才有了长足的发展。风能作为一种无污染和可再生新能源有着巨大的发展潜力，特别是对沿海岛屿，交通不便的边远山区，地广人稀的草原牧场，以及远离电网和近期内电网还难以达到的农村、边疆，作为解决生产和生活能源的一种可靠途径，有着十分重要的意义。即使在发达国家，风能作为一种高效清洁的新能源也日益受到重视。

第四节　空间科学技术

一、航空航天技术的发展

探索浩瀚的宇宙，是人类千百年来的美好梦想。我国在远古时就有嫦娥奔月的神话，很早之前就有“顺风飞车，日行万里”之说。外国也有许多有关月亮的美好传说。由于科学技术的落后，对于飞行的探索直到近代一直停留在盲目地冒险和无尽地幻想阶段。在人们认识到简单模仿鸟类的扑翼飞行方式并不能使人升空之后，在近乎偶然的情况下，人们开始转向对轻于空气的航空器的研究。1783年，载人热气球和氢气球相继研制和试验成功，标志着人类在征服天空的漫长历程中迈出了历史性的伟大一步，实现了古老的升空飞行理想。

19 世纪，第二次工业革命中出现了新型动力装置——内燃机。与此同时，流体力学和空气动力学的理论、试验研究也取得了初步进展。这两方面的发展为重于空气航空器——飞机的诞生奠定了技术基础。19 世纪后期，欧洲和美国都有许多航空先驱者探索研究、试验滑翔机和动力飞机，取得了一定进展。综合前人的探索工作并依据自己的研制成果，美国的莱特兄弟于 1903 年 12 月 17 日试飞成功，制造了人类历史上第一架有动力、载人、可操纵的飞机，开创了现代航空新纪元。人类历史上的第一架飞机的第一次飞行，时间为 12 秒，高度为 3 米，距离为 37 米。当天第 4 次飞行时间为 59 秒，高度 3 米，距离 200 米。20 世纪初，美国、苏联、英国、法国相继组建了国家级的空气动力学和相关技术的专门研究机构。从此，飞机的研制和试验从个人盲目实践行为变成有科学技术指导和严密组织的工业门类，航空的发展走上了系统科学的道路。1909 年，欧洲召开了第一次世界航空会议。同年，美国建立了一个新的军种——空军。截至 1911 年，美国已有 750 架飞机。在第二次世界大战中，飞机发挥了关键作用，如德国发动闪电战，日本飞机偷袭珍珠港等。大战中，美国制造了轰炸机、战斗机、运输机和教练机等，共计 40 万架。参战国总共生产了 70 多万架飞机，飞机出动 1200 万架次，投弹 500 万吨。第二次世界大战前，飞机的动力是内活塞式内燃机提供动力，螺旋桨式飞机的速度是亚音速。1939 年，德国首先研制成功喷气式飞机，它采用涡轮喷气式发动机。这种新发动机使得飞机的速度可达音速和超音速。

在飞机诞生的同一年，俄国科学家齐奥尔科夫斯基发表了题为《利用喷气仪器研究宇窗空间》的论文，提出了利用火箭探索宇宙空间的思想，建立了著名的齐奥尔科夫斯基公式。此后，法国的埃斯诺-贝尔特利、美国的戈达德、德国的奥伯特也阐明了利用火箭进行太空飞行的基本原理。1926 年 3 月，美国物理学家戈达德独立地研究了火箭的推进原理，设计制造并发射了世界上第一枚液体火箭。经过德、美、苏等国一大批火箭先驱者的努力，液体火箭技术逐步发展成熟。1942 年 10 月，德国制造并成功地发射了第一枚军用液体火箭 V2。战后，科学家们利用 V2 和它的改进型作为新的工具来探测 50 千米以上的空间，获得了许多关于高层空间的资料。1957 年 10 月 4 日，苏联成功地发射了世界上第一颗人造地球卫星，标志着航天时代的真正开始。1958 年，美国发射了人造地球卫星。1970 年，中国也发射了人造地球卫星。从此以后，各种人造卫星陆续升天。

航天技术发展之快是航天先驱者们未曾预料到的。相关技术的成熟特别是航空领域的许多技术的应用加快了航天业的发展。同时冷战和太空竞赛客观上为航天的发展提供了极大的动力。距离世界上第一颗人造地球卫星发射升空仅过了 4 年，载人太空飞行便取得了成功，实现了古老的人类遨游太空的理想。1969 年 7 月，美国的阿姆斯特朗和奥尔德林乘坐“阿波罗”11 号飞船登月成功，标志着人类征服太空取得了又一次历史性突破。

航空航天技术是新技术革命的重要组成部分。航空航天技术又是典型的知识密集和技术密集的高技术学科。它以众多科学技术学科为基础，集中应用了 20 世纪许多工程技术新成就。同时，航空航天技术又为这些科学技术学科的发展提供了新手段，提出了新任务。高度综合性的航空航天技术的发达程度逐步成为衡量一个国家科学技术、国民经济和国防建设整体水平的重要标志。

二、人造地球卫星

人造地球卫星是一个人造天体，它遵循开普勒行星运动三定律围绕地球运行。人造地球卫星是数量最多的航天器。人造地球卫星与其他飞行器相比，具有明显的优点：无须动力就能在大气层外长时间运转。活动范围大，高度从几百千米到几万千米。能不受限制地在地球上绝大部分地区，甚至全部地区的上空飞行。

人造地球卫星的计划设想早在 1945 年就在美国出现，现代科学技术和一系列大功率运载火箭的发展，为人造地球卫星的研制和发射打下了坚实的基础。1957 年 10 月 4 日，苏联用“卫星”号运载火箭把世界上第一颗人造地球卫星送入太空。卫星呈球形，外径 0.58 米，外伸 4 根条形天线，重 83.6 千克，卫星在天上正常工作了三个月。同年 11 月 3 日，苏联发射了第二颗卫星，卫星呈圆锥形，重 508.3 公斤，这是一颗生物卫星，除了利用小狗做生物试验外，还探测太阳紫外线，X 射线和宇宙线。按照今天的标准衡量，苏联的第一颗卫星只不过是一个伸展开发射机天线的圆球，但它却是世界上第一个人造天体，把人类几千年的梦想变成了现实，为人类开创了航天新纪元。

人造地球卫星出现之后，20 世纪 60 年代苏联和美国发射了大量的科学实验卫星、技术实验卫星和各类应用卫星。70 年代，军、民用卫星全面进入应用阶段，并向侦察、通信、导航、预警、气象、测地、海洋和地球资源等专门化方向发展。现在的人造卫星种类很多，有通信卫星、遥感卫星、导航定位卫星、科学卫星等。通信卫星是作为无线电通信中继站的人造卫星，卫星上有通信转发器和天线。经过通信卫星可以实现远距离的电话通信、数据交换，也可以转播电视节目。通信卫星的出现和广泛应用，给世界通信体制带来了根本性变革。其作为一种产业，已取得巨大的经济效益和社会效益。通信卫星中最重要的是同步通信卫星，它位于赤道上空 35786 千米高处，它绕地心转动一周的时间与地球自转一周的时间相同。从地面看去，这颗卫星好像挂在高空静止不动。从某地区的卫星地面站把微波信号发送到同步通信卫星上去，再由卫星上的转发器把信号放大并发送回另一地区的卫星地面站，这样就构成了两地之间的通信。只要在赤道上空的同步轨道上，等距离地放置三颗通信卫星，就可以实现全球通信和传播。美国于 1958 年发射了世界上第一颗实验通信卫星，1963 年发射第一颗同步通信卫星。此后，世界各国迅速建立起完整的国际通信系统，并拟建太空信息高速公路。

遥感卫星在空间对地球表面进行拍照，获取气象、海洋、环境、资源、军事目标等各种信息，为经济建设、科学研究和军事活动服务。遥感卫星视用途不同，又分为气象卫星、海洋卫星、资源卫星、军事侦察卫星等。导航定位卫星是为地面、海洋、空中和空间用户提供导航定位的卫星。它由若干颗卫星组成，分布在不同轨道上运行。每颗卫星在空间的坐标位置是严格确定的，它发射特定的无线电信号，用户接收该信号，加以处理，确定自己所在的位置。

三、载人航天

载人航天在航天活动中占有重要位置，尽管航天器携带装置精确，灵敏度高，能自动观察、操作、储存、处理数据，但它们不能代替人的思维。载人航天是人类驾驶和乘坐载人航天器在太空中从事各种探测、研究、试验、生产和军事应用的往返飞行活动。其目的在于克服地球引力和突破地球大气的屏障，把人类的活动范围从陆地、海洋和大气层扩展到太空，更广泛和更深入地认识整个宇宙，并充分利用太空和载人航天器的特殊环境进行各种研究和试验活动，开发太空丰富的资源。

载人航天器是指往返地球表面和太空之间，可运送人员和有效载荷，提供宇航员居住和工作环境的航天器。载人航天器按功能的不同可分为载人飞船、空间站、航天飞机等三类。载人飞船是一次性载人上天和返回地面的航天器，又称宇宙飞船。载人飞船是三种载人航天器中最小、最简单，也是最先使用的一种。载人飞船按运行范围分为卫星式载人飞船、登月载人飞船和行星际载人飞船等。卫星式飞船主要在低地球轨道上进行航天活动，把航天员和物品送入空间站或接回地球，如 1961 年苏联发射的东方号飞船、上升号飞船和联盟号飞船，美国的水星号飞船、双子星座号飞船，中国的神舟号飞船。美国于20世纪60年代初研制出登月载人飞船，这种飞船是专门用来将人送上月球的大型航天器，如阿波罗号。行星际载人飞船是飞往太阳系各大行星的飞船，目前尚未实现。空间站是可接纳宇航员寻访、长期工作和居住的大型航天器。空间站在距地面几百千米的近地轨道上运行。它设有对接舱，用于停靠载人飞船或航天飞机，也可与多个空间站连接组成空间复合体。美国有天空实验室，苏联有礼炮号空间站、和平号空间站。2002年3月，由16个国家联合投资研制的“国际”空间站已正式在太空运行。国际空间站结构复杂、规模大，由航天员居住舱、实验舱、服务舱、对接过渡舱和太阳能电池板等部件组成。航天飞机是将通常的火箭、宇宙飞船和飞机的技术结合起来，往返于地球表面与近地轨道之间的可重复使用的航天器。一般用固体火箭助推入轨，在轨道上像飞船一样运行，完成多种航天任务，返回再入大气层时像飞机一样滑翔着陆。1981年4月，美国哥伦比亚号航天飞机试飞成功。挑战者号和发现者号航天飞机也相继投入实用性飞行。除了美国之外，苏联、西欧、日本、法国也进行航天飞机的研制。目前，世界上只有美国、俄罗斯和中国掌握了载人航天技术。

四、太空竞赛

太空竞赛是指约从1957年到1975年，美国和苏联两个超级大国出于争霸与谋取战略优势的需要，在开发人造卫星、载人航天和人类登月等空间探索领域展开的激烈竞争。

太空竞赛的技术条件可以追溯到第二次世界大战时期火箭技术的成熟，但竞赛开展本身源于第二次世界大战后国际关系的紧张以及冷战的开始。一般认为，竞赛以1957年10月4日苏联成功把世界第一颗人造地球卫星斯普特尼克一号送入太空，和四个月以后美国也成功发射它的第一颗人造卫星探索者一号为标志拉开序幕。到1975年7月17日，阿波罗与联盟号对接，美国航天员与苏联航天员在太空中握手，昭示着长达近二十年的美苏太空竞赛暂时“休战”。但其后两国在航天飞机和空间站建设领域的竞争仍在继续，直到苏联解体，这场旷日持久的竞赛才算真正结束。

近三十年的竞赛使美苏两国都耗费了大量的人力、物力、财力，其巨额花费使得双方都颇感吃力，并最终走向合作道路。从宏观上看，苏联在航天领域方面取得突破比美国早，在竞赛的过程中两国可谓势均力敌。但后来由于资金、人才等各种因素，美国成为最后的赢家。美苏两国的太空竞赛，虽然构成了冷战的一部分，具有强烈的政治色彩，却也极大地推动了人类航天事业的发展，为人类探索太空做出了巨大贡献。

冷战结束后，特别是进入21世纪以来，很多国家对太空的重视程度越来越高。无论是航天大国还是新兴崛起国家，都投入巨资开发航天技术。新一轮的国际太空竞赛拉开帷幕，并有愈演愈烈之势。除了美俄之外，欧洲及日本、中国、印度等也开始参与其中。中国发展迅速，成就举世瞩目。1970年4月24日，第一颗人造地球卫星“东方红一号”在酒泉发射成功，我国成为世界上第五个发射卫星的国家。1975年11月26日，首颗返回式卫星发射成功，3天后顺利返回，我国成为世界上第三个掌握卫星返回技术的国家。1992年，我国载人飞船正式列入国家计划进行研制，这项工程后来被定名为“神舟”号飞船载人航天工程。它是我国在20世纪末至21世纪初规模最大、技术最复杂的航天工程。1999年至2002年，我国成功发射了“神舟二号”“神舟三号”和“神舟四号”无人飞船。2003年10月15日是注定要载入历史名册的。这一天，中国成功发射了神舟五号载人飞船，实现航天员单人单天飞行。航天员杨利伟也成为第一位进入太空的中国人。飞船在太空飞行21小时23分，绕地球14圈，飞行60多万公里后在内蒙古主着陆场成功着陆返回。神舟五号的成功发射标志着中国成为继美、俄之后，世界上第三个能够独立开展载人航天活动的国家。2005年10月12日，“神舟六号”飞船载着两位中国宇航员费俊龙和聂海胜发射升空。2008年9月25日，神舟七号飞船将3位宇航员翟志刚、刘伯明、景海鹏顺利升空送入太空。2008年9月27日16时41分00秒，航天员翟志刚身穿中国研制的“飞天”舱外航天服，从神舟七号进入太空。中国成为继美、俄之后世界上第三个实现太空行走的国家，标志着中国突破空间出舱技术。中国人的第一次太空行走共进行了19分35秒。2012年6月16日，“神舟九号”飞船乘长征二号火箭，从酒泉卫星发射中心腾空而起。这是长征火箭的第165次发射，也是神舟飞船的第四次载人飞行。景海鹏、刘旺、刘洋第一次入住“天宫”，33岁的刘洋成为中国第一位飞向太空的女性。6月29日飞船安全返回地面，中国成为世界上第三个完整掌握空间交会对接技术的国家。2013年6月11日，神舟十号载着聂海胜、张晓光、王亚平进行了第一次应用性飞行。中国近几年在航天科技领域取得了骄人成绩，逐渐夯实了自己新兴航天大国的地位，受到世界的赞誉。

虽然这两轮国际太空竞赛的主要参与国，都主要是从政治、军事战略角度出发而进行太空竞赛，发展太空事业，但是国际太空竞赛客观上却极大地推动了科学技术和生产力的发展，对世界经济产生了巨大影响。

思考题

1. 激光技术在日常生活中有哪些应用？
2. 日常生活中见到的复合材料有哪些？试举例说明。
3. 新型无机非金属材料都有哪些，具备什么性能？
4. 太阳能的优势有哪些？
5. 中国近几年在航天方面的主要成就是什么？

结束语　现代科学技术的发展趋势

一、科学技术发展的加速化

自然科学自文艺复兴时期从神学中解放出来以后，一直快速发展。20世纪以来，科学技术加速发展这一特征更为突出。当前社会的先进生产力和经济繁荣为科研工作提供了比以往任何时代都更丰富的物质基础和经费保证，科学知识的不断积累和创新为科学研究提供了先进的仪器和装备，科学教育的大量普及培养了大批优秀的人才，种种原因都加快了科学技术发展的速度。

科技成果的急剧增加，是科学技术呈现加速发展的重要体现。有关机构做过一个统计，人类的科学技术知识在19世纪每50年增加一倍，20世纪中叶每10年增加一倍。当前时代则是每3到5年增加一倍。近30多年来，人类所取得的科技新发现、新发明、新成果，比过去两千年的总和还要多。当前人类知识增长的趋势，可以用“知识爆炸”来形容。现在全世界每年用于科研的经费已经达到5000亿美元以上，从事科研的人数已经达到5000万人，这些数字还在持续增长。

当代科学技术加速发展的另一表现为科学技术物化周期越来越短。科学技术物化周期是指一项科学技术从发现、发明到应用的时间。18世纪末以前，这个周期一般在70年以上，如蒸汽机为84年，汽船为100年，照相技术为112年，而电的发明到应用则时隔282年。进入19世纪，科学技术的应用周期一般为40到50年，如电动机为55年，电话为25年，汽车为23年。20世纪前期，一般为10多年，如飞机为14年，电视为12年，雷达为15年，原子弹为6年。第二次世界大战之后，缩短到1至3年，如晶体管为5年，太阳能电池为2年，集成电路为3年，激光仅为1年。现在，科技成果一旦取得，几乎同时就开始了物化，如基因组技术、超导技术、纳米技术等。

科学技术的加速发展还表现在科学技术知识的更新在不断加速。有人统计，18世纪时，知识更新周期为80～90年。19世纪末20世纪初缩短为30～40年。20世纪50年代为15年，80年代则缩短到3～5年，甚至更短。如今，80%～90%的知识靠工作后接受再教育而获得。受过高等教育的工程技术人员参加工作后，少则3到5年，多则10年左右，其知识就会变得陈旧过时。终身学习已成为当代人的共同理念。

二、科学技术发展的数学化

目前各门科学技术学科日益把数学和数学方法作为本学科揭示研究对象的本质和规律的重要工具和表达方式。这是现代科学技术进入成熟阶段的重要标志之一，是现代科学技术发展的一个重要趋势。

当代科学技术研究日益精细和抽象化，既为数学方法的应用创造了条件，又对数学方法提出了要求。数学通过为科学技术研究提供简捷精确的形式化语言、计算方法和数学模型等，已成为现代科学技术研究必不可少的一种手段。20 世纪以来，许多学科的研究已经从对研究对象浮浅而粗略的定性描述，转化为对其组成要素和动态变化过程的定量研究，数学逐渐向其他学科领域广泛渗透。例如，物理学、化学、生物学都已实现数学化，天文学、地质学大量采用数学研究成果，一些工程技术科学借助于数学才得以较快发展。在现代科技著作中，数学公式、数学模型、曲线和图表等已广泛使用，数学方法已成为科学技术研究的一种普遍方法。

电子计算机的广泛使用也是科学技术数学化的一项重要标志。计算机使人类的计算方法和运算能力发生了划时代的变化，使以往许多无法解决的复杂问题变得简单易行。当今时代，电子计算机已经成为科学技术研究和应用的必需工具，在众多领域广泛应用。例如，复杂的大型工程和大型器械的设计，在极大的程度上依赖计算机的帮助。计算机辅助设计(CAD)和计算机辅助制造(CAM)已成为工业设计工业制造等领域常规使用的工具。还有医院里众多的医学仪器，无一不是计算机技术和医学知识结合的成果。随着电子计算机的不断更新换代和各类专用软件的大量开发，它在科学技术各领域的使用必将更为广泛。

三、科学技术的分化与综合

在科学技术发展的全部历史过程中，一直存在着两种趋势，一种是科学技术的不断分化，另一种是科学技术的不断综合。这两种趋势既相区别又相联系，二者是对立统一的。

科学技术的不断分化是指它的分支越分越细，种类越来越多。从历史上来考察，科学和技术不是同时产生的，技术的产生在时间上远远早于科学。可以说有了人类便有了技术，而科学的产生是在技术之后的。最早的自然科学并不是独立的，它先是包含在生产技术之中，后来又包含在古代的“自然哲学”之中，再往后才分化出天文学、数学和力学等几个学科。到了近代，才有了独立的物理学、化学、生物学、地质学等。进入现代以来，几乎每一个学科都分化出了许许多多的分支学科，而每一个分支学科又分化出了大量更细的分类。以物理学为例，既有专门研究一类物理现象的声学、光学、热学、电磁学等，又有研究物质不同层次的高能物理、原子物理、天体物理、地球物理等。在声学中又分为超声学、次声学、噪声学、语言声学等。在光学中又分为非线性光学、几何光学、光谱学、激光学、发光学等。

科学技术的不断综合是指在分化的基础上，把各种个别的、特殊的知识联系起来应用于研究对象，得到关于自然界的总体或某一种物质的运动形式、某一个研究对象的综合性认识，从而造成科学技术上的创新，形成新的学科。例如，最早人们以为的地球上的物体运动与天上的日月星辰的运动完全是两种形式，并形成了两门学问。前者属于力学，后者属于天文学。后来人们发现二者本质上都遵循着牛顿力学的运动规律。于是，地球上的物体运动与天体运动就被牛顿力学综合起来了。

在每门自然科学不断分化的同时，还伴随着综合探索的趋势。学科研究的综合和分化，是几百年来科学发展的主流方向。在新的世纪，学科本身的进一步分化继续向微观深入，仍然是发展的重要方向。但是在当代，尤其是近年来，学科的综合逐渐成为主流，呈现出更加旺盛的生命力，诞生了一大批交叉学科与边缘学科。

四、科学技术生产一体化

随着现代科学研究规模的不断扩大，所用仪器设备的日益复杂，许多科学研究项目的开展越来越依赖于新的仪器和设备的成功研制。同时，现代技术的发明也越来越依赖于科学进步所提供的理论基础。许多高新技术本身已经上升到技术科学的高度，而一些传统的技术领域也因为现代科学原理的发现和应用产生了新的变化。这正是科学技术一体化的表现。历史上的生产资料，都是同一定的科学技术相结合的，同样历史上的劳动力也都掌握了一定的科学技术知识。现代生产领域更加重视现代科学技术的应用，科学技术进步已经成为提高生产力的重要途径。现代科学技术已经融合、渗透、扩散到生产力的诸多要素之中，使生产力发生了质的飞跃。科学、技术、生产一体化是当代科学发展的重要表现。

随着现代科学、技术和生产之间的关系越来越密切，为加快科学技术成果向生产力转化的速度，许多领域和行业都形成了科学、技术、生产的综合体。这种综合体一般包括从理论研究到生产应用的各个环节的部门。通常以科学研究机构为核心，配套设计部门、工艺机构、实验室、批量生产厂、调试和安装部门等。这些部门通过共同的目标联合在一起，完成从理论探索到新技术研究再到生产应用的全过程。科学、技术、生产一体化可以不断创新科技产品，提高产品的科技含量，缩短新技术的研究与应用周期，加速产业部门的科技进步。

后 记

为了提高大学生的科学素养，很多高等院校都开设有“自然科学概论”等公共通识课。我们编写的《自然科学概论教程》可供各专业本科、专科学生作为该通识课程的教材使用。同时，本书还适用于各类科研人员、科技管理干部培训及自学。

本教材的主要内容是以人类认识自然、改造自然的史实为基础，以历史进程为线索，以学科为主线，侧重介绍对自然科学发展产生过重大影响的历史事件，介绍部分重要的自然学科领域的历史与现况，以自然科学不同发展阶段的重要成就和著名科学家具有划时代意义的发现、发明及学说为主要内容，内容涉及物理学、化学、生命科学、天文学、地学、数学、系统科学等。本书在内容的选取和编写上既照顾到自然科学的严谨性又追求其可读性，在具体行文和表述上，不追求公式的推导和定律的证明，尽量避免繁复的数学语言，力求采用图文并茂、深入浅出的方式来介绍自然科学发展的概况及其与现代科技、社会的关系。

本书由陕西学前师范学院薛鸿民教授和任丽平副教授担任主编，姚文苇副教授、李光蕊副教授担任副主编。具体分工为：薛鸿民编写绪论部分；任丽平编写第一篇的第一章、第二章、第三章和第四章；李光蕊编写第二篇的第一章和第四章；程欣编写第二篇的第二章和第五章；姚文苇编写第二篇的第三章和第三篇的第一章、第二章、第三章；赵勃编写第三篇的第四章；杨莉杰编写第三篇的第五章；李瑾编写第三篇的第六章及结束语；最后由薛鸿民和任丽平负责全书的统稿、定稿等工作。感谢渭南师范学院白秀英教授、陕西学前师范学院崔锐教授、丁太魁副教授等专家在本书的编写过程中给予的指导与帮助；感谢北京师范大学出版社周粟老师给予的大量指导、帮助；感谢北京师范大学出版社的责任编辑为本书的出版所贡献的智慧和付出的辛勤劳动！此外，本书编写过程中参考了大量文献资料，对这些作者在此一并致谢。由于作者水平和精力所限，书中难免存有不足与疏漏之处，恳请相关专家和读者批评指正。

编　者

2018 年 1 月